微咸水与再生水组合灌溉
对土壤–作物系统的影响及调控机制

刘春成　高　峰　崔丙健　李中阳　著

U0253099

黄河水利出版社
·郑州·

内 容 提 要

本书针对解决淡水资源不足地区微咸水的安全利用问题,通过土柱模拟试验,分析了微咸水与再生水不同组合灌溉模式下土壤水盐运移;采用盆栽上海青试验,研究了不同微咸水与再生水组合灌溉模式对土壤理化、次生盐渍化风险、作物生长生理的影响,以及氮素和 Na^+ 在土壤-作物系统中的分布;添加外源硅后,分析了硅对微咸水与再生水组合灌溉模式下土壤次生盐渍化风险和作物生长生理的影响,以及硅在土壤-作物系统中的分布,以期明确微咸水与再生水组合灌溉对土壤-作物的影响,阐明外源硅对微咸水与再生水组合灌溉模式下土壤-作物的调控机制。

本书可供农业水土工程及相关专业科研人员参考。

图书在版编目(CIP)数据

微咸水与再生水组合灌溉对土壤-作物系统的影响及
调控机制/刘春成等著. —郑州:黄河水利出版社,2022.11
ISBN 978-7-5509-3440-5

Ⅰ.①微… Ⅱ.①刘… Ⅲ.①咸水灌溉-影响-土壤-
植物系统-研究 Ⅳ.①S154.4

中国版本图书馆 CIP 数据核字(2022)第 216841 号

组稿编辑:杨雯惠 电话:0371-66020903 E-mail:yangwenhui923@163.com

出 版 社:黄河水利出版社 网址:www.yrcp.com
　　　　　地址:河南省郑州市顺河路黄委会综合楼 14 层 邮政编码:450003
发行单位:黄河水利出版社
　　　　　发行部电话:0371-66026940、66020550、66028024、66022620(传真)
　　　　　E-mail:hhslcbs@ 126.com
承印单位:广东虎彩云印刷有限公司
开本:787 mm×1 092 mm　1/16
印张:14.25
字数:330 千字
版次:2022 年 11 月第 1 版 印次:2022 年 11 月第 1 次印刷
定价:78.00 元

前　言

　　随着淡水资源的日益短缺,微咸水、再生水等非常规水资源的开发利用愈加受到重视。作为一种替代资源,非常规水资源合理利用于农业可缓解淡水资源不足的压力,2017年水利部文件《水利部关于非常规水源纳入水资源统一配置的指导意见》明确指出,将再生水、微咸水等非常规水源纳入水资源统一配置。微咸水、再生水是华北地区农业灌溉的一种重要补充水源。华北平原农业利用的微咸水矿化度在 2~6 g/L,由于微咸水灌溉易造成土壤可溶性盐分含量过高,因此常采用咸淡水轮灌、滴灌、地面覆盖以及引黄水秋灌等利用方式,其中以咸淡轮灌方法在华北地区应用广泛。但在华北地区,淡水资源紧缺在一定程度上制约了微咸水轮灌技术的利用。令人欣慰的是,华北地区具有丰富的再生水资源(2015 年 77.8 亿 m^3),再生水中含有的盐分相对咸水或微咸水而言较低,可以代替淡水和微咸水进行轮灌或混灌。根据国家发展改革委等九部委联合发布的《全民节水行动计划》(发改环资〔2016〕2259 号),要求到 2020 年缺水城市再生水利用率达到 20%以上,京津冀区域达到 30%以上,这远远低于国外再生水利用率(70%以上)。因此,研究华北微咸水分布地区再生水与微咸水的结合灌溉,既可以缓解农业水资源不足的压力,又可以解决微咸水灌溉导致的土壤积盐问题,提高再生水利用效率。

　　本书系统地归纳了近年来针对微咸水与再生水组合灌溉分析以及硅肥的调控效应等相关问题的研究成果。本书基于土柱试验与盆栽试验取样分析测定,从探讨微咸水与再生水组合灌溉对土壤-作物系统的影响入手,针对土壤-作物系统对不同矿化度的微咸水与再生水混灌、轮灌以及灌溉模式的响应,探讨其对土壤盐渍化风险以及作物生长的影响,分析微咸水与再生水组合灌溉条件下硅肥对土壤-作物系统的调控机制,期望对非常规水资源的安全利用研究提供一定的成果和借鉴,对淡水资源匮乏地区微咸水的合理利用提供一定的参考。然而,由于试验手段以及研究对象的局限,我们以盆栽试验为主,仅进行了盆栽上海青的研究。虽然全书涉及微咸水与再生水不同组合灌溉模式以及硅肥的调控,但由于微咸水、再生水水质成分区域差异性较大,而且复杂的水质成分对不同作物的影响差异较大,不同的硅肥种类、浓度亦可能存在不同的调控效应与机制,因此对微咸水与再生水组合灌溉的研究仍任重道远。

　　本书共分为 8 章。第 1 章概述,主要阐述了研究目的与意义,对目前涉及的微咸水、再生水、硅肥的国内外相关研究进展进行全面综述,并提出目前关于微咸水与再生水研究的主要问题。第 2 章介绍了试验材料、试验设计、取样方法以及指标测定方法等。第 3 章基于土柱试验,分析了微咸水与再生水组合灌溉对土壤水盐运移以及土壤酶活性的影响。第 4 章基于盆栽试验,主要分析了微咸水与再生水混灌条件下土壤盐渍化、微生物群落结构与作物生长的响应,以及混灌条件下氮素与钠离子在土壤-作物系统中的分布。第 5 章基于盆栽试验,主要分析了微咸水与再生水轮灌对土壤环境(基本理化性质、酶活性、盐渍化指标、微生物群落结构)与作物生长生理的影响,以及氮素与钠离子在土壤-作物系统中分布的影响。第 6 章对比分析了不同微咸水与再生水组合灌溉模式间的差异性，阐述了灌溉模式对土壤氮素和钠离子分布的影响，并引入第二代生物综合响应指数法（IBRv2）对微咸水与再生水组合灌溉效应进行了评价。第 7 章分析了微咸水与再生水组合灌溉下硅对土壤–作物系统的调控效应与机制。第 8 章对全书的成果进行了归纳，并提出了今后研究的一点思路与建议。全书的统筹规划、内容编排和出版等事宜在高峰、李中阳的指导下由刘春成全面负责，土壤微生物群落结构方面由崔丙健指导完成，同时崔丙健全程参与了取样工作。

在近年的研究过程中，胡超副研究员协调了试验材料与场地，樊向阳研究员、吴海卿副研究员、刘源副研究员、崔二苹助理研究员在内容设置方面给出了建设性意见，研究生马天参与了部分取样过程，李宝贵、郝益婷参与了部分指标的测定工作，李松旌、李胜曙、陶甄、李嗣艺在试验过程中给予了帮助，在此一并表示诚挚的谢意！

由于时间和精力有限，书中错误之处在所难免，敬请同行专家和学者批评指正。

作　者

2022 年 9 月

主要符号对照表

英文缩写	英文全称	中文名称
AFW	Aboveground Fresh Weight	地上部鲜重
ADW	Aboveground Dry Weight	地上部干重
CAT	Catalase	过氧化氢酶
ESP	Exchangeable Sodium Percentage	交换性钠百分率
MDA	Malondialdehyde	丙二醛
POD	Peroxidase	过氧化物酶
RDA	Redundancy Analysis	冗余分析
S-AKP/ALP	Soil Alkaline Phosphatase	土壤碱性磷酸酶
SAR	Sodium Adsorption Ratio	钠吸附比
SOD	Superoxide Dismutase	超氧化物歧化酶
SOM	Soil Organic Matter	土壤有机质
S-PPO	Soil Polyphenol Oxidase	土壤多酚氧化酶
S-SC	Soil Sucrase	土壤蔗糖酶
S-UE	Soil Urease	土壤脲酶
TN	Total Nitrogen	全氮
UDW	Underground Dry Weight	地下部干重
UFW	Underground Fresh Weight	地下部鲜重
WDPT	Water Drop Penetration Time	滴水穿透时间

目　录

第1章　概　述

1.1　研究目的与意义

1.1.1　微咸水利用是缓解水资源紧缺的重要措施

随着水资源的日益短缺,非常规水资源的开发利用越来越受到重视。非常规水资源作为一种替代资源,合理利用于农业可缓解淡水资源不足的压力,2017年水利部文件《水利部关于非常规水源纳入水资源统一配置的指导意见》明确指出,将再生水、微咸水等非常规水源纳入水资源统一配置。华北平原位于我国东部($34.7°\sim 40.4°$N,$112.5°\sim 119.5°$E),是我国的第二大平原,北部是燕山山脉,南部是黄河流域,西部是太行山和秦岭,东部是渤海和黄海。行政区包括北京市、天津市、河北省及河南、山东两省黄河以北的区域。华北地区是中国重要的商品粮基地,其中冬小麦播种面积占全国的60%,产量约占全国的2/3(周丹,2015),然而华北地区水资源匮乏严重,水资源仅占全国总量的6%,人均水资源量不足全国的1/6。华北地区存在丰富的地下咸水(>5 g/L)或微咸水($2\sim 5$ g/L)资源,绝大部分存在于地下$10\sim 100$ m处,宜于开采利用。据统计,2015年华北地区微咸水可开采量为28亿 m^3(胡雅琪 等,2018),是华北地区农业灌溉的一种重要补充水源。

1.1.2　微咸水与再生水组合利用是提高粮食产量的有效途径

华北平原农业利用的微咸水矿化度在$2\sim 6$ g/L,由于微咸水灌溉易造成土壤可溶性盐分含量过高,因此常采用咸淡水轮灌、滴灌、地面覆盖以及引黄水秋灌等利用方式,其中以咸淡水轮灌方法在华北地区应用广泛。但在华北地区,淡水资源紧缺在一定程度上制约了微咸水轮灌技术的利用。华北地区具有丰富的再生水资源(2015年77.8亿 m^3),再生水中含有的盐分相对咸水或微咸水而言较低,可以代替淡水和微咸水进行轮灌或混灌。根据国家发展改革委等九部委联合发布的《全民节水行动计划》(发改环资〔2016〕2259号),要求到2020年缺水城市再生水利用率达到20%以上,京津冀区域达到30%以上,这远远低于国外再生水利用率(70%以上)。因此,研究华北微咸水分布地区再生水与微咸水的结合灌溉,既可以缓解农业水资源不足的压力,又可以解决微咸水灌溉导致的土壤积盐问题,提高再生水利用效率,这是提高粮食产量的有效途径。

1.1.3　在非常规水灌溉条件下硅肥对作物具有有效的调控作用

硅肥对作物生长、生理、产量和品质均具有一定的调控作用。而且,逆境条件下,硅肥还具有五大功效,即抗寒性、抗病害性、抗盐碱性、抗旱性和抗重金属性,对微咸水灌溉可能引发的土壤次生盐渍化具有一定的抗性,同时也可以减轻环境土壤盐分对作物生长的抑制作用,保证作物产量和品质。

目前,华北地区微咸水和再生水利用方面已进行了大量研究,并取得了很多成果。然而,微咸水与再生水结合灌溉方面的研究鲜见报道,其作用机制以及利用模式有待探讨。微咸水与再生水混合利用,一方面,可以相互稀释进而降低微咸水矿化度和再生水有害物质浓度;另一方面,二者混合也可能会产生沉淀(如碳酸镉),进一步降低再生水中有效态污染物浓度。此外,再生水相对微咸水而言盐分较低,可以代替淡水进行盐分的淋洗。因此,本书开展了微咸水与再生水结合灌溉对作物生长、生理生化和产量以及土壤微环境的影响研究,探索微咸水与再生水结合灌溉作用机制以及组合灌溉下硅肥的调控机制,进一步丰富了不同非常规水源的安全利用模式,减轻了单一非常规水源灌溉的不利因素,为推动华北非常规水资源合理利用提供理论支撑,同时也是建设资源节约型、环境友好型社会和实现农业可持续发展的重要措施。

1.2 国内外研究现状与发展动态

我国水资源短缺,且时空分布不均,南多北少。水资源地区分布不平衡主要表现在北方地区人多、地多、国民经济相对发达而水资源短缺,南方大部分地区人多、地少、经济发达而水资源相对丰富,这种组合格局使得水资源的供需矛盾十分突出。同时,水环境又不断恶化,使得水资源问题日益成为我国社会经济发展的重要制约因素(宋先松 等,2005)。我国农业用水量比重一直维持在60%以上,水资源时空分布不均与耕地资源匹配性不好以及工程设施体系的不完善使很多地区水资源供需矛盾突出(崔丙健 等,2019a)。水土资源总量短缺及其分布格局不匹配将直接影响经济社会发展和农业资源可持续发展。因此,在水资源短缺不断加剧和农业用水利用率低的情况下,迫切需要寻找替代水源并提出可行的解决方案,非常规水资源的开发和农业综合利用成为必然选择和重要途径。

1.2.1 微咸水灌溉研究进展

微咸水一般指矿化度为 2~5 g/L 的含盐水(马中昇 等,2019)。微咸水水质通常以矿化度和钠吸附比(SAR)为衡量指标。微咸水中含有大量的可溶性盐分离子,如 Na^+、Mg^{2+}、Ca^{2+}、Cl^-、SO_4^{2-}、HCO_3^- 等。我国水资源贫乏的黄淮海平原、黄河中上游地区、西北内陆河地区,存在丰富的地下咸水或微咸水资源,总量约为 200 亿 m^3/a,绝大部分存在于地表以下 10~100 m 处,每年能够开采利用的微咸水为 130 亿 m^3,其中华北平原地区矿化度为 2~5 g/L 的浅层微咸水资源约 75 亿 m^3,黄河流域为 30 亿 m^3,海河流域为 22 亿 m^3,西北地区(新疆、甘肃、宁夏、陕西、青海及内蒙古部分地区)地下微咸水资源量为 88.6 亿 m^3(刘静 等,2012)。微咸水主要利用途径包括农田灌溉、城市绿化、工业冷却、环境冲洗和人畜饮用等方面。世界各国因地制宜地采用不同的微咸水灌溉技术。微咸水灌溉技术模式分为 3 类:直接灌溉、混灌和轮灌,即"3I"模式(胡雅琪 等,2018),见表1-1。

表 1-1　微咸水灌溉"3I"模式

模式	DI 模式	MI 模式	AI 模式
模式描述	直接灌溉	咸淡混灌	作物盐分敏感期淡水灌溉，在非敏感期咸水灌溉
作物类型	耐盐作物	适用作物较为广泛	盐分敏感作物
土壤要求	渗透性好	结合农艺措施，土壤渗透性好	结合农艺措施
灌溉方式	地面灌、喷滴灌	地面灌、喷滴灌	地面灌、喷滴灌

1.2.1.1　微咸水灌溉对作物生长和品质的影响

直接进行咸水灌溉时，应注意以下几点：①矿化度宜小于 5 g/L，Na^+ 含量比重不超过60%，不旱不灌，尽量少灌；②排水良好，控制地下水位以防返盐；③掌握好灌水时机及灌溉次数，在作物关键需水期浇 1~2 水"救命水"；④充分利用汛期降雨及秋冬灌水压洗盐分；⑤中度或重度盐碱地，可加大灌水定额压盐；⑥加强田间科学管理，灌溉时与农业措施紧密结合：平整土地、增施有机肥、地表覆盖以及用畦灌或其他先进灌溉方法以减少渗漏。另外，良好排水地区可根据实际情况适当加大灌溉水矿化度（刘静 等，2012）。在一定范围内，微咸水灌溉可刺激作物的生长、不显著减产或提高产量（Staff，1954；Yuan et al.，2019），同时也可以提高水分利用效率（Yuan et al.，2019）。长期微咸水灌溉可能会影响作物生长（冯棣 等，2014），研究发现，第一年玉米产量不受灌溉水盐度的影响，但第三年轮作时玉米籽粒产量降低了 34%，但是籽粒蛋白含量提高了（Cucci et al.，2019）。微咸水灌溉时，应避开作物幼苗期。一般情况下，3~5 g/L 微咸水适时适量灌溉小麦、棉花、玉米等作物都可获得良好的效果。山东省庆云县水科所发现，利用 2~4 g/L 的微咸水灌溉农作物，可使小麦增产 3 750 kg/hm²，夏玉米增产 3 375 kg/hm²，棉花增产 750 kg/hm²（康金虎，2005）。与淡水灌溉相比，微咸水灌溉使番茄产量降低，但显著提高了果实维生素C、有机酸、可溶性固形物、可溶性糖含量（汪洋 等，2014）。

除直接利用微咸水灌溉外，微咸水利用方式还有咸淡混灌和轮灌。混合灌溉包括咸淡混灌、咸碱（低矿化碱性水）混灌和 2 种不同盐渍度的咸水混灌，目的是降低灌溉水矿化度或改变盐分组成。咸淡混灌是在有碱性淡水的地区将其与咸水混合，克服原咸水的盐危害及碱性淡水的碱危害。机制主要是由于两种水的相互稀释而降低矿化度、盐度和碱度，2 种水的离子相互发生化合作用而降低残余碳酸钠。混灌的经济效益和社会效益显著，既减少深层淡水的开采量，充分利用浅层微咸水，降低生产成本，又缓解了水资源紧缺，促进水资源的可持续利用。在河北低平原，深层地下水呈弱碱性，水中 CO_3^{2-} 和 HCO_3^- 与咸水中的 Ca^{2+} 和 Mg^{2+} 结合产生碳酸盐及重碳酸盐类沉淀，从而降低碱性危害。郭永辰等（1992）研究表明，深层碱性淡水与浅层咸水混灌时，南皮试区冬小麦、夏玉米两季单产1980—1990 年平均达 8 355 kg/hm²，比不灌溉增产 162.7%，比 4~6 g/L 咸水灌溉增产20%。宁夏银北惠农引黄灌区采用 1:1 井渠配比的混灌模式是春小麦的适宜微咸水灌溉模式（王诗景 等，2010）。从小麦产量角度考虑，微咸水混灌和轮灌能保证作物产量不显著减产(郭丽 等，2017)。

轮灌是根据水资源分布、作物种类及耐盐性和作物生育阶段等交替使用咸淡水灌溉的一种方法。轮灌可充分、有效地发挥咸淡水各自的作用和效益。在有限量淡水资源条件下，咸淡轮灌是一种较好的咸水利用方式。咸淡水轮灌地区，微咸水矿化度越高，用微咸水灌溉的次数应越少。同样盐分水平下，咸淡轮灌作物产量高于咸淡水混灌，但灌水方式不同，作物产量不同。营养生长阶段灌淡水(1.2 dS/m)可以提高潜在产量，生殖阶段灌 7 dS/m 咸水可以提高果实品质，同时全生育期也可以使用中度微咸水(<4.5 dS/m)灌溉(Bustan et al.，2005)。与先咸后淡灌水方式相比，先淡后咸灌水方式冬小麦、玉米和棉花分别增产 7.2%、9.4%、11.5%，主要原因是作物在苗期耐盐性较差，先灌淡水有利于作物全苗(曹彩云 等，2007)。郑君玉 等(2017)研究认为，在保证作物减产10%范围内时，可利用5 g/L咸水在"咸—淡—淡"交替灌溉，<5 g/L微咸水利用"淡—咸—淡"轮灌。"咸—淡—淡"交替灌溉模式对玉米生长生理和产量的影响最小，对生长影响最大的模式为"淡—咸—淡"，对产量影响最大的灌溉模式则是"淡—淡—咸"，说明玉米生殖生长时期不宜使用微咸水灌溉(朱成立 等，2019)。在"咸—淡—淡"灌溉模式下，由于玉米生长后期淡水灌溉充足，苗期用微咸水灌溉不会产生明显的不良影响，抽穗后期可用高矿化度微咸水灌溉，但采收后需要利用淡季降雨淋盐，以实现农业可持续生产(Huang et al.，2019b)。在滨海地区种植夏玉米，应考虑生育后期灌溉微咸水，同时利用非生育期淡水灌溉洗盐(朱成立 等，2019)。拔节抽雄期夏玉米对高矿化度微咸水灌溉最为敏感，光合作用能力下降最显著，因此应避免在夏玉米拔节抽雄期进行微咸水灌溉，而在壮苗期及灌浆成熟期可灌溉一定矿化度的微咸水且不会产生显著抑制作用。针对微咸水资源丰富、利用率低的特点，韩合忠(2012)和张珂萌 等(2017)建立了稻秆还田下淡咸轮灌制度，形成淡水压盐、咸水补灌、稻秆还田抑盐、降水淋盐的周年水盐平衡安全高效技术体系。

近年来，国内外学者针对不同灌溉方式以及作物开展了大量研究，普遍认为微咸水灌溉产生轻微的盐分胁迫在一定程度上可以提高小麦、棉花、甜瓜等作物产量和品质，但不同作物耐盐性能不一样。将微咸水和膜孔灌相结合，0~5 g/L 微咸水对棉花苗期生长的影响不明显；随着微咸水矿化度的增加，土壤含水率随着土层深度的增大而逐渐减小(马超 等，2017)。灌水量一定时，咸淡交替隔沟灌溉土壤盐分累积量最小。许建新 等(2012)研究表明，与对照相比，秸秆还田处理用 2~4 g/L 的微咸水补灌 1~2 次不会发生土壤耕作区积盐，但用 4 g/L 的微咸水补灌则积盐严重，影响作物生长。一些国外研究者通过试验也证明了微咸水在水培蔬菜生产中应用的可行性(Cova et al.，2017)。

1.2.1.2　微咸水灌溉对土壤环境的影响

在淡水资源不足时，可直接利用微咸水灌溉，但应保证灌溉后土壤盐分不超过作物耐盐极限。突尼斯学者从不同尺度进行了 1989—2006 年微咸水灌溉条件下土壤盐渍化的风险评估，发现浅层地下水是土壤盐渍化的主要风险(Bouksila et al.，2013)。短期微咸水灌溉对土壤化学性质和土壤盐渍化没有明显影响，但是长期微咸水灌溉可能会引起土壤盐渍化问题(Tahtouh et al.，2019)。美国得克萨斯州长期试验(15 年)表明，微咸水灌溉对黏质石灰土 0~15 cm 土层有效持水率没有影响，但是影响 15~72 cm 土层有效持水率(Loy et al.，2018)。此外，微咸水灌溉可能产生土壤斥水性(刘春成 等，2011)。

HYDRUS 模拟结果表明,华北地区长期灌溉小麦和玉米相对更适宜均质土壤(Liu et al.,2019);滴头埋深较浅、低频灌溉时,深层渗漏量较小且土壤盐分在作物耐盐阈值之内(Abou Lila et al., 2013),但也有研究发现滴灌下土壤盐分超过最优产量时的盐分阈值(Chen et al., 2018)。

从土壤生态环境影响角度考虑,微咸水混灌和轮灌能避免土壤发生次生盐渍化(郭丽 等,2017)。咸淡轮灌能很大程度上降低咸水灌溉对土壤造成的危害,有效控制土壤积盐,改善土壤渗透性能,是咸水利用的一种较好的方式。轮灌可充分、有效地发挥咸淡水各自的作用和效益。在有限量淡水资源条件下,咸淡轮灌是一种较好的咸水利用方式。一直用微咸水灌溉的地区,为了降低土壤溶液浓度以及淋洗盐分,应加大微咸水灌溉定额,尤其是次灌水量。在滨海地区种植夏玉米,应考虑生育后期灌溉微咸水,同时利用非生育期淡水灌溉洗盐(朱成立 等,2019)。针对鲁北地区微咸水资源丰富、利用率低的特点,韩合忠(2012)建立了稻秆还田下淡咸轮灌制度,形成淡水压盐、咸水补灌、稻秆还田抑盐、降水淋盐的周年水盐平衡安全高效技术体系。无论是不同灌溉方式,还是不同土壤质地,微咸水灌溉在大田试验或室内试验都存在一个临界矿化度,即保证在增大入渗的同时不会使土壤严重积盐(张珂萌 等,2017)。大量研究普遍认为:微咸水灌溉对土壤结构的影响主要表现在土壤交换性钠和土壤溶液电导率,提高土壤盐分有利于促进土壤颗粒的絮凝作用和团聚性,加强土壤稳定性,增加土壤中大孔隙,增强渗透性能;同时,Na^+过量会造成土壤颗粒松散,降低土壤渗透能力,利用微咸水灌溉存在矿化度临界值。间歇灌溉盐分淋洗效果较漫灌、沟灌等明显,盐分在湿润锋处累积,不同灌溉方式脱盐区形状呈现差异,如漫灌呈浅宽式,滴灌为宽窄式。此外,有学者发现磁化微咸水可以有效增益盐敏植物对盐渍化土壤环境的适应性。张珂萌 等(2017)研究发现,利用微咸水微润灌时,土壤盐分存在表聚和底聚现象,且表层积盐更为严重。利用咸淡水间歇组合灌溉模式能够显著提高每层土壤含水率,且土壤含水率分布更均匀,更有利于为作物提供良好的土壤水盐环境。在作物根系密集区(5~45 cm),间歇组合灌溉脱盐效果更好,更能为作物提供良好的生长环境(刘小媛 等,2017)。将微咸水和膜孔灌相结合,0~5 g/L 微咸水对棉花苗期生长的影响不明显;随着微咸水矿化度的增加,土壤含水率随着土层深度的增大而逐渐减小(马超 等,2017)。灌水量一定时,咸淡交替隔沟灌溉土壤盐分累积量最小(马超等,2017)。许建新等(2012)研究表明,与对照相比,秸秆还田处理用 2~4 g/L 的微咸水补灌 1~2 次不会发生土壤耕作区积盐,但用 4 g/L 的微咸水补灌则积盐严重,影响作物生长。

1.2.2　再生水灌溉研究进展

根据《再生水水质标准》(SL 368—2006),再生水是指对污水处理厂出水、工业排水、生活污水等非传统水源进行回收,经适当处理后达到一定水质标准,在一定范围内重复利用的水资源。再生水源应以生活污水为主,尽量减少工业废水所占比重。再生水水源包括生活污水或市政排水、城市污水处理厂出水、处理达标的工业排水。再生水数量巨大、水质稳定,受气候条件和其他自然条件的影响较小,是一种可靠且可再生的"二次水源"。我国《城市污水再生水利用分类》(GB/T 18919—2002)对再生水利用途径进行了分类,

2012 年美国环境保护署 *Guidelines for Water Reuse* 中也做出相似的分类,如表 1-2 所示。

表 1-2　中国与美国城市污水再生利用类别

中国		美国	
分类名称	范围	分类名称	范围
农、林、牧、渔业用水	农田灌溉 造林育苗 畜牧养殖 水产养殖	城市回用	高尔夫球场灌溉 休闲场地灌溉
城市杂用水	城市绿化 冲厕 道路清扫 车辆冲洗 建筑施工 消防	农业回用	粮食作物灌溉 加工粮食作物和非粮食作物灌溉 牲畜饮用水
工业用水	冷却用水 洗涤用水 锅炉用水 工艺用水 产品用水	工业回用	冷却水 补充锅炉水 石油天然气产出水 高科技产业用水 加工食品生产用水
环境用水	娱乐性景观环境用水 观赏性景观环境用水 湿地环境用水	环境回用	自然湿地与人工湿地 增加河流流量 含水层补给
补充水源水	补充地表水 补充地下水	蓄水回用	娱乐性与景观性蓄水 人工造雪
		非饮用水回用	地下水回补
		饮用水回用	有计划的间接性饮用水 直接性饮用水

　　从世界范围来看,农田污水灌溉已有近 5 000 年历史,但大规模的污水再生利用始于 19 世纪。国外污水再生回用总量排名较高的是美国、沙特阿拉伯、卡塔尔、以色列、科威特和澳大利亚等国家,这些国家的学者较早开展了利用污水和雨水进行都市农业灌溉的研究和实践。佛罗里达州和加利福尼亚州是美国再生水利用率最高的 2 个州,其中加利福尼亚州在 19 世纪初就开始将再生污水用于农业灌溉(Anonymous, 2009)。1955 年,日本开始利用再生水,主要用于河流补水、农业灌溉和景观用水。从 20 世纪 70 年代起,以色列就制订并实施了"国家污水再利用工程"计划,100%的生活污水和 72%的城市污水得到再利用。澳大利亚污水处理率达到 92%以上,全国 580 座污水处理厂每年处理污水

20 亿 m³,其中 14%的再生水被用于灌溉(Unep,2015)。

与发达国家相比,我国再生水灌溉的快速发展较晚,大约始于 21 世纪初。但是,我国污水灌溉却也可以追溯至新中国成立初期,至今也已有逾 60 年历史。1957 年,建工部、农业部和卫生部共同将城市污水回用列入国家研究专项课题,并开始计划建设污水灌区。1957—1972 年,污水灌溉面积从 17 万亩增长到 140 万亩。当时,因灌溉面积较小,污水灌溉的环境效应并未得到重视。1972 年,我国政府针对污水灌溉出台了"积极谨慎"的国家战略。之后,随着改革开放和城市化进程的加速,污水灌溉用水量和灌溉面积呈现井喷式发展。数据显示,1979—1995 年,我国污水灌溉面积从 495 万亩快速增加到 5 460 万亩,增长了 10 倍。在此期间,污水灌溉的负面效应在部分灌区逐渐显现,污水灌溉的安全性也开始引起人们的注意,因此自 1995 年之后我国污水灌溉面积基本保持稳定,未出现明显变化。污水灌溉农田面积主要分布在我国北方水资源严重短缺的海、辽、黄、淮四大流域,约占全国污水灌溉面积的 85%,大部分集中分布在相应大中城市的近郊区或工矿区。在 2002 年修订的《中华人民共和国水法》中,明确指出鼓励使用再生水,并要提高再生水利用率。在此背景下,城市污水处理率得到快速提升,使用原污水或初级处理污水进行灌溉逐渐被使用再生水替代。据统计,2006—2013 年我国再生水回用率仅从 5%增加到了 13%。再生水回用潜力仍然十分巨大。根据再生水灌溉系统中预处理工程的组成将再生水灌溉模式分为 4 种,即"4R"模式(胡雅琪 等,2018)(见表 1-3)。

表 1-3 再生水灌溉"4R"模式

模式	SR 模式	WR 模式	CR 模式	DR 模式
模式描述	SAT 预处理,出水进入灌溉管网系统	WTS 预处理,出水进入灌溉管网系统	污水处理厂—上游景观水体—下游自流净化—水质改善后灌溉	深度处理—调蓄与灌溉管网—田间灌溉
水质要求	二级处理出水及以上			三级处理出水
作物类型	任何作物	任何作物(除生食类蔬菜、草本水果等)		任何作物
灌溉方式	喷滴灌	地面灌、喷滴灌		喷滴灌

注:SAT—土地处理系统;WTS—湿地处理系统。

1.2.2.1 再生水灌溉对作物生长和品质的影响

再生水灌溉研究涉及粮食作物、蔬菜、果树、牧草、草坪等多种不同作物类型,研究的重点集中在再生水灌溉对作物产量与品质、养分的吸收与高效利用、植物生理的影响特征等方面,从而确定再生水灌溉条件下适宜的作物类型。华北平原是我国小麦主产区之一,同时也是我国水资源短缺最为严重的区域之一。在该区域发展节水灌溉技术和综合利用劣质水源进行农田灌溉是该区域农业生产可持续发展的重要举措。

再生水灌溉具有提高土壤肥力、促进农作物生长等良好的效应,同时由于再生水中含有一定量的有害物质,对农田生态环境具有潜在的污染风险。二级处理后的再生水灌溉由于其内在的肥料效应对油桃树的营养状态、营养生长、植株光合性能、果实生长和产量等具有正面促进作用。但也有学者认为,二级处理后的再生水灌溉有提高微生物风险,而三级处理后的再生水可以提高葡萄植株生长参数,且在土壤–植株–果实系统中没有重金属和有机化学污染的负面影响。短期灌溉有利于植物的生长(韩洋 等,2018a),但长期灌溉对植物生长促进作用不明显,甚至会抑制部分植物的生长(Bhattacharyya et al.,2008)。再生水灌溉后,小麦根中重金属积累最多,茎叶中次之,穗中的最小(冯绍元 等,2002)。此外,再生水中可能的新兴污染物可能在根系(Miller et al.,2015)累积,进而转移到叶片和果实。意大利的 3 年油桃灌溉试验表明,与淡水灌溉相比,再生水灌溉果实硬度降低了,但是酚类物质和抗氧化剂化合物含量等品质参数提高了,显著降低了果实数量,但单果重的提高补偿了果实数量减少带来的产量降低,故二者间产量和品质方面均没有差异。再生水灌溉对玉米和小麦产量影响不大。刘洪禄 等(2010)研究表明,与淡水灌溉相比,再生水灌溉冬小麦和夏玉米的产量分别提高了 6.49%和 5.42%,冬小麦籽粒总氮含量和夏玉米籽粒总氮与总磷含量略有增加,但 2 种作物籽粒全钾含量无显著变化。刘源 等(2017)研究表明,再生水灌溉条件下,生物质炭可以增加植株养分含量。吴文勇等(2010)研究表明,再生水灌溉对果菜类蔬菜具有显著的增产效果,硝酸盐和亚硝酸盐含量均低于标准限值。再生水灌溉条件下适量减量追施氮肥,能够显著增加番茄果实产量,提高营养品质(胡超 等,2013)。再生水灌溉在一定程度上可以提高番茄维生素 C 和可溶性固型物的含量,但对蛋白和酸度的合成无显著影响(孙爱华 等,2007)。朱伟 等(2015)研究发现,再生水灌溉能够显著增加红壤、潮土和娄土小白菜生物量和水分利用率。再生水短期灌溉对蔬菜生长发育和产量有显著的促进作用。再生水灌溉一定程度上会促进蔬菜对重金属的富集效应(魏益华,2009)。刘洪禄和吴文勇(2009)提出了再生水适宜灌溉的作物分类:优先推荐灌溉的对象宜为饮料类或工业原料类作物、牧草、林木等;推荐的对象为烹调及去皮蔬菜、瓜类、果树及园林绿地等;不推荐灌溉的对象为生食类蔬菜、草本水果等。对于经过土地处理系统或湿地系统深度处理后的再生水一般可以灌溉所有作物或园林植物,但是要选择合适的灌溉方式与灌溉时机。

滴灌可以避免直接接触污染和减少污染物随地表径流迁移,是最适宜的再生水灌溉方式。Hassanli et al.(2008)研究表明,沟灌和滴灌灌水方式中,地下滴灌节水效果最好,地表滴灌和地下滴灌玉米产量也更高。Lu et al.(2016)研究发现,高频灌溉、高埋深滴灌带有利于番茄产量和 WUE 的提高以及品质的改善。大量研究表明,再生水和常规淡水灌溉产量无显著差异。以色列长期再生水滴灌研究发现,黏性土壤地鳄梨和柑橘产量下降了 20%~30%,再生水灌溉影响土壤–植物理化和生物之间的相互作用(Assouline et al.,2015)。Intriago et al.(2018)研究表明,处理后的再生水完全符合相关标准和指南,滴灌生菜产量高于喷灌。尽管再生水滴灌条件下白菜和萝卜地上部和根系中 Pb^{2+}、Cu^{2+}、Cd^{2+}的浓度显著增加,但其含量均未超过国家食品中污染物(GB 2762—2005)和农作物重金属污染评价标准(GB 2762—2010)的标准。因此,认为再生水滴灌造成土壤和植物污染的可能性极小(裴亮 等,2018)。郭利君 等(2016)研究表明,综合考虑玉米生长、品质和氮肥吸收利用等因素,再生水滴灌玉米适宜的灌溉水质为再生水和地下水体积比5:1混合。再生水分根交替滴灌所产生的水分亏缺能够刺激马铃薯根系生长(乔冬梅 等,2009)。

加氯再生水交替灌溉马铃薯组织内部大肠菌群数量显著低于其他灌水处理。因此,加氯再生水交替灌溉兼具保障马铃薯卫生安全与节水高效双重功能的灌溉策略(李平等,2013)。研究表明,在玉米苗期再生水灌溉对生长有一定的抑制作用,但在拔节期后灌溉能明显促进玉米生长,玉米籽粒产量不降低或有所增加;再生水以纯灌和混灌方式在各个时期灌溉都能促进大豆整个生育期生长,明显促进籽粒产量提高。再生水中的病原菌在自然状态下可以存活很长时间,会随灌溉附着于作物或果实表面甚至内生于植物组织,从而对人与作物健康产生潜在威胁(崔丙健 等,2019b)。与轮灌和混灌方式相比,再生水直接灌溉会显著增加作物致病菌和植物病原菌的丰度(崔丙健 等,2019b)。再生水沟灌条件下,西红柿果实表皮易富集细菌,导致果实污染,果实不宜生食。良好的农业措施降低了温室水培番茄的微生物污染(Lopez-Galvez et al.,2014)。

1.2.2.2 再生水灌溉对土壤环境的影响

土壤质量是再生水灌溉对土壤环境效应评价的重要指标,研究探讨再生水灌溉对不同土壤类型性质及作物生长特性的影响,将为不同土壤类型条件下再生水的合理灌溉方案提供一定的理论依据和技术支撑。再生水中的养分有部分替代施肥的作用,可以降低肥料成本进而减少环境污染(Álvarez-García et al.,2019),短期灌溉不会造成土壤重金属污染(韩洋 等,2018a),但长期灌溉引起的重金属积累可能会损坏土壤质量(Bhattacharyya et al.,2008)。此外,再生水中含有的新兴污染物可能影响土壤质量(Durán-Alvarez et al.,2009;Gibson et al.,2010),同时也有污染地下水的风险(Siemens et al.,2018;Lesser et al.,2018)。再生水灌溉对玉米和小麦田土壤特性影响不大(Chi et al.,2020)。再生水灌溉能够促进与土壤碳、氮转化相关的微生物的增长,改变土壤微生物的群落结构(郭魏 等,2017),合理控制再生水灌水水平可有效阻控土壤耐热大肠菌群数量(韩洋 等,2018a)。郑顺安 等(2012)研究表明,长期再生水灌溉可以减少人工施肥量,有效改善砂质紫色土不同粒级团聚体中的有机碳库、氮库和磷库。以红壤土为研究对象,再生水连续灌溉和交替灌溉 1 年均使红壤酸性增强,盐分和有机质累积明显,且再生水-蒸馏水交替灌溉能抑制土壤斥水性的产生(胡廷飞 等,2018)。商艳玲 等(2012)研究表明,再生水灌溉不同程度地增强土壤斥水性,砂土更适合再生水灌溉。再生水灌溉对红壤有效态 Cd 含量影响不大,但都显著增加了潮土、娄土和黑土有效态 Cd 含量(李中阳 等,2014;李中阳 等,2013)。不同区域实施再生水灌溉应当根据当地降雨条件、土壤类型制定合理的灌溉制度,避免造成负面影响。华北地区气候条件下再生水连续灌溉 3~6 年引起粉砂质黏壤土耕层土壤盐分显著累积的风险较低(徐小元 等,2010)。再生水灌溉下沙壤土更适合小叶女贞和白榆的生长(孙红星 等,2018)。潘能 等(2012)研究表明,再生水灌溉农田 0~20 cm 土层土壤微生物量碳平均上升了 14.2%,土壤酶活性提高了 7.4%,并且随土层深度增加而降低。可见,再生水中所含的可生物降解有机质和营养物质具有一定的有益作用,长期灌溉可以改善土壤生物健康和养分状况,但再生水灌溉的这种正面效应也受灌溉制度和栽培管理方式的影响。

滴灌可以避免直接接触污染和减少污染物随地表径流迁移,是最适宜的再生水灌溉方式;但再生水滴灌可能增加根际土壤盐分和病原体浓度,影响根区土壤养分转化和微生物活性。再生水滴灌造成土壤污染的可能性极小(裴亮 等,2018)。再生水滴灌对表层土 NH_4^+-N 无显著影响,而 NO_3^--N 略微增加。仇振杰 等(2016)研究表明,滴灌条件下高水、高滴灌带埋深均增加 NO_3^--N 的运移深度。相比地下淡水灌溉，再生水灌溉能够增加 CO_2 排放 14.78%，显著增加 N_2O 排放 20.81%（王广帅，2016）。与清水灌溉相比，再生水灌溉不会显著增加土壤温室气体的排放，但施肥则会显著增加土壤温室气体的排放。迟雁冰 等（2017）研究也发现，再生水滴灌下施用缓释肥土壤温室气体的排放速率最小。大量研究表明，再生水灌溉影响土壤–植物理化和生物之间的相互作用（Assouline et al.，2015）。再生水滴灌能够增加土壤 EC 值，并提高土壤有机质和有效磷含量，在适当的农艺措施和灌溉制度条件下，可以利用再生水滴灌作物。刘源 等（2017）研究表明，再生水灌溉条件下，生物质炭可以增加土壤养分含量，降低土壤有效态重金属和植株重金属含量。短期再生水灌溉菜地土壤盐分也未累积（魏益华，2009）。仇振杰（2017）研究表明，滴灌带埋深 15 cm+70% 灌水量可以提高根际土壤酶活性，避免大肠杆菌在土壤中累积和降低水氮淋失。适宜的再生水滴灌方式，不会造成深层土壤 Cd、As 污染（Lu et al.，2020；裴亮 等，2018）。再生水分根交替滴灌所产生的水分亏缺能够刺激马铃薯根系生长，但滴头和垄坡处的盐分聚集问题还有待进一步研究（乔冬梅 等，2009）。

　　分根交替灌溉技术是对传统灌溉技术的改进，可提高水分利用效率，改善作物品质。不同灌溉技术（沟灌、地下滴灌）和灌水方式（充分灌溉、分根交替灌溉）下，充分灌水小区土壤重金属 Cd 含量高于分根交替灌水小区，再生水沟灌小区高于清水灌溉小区；充分灌溉下再生水滴灌小区低于沟灌小区，而分根交替灌溉下沟灌低于滴灌（齐学斌 等，2008）。加氯再生水交替灌溉处理表层土壤矿质氮显著高于其他处理，增加了根层土壤氮素的可利用性及后效性；加氯再生水交替灌溉根层土壤大肠菌群数量显著低于其他灌水处理（李平 等，2013；崔丙健 等，2019a）。再生水中的病原菌在自然状态下可以存活很长时间，会随灌溉附着于作物或果实表面甚至内生于植物组织，从而对人与作物健康产生潜在威胁（韩洋 等，2018a）。与轮灌和混灌方式相比，再生水直接灌溉会显著增加土壤的丰度（崔丙健 等，2019b）。合理控制再生水灌水水平可以有效阻控土壤重金属和病原菌累积（韩洋 等，2019；韩洋 等，2018b；韩洋 等，2018a）。已有研究发现，地下滴灌微生物污染风险低于喷灌或者沟灌（Najafi et al.，2003）。再生水对农业环境微生物群落多样性和病原菌丰度的影响可能表现为从"源"到"汇"的迁移过程。因此，再生水引入的微生物污染问题需要重视，尤其是针对再生水中新兴人类病原菌和植物病原菌的研究有待进一步监测评估（崔丙健 等，2019b）。

1.2.3　硅肥利用研究进展

　　硅（Si，silicon）可以存在于空气、水体和土壤中（Basile-Doelsch，2015；Meunier et al.，2008；Tubana et al.，2016）。Si 是岩石圈中第二丰富元素（Basile-Doelsch，2005），其含量仅次于氧（O）元素。土壤中 Si 的质量分数在 0.5%~48% 变化，平均为 28%。Si 在土壤中有 3 个阶段，即固态、液态、可吸附态，其中固态硅由结晶、微晶和无定形组成，无定形硅主要与生物活性有关，产生二氧化硅或硅藻土等（Tubana et al.，2016）。一半以上的植物都是硅藻土的生产者，硅藻土在植株和农业生产中的作用得到很多学者的广泛认可（Walsh et al.，2018；Agostinho et al.，2017）。硅有益于植物的生长发育，研究证实，硅肥在很多方面都有利于植株的生长发育、提高植物的生物量及产量，诸如硅肥可以加强光合作用(Ashfaque et al., 2017),促进有益微生物的生长和共生(Maria et al., 2017),减少昆虫或病原菌的危害(Villegas et al., 2017),提高 P、Ca、K 等养分利用率(Struyf and Conley, 2009; De Jesus et al., 2017),提高植株对盐胁迫和水分胁迫的耐性,促进碳的固定(Parr and Sullivan, 2011; Li et al., 2013; Song et al., 2014; Song et al., 2016),缓解 Cd、As、Pb 等重金属的毒害作用(Song et al., 2011; Rizwan et al., 2016; Ashfaque et al., 2017)等。随着科技的快速发展和新型肥料的不断研发,硅肥愈加受到学者们的关注,关于植物对硅的吸收机制、硅对植物生长发育和土壤微环境的影响以及硅的一些抗逆性特征的研究愈加深入。

1.2.3.1　正常环境条件下硅肥对植物生长的影响和作用机制

1. 硅肥对作物生长的调控作用

硅肥是一种新型肥料,能使作物苗青秆壮,增加植株结实。朱薇 等(2019)研究表明,叶面喷施水溶性硅肥可提高水稻叶面积指数(LAI)。郑泽华 等(2018)研究表明,增施钢渣硅肥 200 kg/hm² (以 SiO₂ 计)可以增加水稻各生育期植株分蘖数,地上和地下部生物量尤其后期增加更为显著,前期根冠比略微增大,但后期会有所降低。徐宁 等(2019)研究发现,追施硅肥能显著提高夏玉米株高 5.15%~9.79%,显著增加茎粗 3.23%~12.68%,增加最大叶面积 3.87%~10.21%,显著提高收获期干物质量 2.48%~4.44%;王宇先 等(2019)研究也表明,拔节期叶面喷施硅肥(200 mg/L)处理株高、茎粗分别提高了10.42%、20.33%。Pati et al. (2016)研究表明,硅肥显著提高了水稻籽粒和稻草的产量及其构成,且硅肥(600 kg/hm²)与标准肥料实践结合使用时,籽粒和稻草产量最高。由于硅肥溶液呈碱性,因此叶面喷施硅肥时,一般要通过 pH 调节剂来调节溶液酸碱度。鄢建宾 等(2007)研究表明,在水稻孕穗期喷施叶面 25%速效硅和酿造醋时,水稻株高增高了30.77%。植物生长调节剂是用于调节植物生长发育的人工合成的具有天然植物激素相似作用的化合物。张冰和吴云艳(2019)研究表明,硅肥和植物生长调节剂 DA-6 混合使用可以进一步提高水稻根长、根数、根冠比、根系总吸收面积和活跃吸收面积。Laîné et al. (2019)研究发现,产量的提高与经过硅处理的植物从土壤中吸收更多的氮有关,但与向种子的氮素迁移无关,说明增施硅肥可以提高氮肥利用率,可以适当减少氮肥施用,从而减少高氮对环境的污染。

2. 硅肥对作物生理的调控效应

光合作用对植物的生长发育至关重要。李尚霞 等(2012)研究表明,增施硅肥可以提高花生叶片叶绿素含量和光合作用。Xie et al. (2014)研究表明,适量硅肥可以提高总叶绿素含量(Chl)、光合速率(P_r)和气孔导度(G_s),并降低玉米叶片蒸腾速率(E)和胞间 CO_2 浓度(C_i),说明硅肥可以显著提高 P_r。此外,叶片生理指标还受不同硅肥类型的影响。郭玉蓉 等(2005)研究表明,硅酸钠处理可显著提高过氧化物酶(POD)活性和 β-1,3 葡聚糖酶(GLU)活性,起到诱导抗性作用,而纳米氧化硅对 POD 活性无影响,不具有诱导抗性作用。张梅和褚贵新(2018)研究表明,硅肥对葡萄果实 SOD、POD 等活性的提高和MDA 含量的降低均有一定作用。

3. 硅肥对作物产量和品质的效应

硅肥对水稻增产提质具有一定的促进作用。Zhao et al. (2019)研究表明,硅肥使农作物单产提高了12.1%~71.2%,根系CO_2固定增加了0.95~14.9 t/hm²。基于此,通过密集发展植物根系和增加收获后根渣的质量,可以确保土壤碳的回收和土壤肥力的繁殖。不同硅肥用量对作物产量和品质的影响不同。张舒 等(2019)研究表明,随着硅肥施用量的增加,水稻产量及产量构成均呈增加趋势但差异不显著。熊丽萍 等(2019)研究发现,在N、P肥料相同的基础上,增施硅肥使早、晚稻季水稻稻谷分别增产2.2%~30.4%和3.9%~9.2%。NPK减量会降低作物关键生育阶段干物质积累量,以及NPK营养积累量,最终降低籽粒产量,而增施硅肥可以在保证产量稳定或不显著减产基础上减施NPK肥。朱从桦 等(2018)研究表明,在NPK减施20%以内时,适当增施硅肥有利于玉米对NPK的吸收,提高并优化成熟期干物质的分配,进而提高籽粒产量。不同硅肥施用量和施用方式对作物产量和品质的影响也不同。任海 等(2019)研究表明,基本苗一定(64.5万株/hm²)时,基施硅肥以基施900 kg/hm²产量最高,而喷施硅肥以900 mL/hm²最高,硅肥基施和叶面喷施方式以喷施处理产量更高。此外,增施硅肥可以改善稻米外观品质和加工品质。硅肥不仅可以提高作物产量,而且可以增加收益。万跃明 等(2019)认为,增施硅肥在增产提质的基础上,收益增加了23.48%。张准和杨仁仙(2019)试验表明,水稻幼穗分化期施用生物硅肥使水稻增产7.71%,收益提高了2 001元/hm²。此外,在常规施肥减少30%并配施生物硅肥时,水稻的产量及其参数并不低于常规施肥,收益也增加了867元/hm²。

不同类型硅肥对产量和品质的调控效应不同。刘红芳 等(2018)研究表明,高氮水平下,硅肥可以显著提高产量,其中硅酸钠和硅钙肥显著增产12.3%和12.5%。Huang et al.(2019a)试验发现,硅增强了叶片气体交换属性和叶绿素含量,而减少了氧化损伤,这表现为较低的H_2O_2和MDA含量以及较低的SOD和CAT活性,进而促使小麦籽粒产量分别增加65%、45%和22%,且以有机硅肥增产效果更加明显。

1.2.3.2 逆境条件下硅肥的调控效应与机制

逆境条件下,硅肥主要有抗寒性、抗病害性、抗盐碱性、抗旱性和抗重金属性等五大主要功效(见表1-4),对其作用机制虽然有一定的认识,但尚不完全清楚,有待进一步研究与完善(刘春成 等,2021)。

表1-4 逆境条件下硅肥功效与作用机制

硅肥功效	作用机制
抗寒性	参与代谢,改变生理生化指标
抗病害性	物理屏障,参与代谢活动
抗盐碱性	削弱植物蒸腾旁路途径,减少Na⁺随蒸腾流的吸收及向地上部运输; Si沉积于根部表皮减少了Na⁺的质外运输途径的非选择吸收
抗旱性	硅化作用,降低水分损失; 参与植物代谢活动,诸如渗透调节等,间接影响; 影响植物叶片气孔的关闭以及细胞液浓度,调节植物体内矿质元素的平衡
抗重金属性	改善土壤理化性质,改变土壤重金属的形态

1. 硅肥对低温胁迫的调控作用

植株抗寒性可以由丙二醛(MDA)含量、脯氨酸含量、可溶性糖含量指标表征,MDA是在植株遇冷时,细胞膜脂产生的过氧化物质。脯氨酸可调节细胞渗透压平衡,当植物受到低温冷害时,脯氨酸大量积累并做出调控,保持植物体内稳定的渗透压和较高的水分,提高了植物的抗低温能力。一般地,叶片可溶性糖含量越高,植株抗寒性越强,低温胁迫下,为适应环境,叶片可溶性糖含量会升高,促使脱落酸的积累,间接诱导蛋白质的合成,从而提高植物的抗寒性。

Si 通过在植物体内参与新陈代谢活动等方式调节植物生理生化指标,进而提高植株的抗寒性。戴青云 等(2020)研究表明,经过低温胁迫后,与不施硅肥相比,施硅肥条件下,紫花苜蓿根颈部的可溶性糖、游离脯氨酸含量有所提高,而且 MDA 含量有所降低,进而提高了紫花苜蓿的抗寒性。陈海燕(2018)研究表明,低温胁迫时,增施硅制剂对水稻抗低温生理指标和保护酶活性具有一定的积极作用。其中,不耐冷品种抗低温效果以Si-60(3-缩水甘油醚氧基丙基三甲氧基硅烷)为宜,耐冷品种抗低温效果以 Si-60-G(含有环氧基团的纳米硅)为宜。喷施不同硅肥,对作物的抗旱性能有所不同,李鑫(2019)研究表明,低温处理 3 d、5 d、7 d 时,总体 Si-60-G 对 MDA 含量的降低效果和 CAT 活性的提升效果最佳,分别显著降低了 15.81%、36.22%、60.77%($P<0.05$)和分别提高了 3.26%、2.30%、2.35%,Si-E-G(以稻壳灰为原料制成的制剂)对脯氨酸含量的提升效果最佳,分别显著增加了 28.82%、28.13%、30.49%($P<0.05$),Si-La(硅与镧的复合制剂)对可溶性糖含量和过氧化物酶 POD 的提升效果综合而言相对最佳,分别增加了 0.54%($P>0.05$)、26.65($P<0.05$)、24.05%($P<0.05$)和分别提高了 17.01%、16.36%、22.26%。兰倩(2018)利用人工气候室开展低温胁迫处理下土壤养分和水稻养分吸收对 5 种不同硅制剂(氨丙基三乙氧基硅烷、3-缩水甘油醚氧基丙基三甲氧基硅烷、稻壳提取硅、氨基纳米硅、环氧纳米硅)的响应研究,结果表明低温胁迫条件下 5 种不同硅制剂均能提高土壤速效养分含量,有效缓解低温对水稻养分吸收的抑制作用,增加植株养分含量(全氮、全钾、全磷),进而提高产量及其构成(有效穗数、穗粒数、结实率和千粒质量等),但不同硅制剂的效应不同,就产量及其构成因素而言,Si-60、Si-60-G 效果最佳。Qian et al. (2019)研究表明,低温胁迫下施硅显著提高了竹叶的光合作用速率,并且随着硅肥用量的增加,超氧化物歧化酶 SOD、POD 和过氧化氢酶 CAT 的酶活性增加,而 MDA 含量和细胞膜通透性均随硅的降低而降低,表现出较强的抗寒性,但施硅超过一定量(8.0 g/kg)时会出现竹生物量下降的现象,建议竹子施硅量宜为 2.0~8.0 g/kg。

2. 硅肥对植株病害的缓解作用

(1)Si 提高植株抗病害性能的作用机制。一部分硅在植株细胞中聚集形成的物理屏障,这种物理屏障不仅抵御了真菌对植株的侵入,也减轻了真菌对细胞壁的酶降解作用,且 Si 本身对细菌也具有一定的毒性(Unep, 2015)。此外,Si 可能参与了植株和病原物相互作用体系的代谢过程,经过一系列生理生化反应和信号转导,激活寄主防卫基因,诱导植株系统抗病性的表达,从而抑制植株病害的发生。增施硅肥具有提高植株抗病能力,降低植株发病率的功能效果,在不同植株中均有大量研究证实了此功效。张国良 等(2006)研究表明,增施硅肥明显降低植株的纹枯病病级和病情指数,说明 Si 在叶表聚集具有物理屏障效果,提高了水稻对纹枯病的抗性。杨艳芳 等(2003)研究表明,硅肥能够显著降低感病小麦品种植株白粉病病情指数 11.20%~41.01%,提高其对白粉病的抗病能力,硅肥浓度以 1.7 mmol/L 为最佳,其相对免疫效果达 38.79%。王肇庆和尹淑霞(2014)研究表明,外施 SiO_2 溶液可以显著减轻草地早熟禾白粉病的病情指数和病害程度($P<0.05$),且随着施硅量(0~275 mg/m²)的增加,病情的减轻愈显著。硅肥在作物体内会产生较硬的硅化细胞,使植物不易被咬烂食用,也会产生一种害虫厌烦的气味,使害虫远离作物,进而提高作物抗病虫害能力,尤其是稻瘟病。万跃明 等(2019)研究表明,在糯稻种植中,增施硅肥后穗颈稻瘟病株率和病情指数较不施硅肥的分别下降了 80.65% 和 84.23%,纹枯病病株率和病情指数也分别降低了 51.93% 和 73.44%。根据鄢建宾 等(2007)研究,在水稻孕穗期喷施叶面 25% 速效硅(499.5 mL/hm²)和酿造醋(1 500 mL/hm²)时,水稻稻瘟病发病率可以降低 61.5%。不同硅肥施用量对植株病害的缓解功效亦有所不同。张舒 等(2019)研究表明,随着硅肥用量(60~300 kg/hm²)的增加,水稻稻纹枯病病株率和病情指数均呈下降趋势,分别显著降低 6.5%~11.8% 和 20.53%~43.3%,病丛率也呈下降趋势,下降 4.36%~40.26%,基于防治成本角度考虑,施硅量以 120~240 kg/hm² 为宜。任海 等(2019)开展了不同施硅量对水稻病害(纹枯病和稻瘟病)的影响研究,结果发现在基本苗一定(84 万株/hm²)时,不施硅肥处理的植株发病率和发病指数分别为 9.4% 和 20.8%,而基施硅肥 900 kg/hm²、1 350 kg/hm²、1 800 kg/hm² 和喷施 450 mL/hm²(苗期)、900 mL/hm²(拔节期、抽穗期)、1 350 mL/hm²(苗期、拔节期、抽穗期)后植株发病率分别降低了 5.1%、7.9%、1.6%、7.1%、3.1%、6.9%,发病指数分别降低了 17.6%、19.7%、15.0%、18.5%、16.9%、18.9%,这说明适度增施硅肥可以增强水稻抗病能力,抑制纹枯病和稻瘟病的侵染,从而降低水稻病害损失。方至萍(2019)研究表明,稻田适量增施硅肥(23.40 kg/hm²)降低了早稻的纹枯病病丛率、晚稻单位叶片胡麻叶斑病病斑数,降幅达 17.94%、67.99%,显著提高了水稻抗真菌病害的能力。

(2)科学的硅肥施用在增产的同时也可以有效地降低稻瘟病的发生,是水稻种植中一种有效的减药增效措施,尤其是配合其他措施效果更佳。张佑宏 等(2018)研究表明,施硅肥在增产 4.59%~7.78% 的基础上,对稻叶瘟和稻穗瘟具有防效作用,病情指数分别为 6.09~10.64 和 5.52~8.94,防效为 50.96%~71.93% 和 39.21%~62.31%,若是混合施用硅肥锌肥(硅 225 kg/hm²+锌 15 kg/hm²),则能更好地抑制稻叶瘟和稻穗瘟的发生,病情指数降低至 3.26 和 3.58,防效高达 84.98% 和 75.65%。杨克泽 等(2019)认为,喷施硅肥对玉米茎基腐均有一定的防效,防效在 34.0%~47.6%,喷施浓度宜为 2 000 mg/L,而且配施 18% 吡唑醚菌酯的防效更好,防效为 64.0%。

(3)不同硅肥对植株病害的防效不同。在南非地区,Keeping 和 Meyer(2006)通过盆栽试验研究了 4 种硅源[美国硅酸钙、当地(南非)硅酸钙、矿渣和粉煤灰]对甘蔗品种(2个抗性和 2 个易感性)及对蔗螟的抗性的影响,结果表明用当地硅酸钙处理过的植物中硅含量增幅最大(特别是茎中),且高硅处理可以显著降低螟的危害,易感品种的伤害降低了 34%,抗性品种的伤害降低了 26%,易感品种比抗性品种受益于硅处理。郭玉蓉 等(2005)研究表明,硅酸钠、正硅酸和纳米氧化硅 3 种硅化物中,硅酸钠处理对甜瓜白粉病的防效最高,为 70.8%,正硅酸处理次之,为 56.2%,纳米氧化硅处理最低,为 36.1%。魏

国强 等(2004)研究表明,在黄瓜诱导接种白粉菌时,以接种后第 4 天和第 7 天的调查结果为例,加硅处理的诱抗效果较不加硅处理分别提高了 53.07% 和 47.16%,显著降低了黄瓜的病情指数,极大削弱了白粉病的危害。随着硅肥利用的推广,对硅肥的改良也逐渐出现,对植株病害的抑制作用具有更好的效果。Wang et al. (2019)发现,与硅灰石和钙渣硅肥相比,基于稻草生物炭的硅源改良剂可显著提高多年生黑麦草组织中的硅水平,将灰叶斑点症状的发生延迟 1~2 d,对灰叶斑发生率的抑制作用增强 42%~58%。

(4)尽管很多研究都证明了硅肥对病虫害具有一定的防效,但是也有学者持怀疑态度。Horgan et al. (2017)探讨了硅土改良剂和氮素对危害水稻幼苗的苹果螺的影响,结果表明,当氮和硅一起施用时,与单独施氮处理相比,硅的添加导致 YTH183 品种水稻的幼苗生长减少,但是 IR64 品种幼苗未观察到相同的效果,表明硅的效应具有品种特异性反应。此外,不论什么品种,在播种后 21 d(DAS)移植到苹果螺感染的盆中,经硅处理的幼苗的生物量要比没有硅处理的低,然而在感染苹果螺的小区试验中,发现硅处理对苹果螺对 IR50 品种水稻幼苗的伤害没有作用,在很大程度上不足以减少苹果螺对水稻幼苗的损害。

3. 硅肥对盐胁迫的调控作用

当土壤或水域中盐分浓度显著高于植物适宜生长浓度时,会破坏质膜的选择透过性,胞内溶质外渗,盐离子大量进入细胞,使植物遭受盐害。在盐胁迫条件下,植物明显缺水,叶绿素含量和光合作用相关酶活性降低,气孔关闭、叶绿体类囊膜受损,光合速率降低,进而减缓地上部生长且抑制了根系生长,使叶片脱落,生物量下降。硅肥对盐胁迫的调控作用机制主要在于 2 个方面:一方面,Si 在植物体内积累会降低蒸腾作用,削弱植物蒸腾旁路途径,减少了 Na^+ 随蒸腾流的吸收及向地上部运输;Yeo et al. (1999)研究证实了硅酸盐通过部分阻止蒸腾旁路途径减少 Na^+ 的运输;另一方面,Si 沉积于根部表皮减少了 Na^+ 的质外运输途径的非选择吸收;Gong et al. (2006)研究表明,NaCl 胁迫下,硅在外皮层和内胚层中的沉积减少了水稻幼苗中钠的吸收,这是通过减少整个根部的质外性转运来实现的。

硅肥能够改善植物的光合作用,提高植物的耐盐性。Xie et al. (2015)研究表明,在盐碱土种植玉米时,一定剂量的硅肥能够提高玉米的光合速率、气孔导度和胞间 CO_2 浓度,同时显著降低玉米的蒸腾速率,这意味着在不同生长阶段施用适量硅肥可显著提高盐碱胁迫下玉米的光合效率,最佳施硅量(SiO_2)为 150 kg/hm^2。贺月(2019)研究表明,硅肥具有缓解盐胁迫对桃苗的伤害作用,显著提高 SPAD 值 15.9%~32.6%、桃苗净光合速率 31.8%~45.5%,显著降低叶片相对电导率 23.4%~27.7%,缓解了叶片细胞膜受伤害程度,显著降低了叶片和根系中的 Na^+ 含量,减轻了离子毒害作用,亦可以提高叶片的气孔导度、胞间 CO_2 浓度、蒸腾速率、水分利用效率和桃苗干鲜重。Kumar et al. (2020)研究发现,PGPR 制剂(聚蓖麻酸甘油酯)和硅肥的组合应用可以提高盐渍土壤中野豌豆的生长、产量和生物化学性。顾跃 等(2019)研究表明,盐胁迫(0~11.25 g/L)条件下,施硅肥可以降低狗牙根草坪草叶中脯氨酸、电解质渗出率和根中含 Na^+ 量,同时增加叶片叶绿素含量、相对含水率及根干质量、根中含 K^+ 量,可以提高狗牙根草坪草对盐胁迫的适应能力。

　　不同类型的硅肥,其效果有一定的差异,纳米硅肥对盐胁迫的效果更加理想。Kalteh et al. (2014)通过不同硅肥类型(不施硅、普通硅肥和纳米硅肥)和盐胁迫水平(1 dS/m、3 dS/m 和 6 dS/m)的三阶重复析因试验发现,盐分胁迫下,生长发育指数显著下降,而随着硅肥的施加,叶片干重、鲜重和脯氨酸含量显著增加,提高了植物的耐受性,尤其纳米硅肥效果更佳;同时,纳米硅肥也能显著提高叶绿素含量,而普通硅肥虽然也能在一定程度上提高叶绿素 b 含量,但是会降低叶绿素 a 含量。

　　4. 硅肥对水分胁迫的调控作用

　　田间水分胁迫是作物生产中普遍存在的问题,尤其是在干旱和半干旱地区,人们普遍认为硅(Si)可以减轻植物的水分胁迫。Si 减轻植物水分胁迫的机制,一方面在于硅化作用,Si 在植物体内沉积形成角质–双硅层以降低水分损失;另一方面在于 Si 参与植物代谢活动诸如渗透调节等,从而间接减轻水分胁迫的不利影响;此外,Si 在植物体内积累会影响植物叶片气孔的关闭以及细胞液浓度,调节植物体内矿质元素的平衡。朱瑾(2018)研究表明,干旱胁迫条件下,施硅肥在一定程度上可以抑制干旱引发的膜脂过氧化损害,减缓叶片水分的散失,提高了叶绿素含量,提高苗期抗旱能力,其中叶面喷施有机硅肥最佳,叶施无机硅肥次之,土施无机硅肥效果相对最差,但对土壤水分和土壤电解质的影响不明显;同时施用有机硅肥在早熟禾叶片形态变化及逆境后补偿生长效应方面卓有成效,无机硅更有利于根系构型的优化。龚束芳 等(2018)研究表明,干旱胁迫下增施纳米硅肥显著促进了远东芨芨草幼苗的生长发育,株高、根长、鲜质量和相对含水率均有显著提高,生理指标如可溶性糖、可溶性蛋白、游离脯氨酸含量和酶活性也有显著提高。此外,增施硅肥还降低了 MDA 含量,提高了幼苗的抗逆境胁迫能力。吴森 等(2017)研究表明,干旱胁迫下适宜硅浓度使紫花苜蓿种子发芽情况有所改善,POD、SOD 和 CAT 活性增加,而 MDA 含量降低,进而提高其抗旱性。Eneji et al. (2008)评估了某些硅源(K_2SiO_3、$CaSiO_3$ 和硅胶)在适当和亏缺灌溉下对四种草的生长和养分吸收的影响,结果表明,对于所有物种,亏缺灌溉下施硅处理的生物产量响应均明显好于充分灌溉的,亏缺灌溉下的较高响应表明植物对硅的依赖更大,可以承受干旱胁迫。此外,硅的吸收与氮(N)和磷(P)的吸收之间都有很强的联系,但是在缺水情况下钾(K)的吸收与硅的吸收之间的联系比充分灌溉更为紧密。

　　在玉米苗期生理生化性状对硅肥的响应方面,林少雯 等(2018)研究表明,一定水分胁迫下随着硅肥用量(0、0.133 g/kg、0.266 g/kg 单硅酸)的增加,株高、叶面积、茎粗、根系长度、根系活力、叶绿素含量均有所增加,而 MDA 以及脯氨酸含量有不同程度的降低,减缓了膜脂过氧化,缓解了玉米植株缺水的症状,增强了玉米植株的抗旱性。

　　5. 硅肥对重金属胁迫的缓解效应与机制

　　(1)硅肥在重金属污染土壤修复中具有明显的效果。硅肥可以改善土壤理化性质,改变土壤重金属的形态。$Si(OH)_4$ 对 Cd(Ⅱ)具有配位能力,SiO_2 对 Cd(Ⅱ)具有吸附能力(郑杰伟,2019)。硅肥属于碱性肥料,增施硅肥可以提高土壤 pH 值,进而降低 Cd 的活性。王昊 等(2019)研究表明,硅酸盐处理使水稻根际土壤 pH 值提高了 0.15~0.31 个单位,土壤 Cd 的存在形态由可交换态向碳酸盐结合态和有机结合态转变。李园星露等(2018)研究表明,增施硅肥较对照相比土壤 pH 值提高了 0.22~0.39 个单位,土壤中有效态、酸可提取态和 TCLP 提取态 Cd 含量下降了 19.71% ~ 28.87%、15.53% ~ 26.16%、21.82% ~ 37.02%。Neumann et al. (1997)研究表明,Si 在双子叶植物叶片表皮的细胞壁产生硅酸锌沉淀,改变了重金属 Zn 的存在形态。Savant et al. (1999)和顾明华 等(2002)研究表明,Si 通过与 Al 通过化合或络合反应形成 Si-Al 络合物或硅酸铝复合物,进而固定重金属 Al,降低 Al 的危害。郭俊霞 等(2019)研究表明,喷施硅肥可以有效降低土壤有效镉的比重。

硅肥影响重金属污染土壤中重金属在植物体内转移和累积。郭俊霞 等(2019)研究表明,喷施硅肥可以有效降低药材根茎和茎叶中的含镉量。梅鑫(2018)研究表明,在土壤 Pb、Cd 胁迫条件下,增施硅肥显著降低了大蒜各器官 Pb、Cd 含量。Wang et al. (2015)研究表明,镉胁迫下,叶面喷施纳米硅降低了 Cd 从水稻根到芽的积累和转运。陈蕊(2018)研究表明,Cd 胁迫条件下,施硅(0.5 ~ 2 mmol/L)显著抑制了 Cd 由根系向地上部分的转运,有效缓解了 Cd 胁迫的抑制作用。Zhang et al. (2019)研究表明,固态或液态硅肥可使水稻地上部分的 Cd 积累降低 26% ~ 52%。镉污染稻田中,添加硅肥可以显著降低水稻根和稻米中 Cd 的吸收系数($P<0.05$)(李祥 等,2020)。彭鸥 等(2019)研究发现,在镉胁迫下,硅肥(0 ~ 40 mg/L)可以有效降低水稻根系、茎鞘、叶片以及糙米和稻壳与低伤流液中的含镉量,施硅量越高降低镉效果越好;就转运系数而言,施硅能阻止镉从根系向茎鞘、茎鞘向糙米中转移,且总体上施硅量越大效果越好,而低浓度(10 μg/L)镉胁迫下施硅可以降低从茎鞘向叶片和稻壳中的含镉量,但是高浓度(>10 μg/L)镉胁迫下尚无明显规律。魏晓 等(2018)通过中、高度镉胁迫试验,表明不同程度镉胁迫对土壤-水稻系统中镉的吸收和转运的影响是不同的,中度镉胁迫时共质体中可溶性镉占主导,施用富硅物质可以降低土壤镉的移动性和水稻根及幼苗中镉的积累,而高度镉胁迫时施硅可以降低根和芽中镉的积累,使镉大量积累在根及其共质体中,并降低根及其共质体中镉的转换和积累。付洁(2019)通过水稻盆栽试验研究表明,轻、中、高度砷胁迫条件下,糙米和精米中无机砷含量均符合食品污染物砷的限量标准(GB 2762—2017,无机砷含量小于等于 0.2 mg/kg),但是米糠中的无机砷含量在轻度砷胁迫条件下,除施硅 100 mg/kg 没有降低至标准限值外,其他施硅量均降至标准限值内,在中度砷胁迫条件下,施硅量超过 100 mg/kg 则会显著增加米糠中无机砷的含量($P<0.05$)且超过食品安全限值,重度砷胁迫条件下,除施硅 25 mg/kg 外,均超过了食品安全限量标准。此外,Yu et al. (2016)通过为期 45 d 的盆栽试验发现,不同 As 剂量水平下,硅肥的施用不仅促进了水芹的生长,而且显著降低了植物对 As 的吸收。但是,也有学者认为硅肥对 As 的毒害作用没有效果,甚至会加强 As 的毒害作用。比如,Lee et al. (2014)研究结果表明,在 As 污染稻田,施用硅后,由于 As 和 Si 之间在土壤固体上的竞争性吸附,土壤溶液中 As 和 Si 的浓度均会增加,水稻幼苗积累了更多的砷,砷的毒害作用会有所增强,其生长受到施硅的抑制。

硅肥可以刺激植物体的生理代谢活动,减缓重金属的毒害作用。在植物体生理过程中,施硅可以改善细胞超微结构,增强抗氧化系统酶活性,提高清除自由基能力等,进而减缓重金属的毒害(Li et al., 2018)。施硅增加了叶片的厚度,加粗了维管束,提高了线粒体数量,增大了叶绿体,提高了叶片腺嘌呤核苷三磷酸(ATP)含量(Ma and Yamaji, 2006);施硅可提高叶片对光的吸收效率,延缓叶片衰老时间,提高光合效率(王显 等,

2010),而光合作用与水稻糙米 Cr 含量呈显著负相关(Gao et al.,2018)。梅鑫(2018)研究表明,土壤 Pb、Cd 胁迫条件下,增施硅肥提高了大蒜的叶片色素含量、光合速率和叶绿素光化学活性,增强了 SOD、POD、CAT 的活性,降低了 MDA 含量。胡瑞芝 等(2001)研究表明,Si 通过与 MDA 发生络合反应降低 MDA 含量,提高 SOD 活性,减轻重金属毒害作用。Wang et al.(2015)研究发现,镉胁迫下叶面喷施纳米硅降低了水稻幼苗的 MDA 含量,但具有较高的谷胱甘肽含量和不同的抗氧化酶活性,表明它们对镉的耐受性较高。陈蕊(2018)研究表明,Cd 胁迫条件下,施硅显著提高了水稻幼苗 POD 活性和可溶性蛋白含量,显著降低了 MDA 含量,有效缓解了 Cd 胁迫的抑制作用。

(2)在作物不同生育期施适量的硅肥,其对重金属胁迫的缓解作用也不同,是一种降低重金属污染土壤中作物可食部位重金属含量的有效措施。Rehman et al.(2019)研究发现,镉胁迫条件下,与其他施用硅的组合相比,在水稻三个生长期(移栽、分蘖、抽穗期)分阶段施用硅是改善植物生长和降低镉含量的最佳方法,可以将谷物中的 Cd 浓度降低到阈值水平(0.2 mg/kg)以下,并在试验条件下降低 Cd 健康风险指数。张世杰 等(2018)研究表明,冬小麦不同生育期配施硅肥对籽粒和秸秆中的 Cd、Pb、As 含量阻控效果不同,通过聚类分析可知,拔节期施硅 2 次最佳,为冬小麦籽粒、秸秆中 Cd、Pb、As 低含量类群。李嘉琳 等(2019)研究表明,在水稻分期–拔节期喷施叶面硅肥没有明显的促生效果,虽然显著降低根系 Cd 向地上部位迁移的能力,但对 Cd 从茎叶到籽粒中的转运无显著影响,籽粒中 Cd 的累积没有明显的降低效果。

(3)硅肥对重金属胁迫具有一定的缓解作用,可以降低土壤和植株各组织中的重金属含量,配施其他措施的效果则更加明显。先前的研究(Wang et al.,2015;Liu et al.,2014)表明,硅肥还可以减少水稻籽粒中 As 和 Cd 的积累。Pan et al.(2019)研究了铁改性生物质炭和硅溶胶组合或单独施用对水稻籽粒中 As 和 Cd 积累的影响,结果表明,在为期 2 年的田间试验中,对比单施硅溶胶处理,铁改性生物质炭加硅溶胶处理的谷物产量更高,糙米中砷和镉的含量更低,可见同时使用铁改性生物质炭和硅溶胶可以进一步减少稻米中 As 和 Cd 的积累。根据湖南省株洲市南洲镇五家桥村试验结果(彭鸥 等,2020),镉胁迫条件下,硅肥可以降低稻田土壤有效态 Cd 含量,早、晚稻田分布降低 17.09%、18.26%,而硅肥结合水分管理的降幅还可以进一步提高,分别为 17.95%、30.43%;镉胁迫条件下,硅肥可以降低水稻根系、茎鞘、叶片、稻壳和糙米 Cd 含量,其中糙米 Cd 含量最高降幅为 49.23%,而硅肥结合水分管理效果更佳,糙米 Cd 含量降幅为 60.34% ~ 78.46%。李园星露 等(2018)在重金属 As、Cd 复合污染稻田土中,开展了硅肥耦合水分管理的试验研究,结果表明硅肥耦合淹水能够有效阻止稻米 As、Cd 复合污染,且以速溶硅肥+矿化硅肥与淹水耦合的效果最佳,较对照湿润灌溉相比,糙米中的 Cd、As 含量分别降低了 65.05%、47.62%。邓晓霞 等(2018)通过 Cd 污染稻田中硅肥配施土壤调控剂的试验表明,硅肥可以降低土壤酸可提取态 Cd、根系和糙米含 Cd 量,提高产量和茎叶含 Cd 量(在国家食品污染物限量标准 GB 2762—2012 以内),而配施土壤调理剂时土壤酸可提取态 Cd、糙米含 Cd 量的降幅和产量的增幅更大,且以叶面硅肥配施 2/3 纳米活性炭+1/3 硅钾钙镁肥最佳。

(4)不同类型的硅肥,对重金属胁迫的缓解作用亦有所不同。Wang et al.(2016)田间试验表明,不同硅肥中,高施硅钾肥(9 000 kg/hm²)显著降低了稻米中的 As 含量,最高可达 20.1%;除偏硅酸钠(Na₂SiO₃)外,试验条件下所有硅肥均具有降低水稻籽粒中 Cd 含量的高能力,其中硅钙肥料在缓解水稻籽粒中 Cd 浓度方面最有效。王昊 等(2019)基于盆栽试验,研究了 3 种硅酸盐的复配组合(海泡石 SP、海泡石+硅钙复合矿物 SPC 和海泡石+硅钙复合矿物+水溶硅肥 SCY)对稻田 Cd 的迁移影响,结果表明,3 种硅酸盐的不同组合均可使土壤 Cd 由可交换态向碳酸盐结合态和有机结合态转变,以及降低籽粒的含镉量,但是 SP 对土壤中 Cd 的钝化效果和籽粒中 Cd 的降幅不明显,而 SPC 或 SCY 的钝化效果和降幅显著。Huang et al. (2019a)通过 2 种有机硅肥(OSiF1、OSiF2)与无机硅肥的对比试验发现,有机硅肥(OSiF1、OSiF2)和无机硅肥的灰色关联度分别为 0.72、0.77 和 0.61,表明有机硅肥对小麦中 Cd 和 Pb 的解毒效果可能优于无机硅肥,但是增施有机硅肥(OSiF1、OSiF2)和无机硅肥均可以促进小麦根和芽对硅的吸收,从而降低芽、麸皮和面粉中 Cd 和 Pb 的积累,特别是面粉含 Cd 量分别降低 17%、10% 和 31%,含 Pb 量分别降低 74%、53% 和 48%,进而降低了镉和铅的健康风险指数(HRI)。

随着硅肥的不断研发,提出了一种新的硅肥——纳米硅肥。Liu et al. (2014)研究表明,纳米硅溶胶的叶面施用显著提高了谷物产量,同时降低了糙米中的砷含量,在芽的细胞壁上诱导了更多的砷结合,降低了根中的电解质渗漏量和 MDA 含量,并增加了含砷的水稻幼苗根部抗氧化酶(SOD、POD、CAT、抗坏血酸过氧化物酶 APX)的活性,进而减轻水稻中砷的毒性和积累。钢渣已被广泛用作改良剂和硅肥,以减轻土壤中重金属的迁移率和生物利用度。钢渣的施用一定程度上可以降低土壤酸度,提高植物对硅的利用率,促进植株生长,并抑制 Cd 在土壤-植物系统中向籽粒的运输。Ning et al. (2016b)研究表明,施用矿渣可以提高土壤 pH 值和植株有效硅含量,并降低金属的生物利用度,且粉状矿渣比粒状矿渣更有效,施用粉状矿渣时,土壤中酸可提取态 Cd 含量显著降低,水稻组织中 Cd、Cu 和 Zn 含量分别降低了 82.6%~92.9%、88.4%~95.6% 和 67.4%~81.4%;但是,1% 粉状炉渣会显著促进水稻的生长,而 3% 粉状炉渣会限制水稻的生长。同时,Ning et al. (2016a)研究发现,当有效硅(SiO₂)施量不低于 1 600 mg/kg 时,在土壤中未发现 Cd 和 Pb 的大量积累;相反,可交换态 Cd 显著下降,且水稻籽粒中的镉含量也显著降低。Ji et al. (2017)研究了不同类型的富硅土壤改良剂(矿渣、地面矿渣和硅藻土)和肥料(活性矿渣、地面活性矿渣和商业化硅肥)对长期镉污染稻田水稻分蘖期重金属的耐受性,结果表明富硅物质将水稻生物量提高了 15.5%,使叶片总 Cd 量降低了 8.5%~21.9%,且以商业硅肥效果最明显。

1.2.3.3 硅肥对土壤环境的影响

硅肥是一种绿色、可持续发展的肥料,对土壤环境的改善具有重要意义。硅肥可以调控土壤理化性质。当土壤偏酸性时,增施硅肥可以提高土壤 pH 值,缓解土壤酸化问题(胡敏 等,2017);郭俊霞 等(2019)研究表明,喷施硅肥可以提高土壤 pH 值,降低土壤有效镉。徐宁 等(2018)研究表明,喷施硅肥提高了根际土壤盐分以及酶活性。Matichenkov et al. (2020)试验表明,硅肥降低了 P、K、NO₃⁻ 和 NH₄⁺ 的渗漏量,促进了大麦对 N、P、K 养分的吸收。牟静 等(2019)研究也发现,与单施氮肥比较,氮硅配施既可以提高土壤铵态氮、硝态氮含量,又有利于土壤氮的矿化作用。

　　除影响土壤理化性质外,硅肥对土壤微生物也有一定的影响。方至萍(2019)研究发现,适量增施硅肥后,分蘖期稻田土壤微生物活度、氨化细菌数量、解磷菌数量分别平均显著提高了 8.34%、73.12%、130.36%,土壤微生物丰度指数中的 OUT 数、Chao1 指数、ACE 指数、Shannon 指数、Simpson 指数平均提升了 14.16%、23.80%、30.54%、0.18%、2.64%,有效改善了土壤微生物群落结构,提高了微生物生物多样性。Song et al. (2017)研究表明,与 NPK 处理相比,硅肥可以降低 N_2O 排放速率和反硝化潜能以及 nirS、nirK 基因的丰度,故水稻生长期间施硅酸盐肥料是一种减少 N_2O 排放的有效方法。徐宁 等(2018)研究表明,喷施硅肥可提高根际土壤中细菌数量,降低真菌数量。

　　植硅体主要成分是二氧化硅(SiO_2),含量为 67%~95%,其他成分包括水分、有机碳及钠、钾、钙、铁等元素,可以在土壤中储存数千年。因此,植硅体的积累在长期土壤有机碳储存乃至全球碳库中起着重要的作用。例如,由于芒草生物炭中植硅体的存在,它不仅增强了土壤的固碳能力和肥力,也可以视为潜在的生物可利用硅的来源(Houben et al.,2014)。此外,土壤 Si 含量会影响植硅体含量,施硅肥有助于提高水稻植株的植硅体含量。Sun et al. (2019)研究发现,施硅显著增加了水稻茎、叶和鞘中植硅体含量。Huang et al. (2020)研究表明,施硅可以通过增加土壤有效硅而提高植物和土壤的植硅体碳的积累,促进了植物-土壤系统中的植硅体碳的固定。

1.2.4　存在的问题

　　目前,微咸水、再生水灌溉虽然取得了很大的进展,但微咸水灌溉的次生盐渍化、盐胁迫对作物生长的抑制以及再生水中重金属富集问题在一定程度上依然限制了其推广应用。微咸水资源分布地区,一般淡水资源可利用量较少,进而用于农业灌溉的水量也较少,在一定程度上使得咸淡轮灌模式应用受到限制,进而影响微咸水的利用。此外,再生水资源量大,但开发利用率低。关于微咸水与再生水组合灌溉的研究鲜见报道。外源硅在调控盐碱逆境胁迫上具有一定可行性,但微咸水与再生水组合利用下外源硅的调控机制尚不明确。因此,本研究拟通过室内土柱模拟试验和盆栽试验,开展微咸水与再生水组合灌溉试验以及外源硅调控试验,为非常规水资源的安全组合利用提供依据。

1.3　研究内容与技术路线

1.3.1　研究内容

　　目前,微咸水和再生水利用方面已进行了大量研究,并取得了很多成果。然而,微咸水与再生水结合灌溉方面的研究鲜见报道,其作用机制以及利用模式有待探讨。而在微咸水利用地区,淡水资源比较匮乏,为了收获粮食,不得不利用微咸水灌溉,而直接利用微咸水灌溉易引发土壤次生盐渍化,需要寻求一种安全利用模式。微咸水与再生水混合利用可以相互稀释,进而降低微咸水矿化度和再生水有害物质浓度,再生水相对微咸水而言盐分较低,可以代替淡水进行盐分的淋洗。此外,硅肥的抗盐碱性以及抗重金属等功效,可以进一步保证微咸水与再生水组合利用的安全性。上海青,又名小白菜、青菜等,是国内外栽培的主要速生菜,味道鲜美,营养丰富,素有"菜中之王"的美称。由于其生长周期短,在温室盆栽种植比较常见,四季均能生长,对提高经济效益具有重要的推动作用。在河北衡水微咸水地区调研时发现上海青在当地种植普遍,因此以上海青为研究对象,开展微咸水与再生水结合灌溉对作物生长、生理生化和产量以及土壤微环境的影响研究以及组合灌溉下硅肥的调控效应,探索微咸水与再生水结合灌溉作用机制,揭示硅肥调控机制,进一步丰富不同非常规水源的安全利用模式,减轻单一非常规水源灌溉的不利因素,为推动非常规水资源合理利用提供理论支撑。本研究主要研究内容如下:

(1)微咸水与再生水组合灌溉对土壤水盐运移模拟研究。

主要研究一维土柱模拟试验条件下微咸水与再生水混灌和轮灌 2 种组合灌溉方式对土壤含水率、EC 和 pH 等的影响,明确土壤水盐运移规律。

(2)微咸水与再生水组合灌溉对土壤微环境与作物的影响。

主要研究微咸水与再生水混灌和轮灌对上海青收获后土壤理化性质、酶活性、微生物群落结构、土壤次生盐渍化风险的影响,明确土壤微环境变化特征;研究微咸水与再生水混灌和轮灌对上海青地上部和地下部生物量、叶绿素含量、叶片酶活性、MDA 以及可溶性蛋白含量的影响,探讨适宜的微咸水与再生水混灌比例和轮灌次序。

(3)再生水与微咸水组合灌溉条件下氮素与盐分在土壤-作物系统的积累与分布。

以上海青为研究对象,研究微咸水与再生水组合灌溉(混灌、轮灌)条件下土壤中和植株体内氮素、盐分离子(Na^+)的积累与分布,分析氮素与盐分离子在土壤-作物系统中的迁移规律,并对比组合灌溉方式对氮素与盐分离子积累与分布的影响。

(4)再生水与微咸水组合灌溉配施硅肥对土壤盐分迁移分布的影响。

以上海青为研究对象,研究微咸水与再生水组合灌溉(混灌、轮灌)配施硅肥条件下,研究土壤微环境(理化性质、酶活性、微生物)和作物(生理生化、品质)的响应,分析硅在土壤-作物系统中的迁移规律,明确微咸水与再生水组合灌溉条件下硅肥对土壤和作物的调控机制。

1.3.2　技术路线

本书在前人研究的基础上,通过土柱模拟试验和盆栽试验,系统地采集土壤-作物数据,研究连续 3 年微咸水与再生水组合灌溉下土壤水盐运移规律,分析微咸水与再生水组合灌溉对土壤微环境(理化性质、酶活性、微生物群落结构、土壤盐渍化风险)和作物(生长生理指标、产量品质)的影响机制,揭示硅肥对微咸水与再生水组合灌溉下土壤-作物的调控机制,技术路线图如图 1-1 所示。

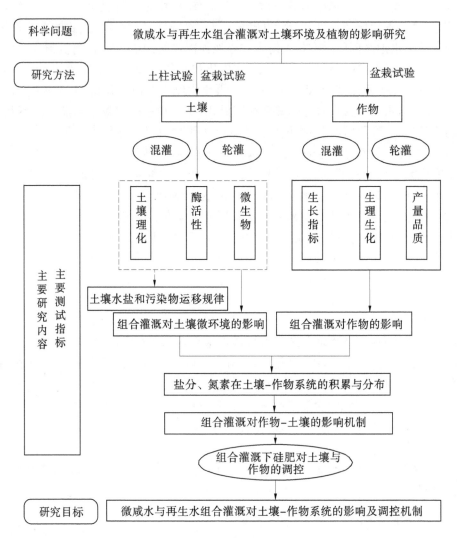

图 1-1　技术路线

第 2 章 材料与方法

2.1 试验地概况

试验在中国农业科学院新乡农业水土环境野外科学观测试验站温室大棚进行。该站地处北纬 35°19′、东经 113°53′，海拔 73.2 m，年均气温为 14.1 ℃，多年平均年降水量和蒸发量分别为 588 mm 和 2 000 mm，无霜期为 210 d，多年平均年日照时间为 2 398 h。

2.2 试验设计与测定方法

2.2.1 微咸水与再生水组合灌溉试验

供试土壤取自中国农业科学院新乡农业水土环境野外科学观测试验站周边农田耕层土壤，土壤经风干、碾碎、过筛(2 mm)后备用。土壤密度为 1.40 g/cm³，土壤田间质量持水率为 17.27%，总氮含量为 0.668 g/kg，总磷含量为 0.385 g/kg，1:5土水比土壤浸提液电导率为 264 μS/cm，有机质质量分数为 2.31%。采用 BT-9300HT 型激光粒度仪对土样进行颗粒分析，黏粒(<0.002 mm)、粉粒(0.002~0.02 mm)和砂粒(0.02~2 mm)占比分别为 20.90%、44.62% 和 34.48%，土壤质地属于壤土(国际制)。

以上海青为研究对象，设混灌和轮灌 2 种灌溉方式，混灌方式下微咸水与再生水混合比例设 2 个水平，并以咸淡混合作为对照组；轮灌方式下微咸水与再生水轮灌次序设 2 个水平，以咸淡轮灌作为对照组。2 种灌溉方式中，微咸水矿化度均设 2 个水平。试验共计 20 个处理，每个处理 3 个重复，如表 2-1 所示。试验采用盆栽试验，试验用盆规格为上口径 25 cm、下口径 14.5 cm、高 19 cm，每盆装土 7 kg。于 2020 年 10 月 9 日播种，每盆均匀撒播，待两叶一心时(10 月 31 日)每盆定植 5 棵幼苗，并开始进行不同水源灌水处理，灌水方式采用传统地面灌溉，次灌水量为 300 mL(灌水下限为田间持水率的 75%)，由于正值秋末，气温低、蒸发量小，约每隔 4 d 灌 1 次。施肥参照当地常规施肥量(1 g/kg)，所有处理均施复合肥(N–P₂O₅–K₂O 比例为 15–15–15)且全部作为基肥施入。微咸水、再生水水质情况见表 2-2。试验用再生水取自河南省新乡市骆驼湾生活污水处理厂，该污水处理厂采用的工艺为 A²/O 处理，污水处理后水质符合《农田灌溉水质标准》(GB 5084—2021)，清水为自来水，微咸水参考 Zhang et al. (2018)研究结果进行配制。

表 2-1　微咸水与再生水组合灌溉试验设计

组合灌溉方式		水源配比	矿化度/(g·L⁻¹)	处理	序号
混灌 M	对照组 C	清水	—	MC1	1
		微咸水	3	MC2	2
			5	MC3	3
		咸淡 1:1	3	MC4	4
			5	MC5	5
		咸淡 1:2	3	MC6	6
			5	MC7	7
	处理组 T	再生水	—	MT1	8
		微咸水–再生水 1:1	3	MT2	9
			5	MT3	10
		微咸水–再生水 1:2	3	MT4	11
			5	MT5	12
轮灌 R	对照组 C	清水(1 次)–微咸水	3	RC1	13
			5	RC2	14
		清水(2 次)–微咸水	3	RC3	15
			5	RC4	16
	处理组 T	再生水(1 次)–微咸水	3	RT1	17
			5	RT2	18
		再生水(2 次)–微咸水	3	RT3	19
			5	RT4	20

测定指标与方法：

(1)土壤理化性质。收获后取土样,土壤样品风干、磨碎、过筛(2 mm)后备用。采用烘干法测定土壤含水率。制备土水比 1:5 土壤浸提液,采用电导率仪测定土壤浸提液电导率 EC;采用火焰光度法测定 Na^+ 和 K^+;采用 EDTA 滴定法测定 Ca^{2+} 和 Mg^{2+};采用 $AgNO_3$ 滴定法测定 Cl^-;采用双指示剂–中和滴定法测定 CO_3^{2-} 和 HCO_3^-;采用 EDTA 间接络合滴定法测定 SO_4^{2-}。采用低温外热重铬酸钾氧化比色法测定土壤有机质;清水穿透时间法测定土壤滴水穿透时间 WDPT。

按土水比 1:2.5 制备土壤悬液,采用电位法测定 pH 值。土壤交换性 K^+ 和 Na^+ 用 NH_4Cl–乙醇交换–火焰光度法(FP6410)测定,土壤交换性 Ca^{2+} 和 Mg^{2+} 用 NH_4Cl–乙醇交换–原子吸收分光光度法(AA7000F)测定。土壤交换性钠百分率(exchangeable sodium percentage, ESP)为土壤胶体上吸附的交换性 Na^+ 占阳离子交换量的比例,土壤钠吸附比(sodium adsorption ratio, SAR)为土壤水溶性 Na^+ 与 Ca^{2+}、Mg^{2+} 之和平方根的比值。

表 2-2　再生水、微咸水、清水水质

水源	EC	pH	Na⁺	K⁺	HCO₃⁻	Cl⁻	Ca²⁺	Mg²⁺	SO₄²⁻	SAR	TN	TP	Pb	Cu	Zn	Cd
自来水	321	8.31	0.4	0.04	1.96	0.85	0.98	0.61	1.08	0.34	1.17	0.02	ND	ND	ND	ND
再生水	2 120	8.17	13.5	0.36	4.56	8.85	2.28	3.10	5.28	5.81	0.52	0.05	ND	ND	ND	ND
3 g/L 微咸水	6 100	8.41	57.8	0.05	2.32	54.20	1.08	0.71	0.96	43.21	1.31	0.02	ND	ND	ND	ND
5 g/L 微咸水	9 432	8.44	87.0	0.07	2.28	90.90	0.92	0.77	1.14	66.86	1.18	0.02	ND	ND	ND	ND
3 g/L 微咸水-再生水 1:1	4 815	8.07	42.2	0.11	5.50	32.50	1.82	2.13	2.06	21.22	0.92	0.04	ND	ND	ND	ND
5 g/L 微咸水-再生水 1:1	6 587	8.11	58.7	0.11	5.78	51.10	1.76	2.23	3.94	29.38	0.88	0.04	ND	ND	ND	ND
3 g/L 微咸水-再生水 1:2	4 074	8.09	32.2	0.17	5.92	25.65	1.90	2.15	4.02	15.99	0.87	0.04	ND	ND	ND	ND
5 g/L 微咸水-再生水 1:2	5 568	8.03	47.8	0.12	6.74	37.75	1.82	2.31	4.04	23.53	0.85	0.05	ND	ND	ND	ND

注：EC 表示电导率，μS/m；SAR 表示钠吸附比，(mmol/L)⁰·⁵；TN 表示总氮含量，mg/L；TP 表示总磷含量，mg/L；Pb、Cu、Zn、Cd 含量单位均为 mg/L；Na⁺、K⁺、HCO₃⁻、Cl⁻、Ca²⁺、Mg²⁺、SO₄²⁻ 单位均为 mmol/L；ND 表示未检出。

（2）土壤酶活性的测定。土壤磷酸酶（soil alkaline phosphatase，S–AKP/ALP）活性检测试剂盒（索莱宝，北京）检测土壤磷酸酶活性，以 37 ℃时每克土壤每天释放 1 nmol 酚为 1 个酶活性单位。土壤蔗糖酶（soil sucrose，S–SC）活性采用 3,5–二硝基水杨酸比色法进行测定，其活性以 24 h 后 1 g 土壤葡萄糖的毫克数表示；土壤脲酶（soil urease，S–UE）活性采用靛酚比色法进行测定，其活性以 24 h 后 1 g 土壤中 NH_3–N 的毫克数表示；详见关松荫（1986）测定方法。

（3）土壤微生物群落结构。委托上海美吉生物医药科技有限公司通过高通量测序平台进行分析。以样品土壤总 DNA 为模板，用细菌 16S rDNA V3–V4 区域通用引物 338F（ACTCCTACGGGAGGCAGCAG）、806R（GGACTACHVGGGTWTCTAAT）进行目的片段扩增。产物通过 2%琼脂糖凝胶电泳检测，并利用 SanPrep 柱式 DNA 胶回收试剂盒对目的片段回收纯化以获得消除引物二聚体的目的产物，进行高通量建库与微生物多样性分析。

（4）作物生长指标。收获（6 月 28 日）后，将地上部、地下部分开后，用蒸馏水冲洗干净并晾干，用天平称量计算地上部鲜重（AFW）和地下部鲜重（UFW），然后 105 ℃杀青 15 min 后于 75 ℃烘至恒重，用天平称量计算地上部干重（ADW）和地下部干重（UDW）。

（5）作物生理指标。收获后，于 6 月 29—30 日采用植物叶绿素含量检测试剂盒（索莱宝，北京）测定植物叶绿素 a、叶绿素 b 和叶绿素总量；采用考马斯亮蓝法测定可溶性蛋白质含量；采用紫外吸收法测定植物 CAT 活性，氮蓝四唑光化还原法测定植物超氧化物歧化酶（SOD）活性，愈创木酚法测定植物过氧化物酶（POD）活性，采用硫代巴比妥酸法测定植物丙二醛（MDA）含量。

（6）叶片 Na^+含量的测定。叶片 Na^+含量采用火焰光度计法进行测定。

（7）氮素的测定。上海青收获（12 月 14 日）后，取土样，土壤样品风干、磨碎、过筛后备用。将上海青植物样地上部、地下部分开后，用蒸馏水冲洗干净并晾干，然后 105 ℃杀青 15 min 后于 75 ℃烘至恒重，粉碎后备用。土壤和上海青叶片全氮（TN）量采用流动分析仪（Auto Analyzer 3 型，德国 BRAN LUEBBE）进行测定。

（8）第二代综合生物响应指数（integrated biological response version 2，IBRv2）的计算。根据相关性分析结果，选出相关性强的影响因素，计算 IBRv2，值越大，表示偏差越大。

$$IBRv2 = \sum_{i=1}^{n} |A_i| \qquad (2\text{-}1)$$

$$A_i = \left[\frac{\lg \dfrac{x_i}{x_0} - \mu}{\sigma} \right] - Z_0 \qquad (2\text{-}2)$$

式中：A_i 为每个指标相对于对照的偏离指数，$A_i>0$ 或 $A_i<0$ 时，分别表示指标被诱导或受到抑制；x_i 为每个指标的测定值；x_0 为对照参考值；σ、μ 为某因素对数标准化值所在处理组中的总平均值和标准差；Z_0 为对照组标准化后的均一化值。

2.2.2　微咸水与再生水组合灌溉条件下硅肥调控试验

试验在中国农业科学院新乡农业水土环境野外科学观测试验站防雨棚内进行。供试土壤取自试验站周边农田耕层土壤，土壤经风干、碾碎、过筛（2 mm）后备用。土壤密度为

$1.40\ g/cm^3$，土壤田间质量持水率为 17.27%，1:5 土水比土壤浸提液电导率为 264 $\mu S/cm$，有机质质量分数为 2.31%。采用 BT-9300HT 型激光粒度仪对土样进行颗粒分析，黏粒(<0.002 mm)、粉粒(0.002~0.02 mm)和砂粒(0.02~2 mm)占比分别为 20.90%、44.62% 和 34.48%，土壤质地属于壤土(国际制)。

以上海青为研究对象，灌溉水矿化度一定(5 g/L)时，设微咸水-再生水混合比例和轮灌次序以及硅肥浓度 3 个因素，其中微咸水-再生水混合比例设微咸水、微咸水-再生水 1:1、再生水共 3 个水平，微咸水-再生水轮灌次数设纯微咸水、再生水(1 次)-微咸水、再生水(2 次)-微咸水、纯再生水共 4 个水平，硅肥喷施周期设 0、2 d、4 d 共 3 个水平，喷施硅肥(偏硅酸钠)浓度为 150 mg/L，共计 15 个处理，每个处理 3 个重复，如表 2-3 所示。

表 2-3　微咸水与再生水组合灌溉条件下硅肥调控试验设计

灌溉方式		硅肥喷施周期/d	处理
微咸水		0	FB1
		2	FB2
		4	FB3
再生水		0	FR1
		2	FR2
		4	FR3
混灌	微咸水-再生水 1:1	0	M1
		2	M2
		4	M3
轮灌	再生水(1 次)-微咸水	0	R1
		2	R2
		4	R3
	再生水(2 次)-微咸水	0	R4
		2	R5
		4	R6

盆栽试验用盆规格为上口径 25 cm、下口径 14.5 cm、高 19 cm，每盆装土 7 kg。于 2021 年 6 月 9 日播种，每盆均匀撒播，待两叶一心时(6 月 21 日)每盆定植 5 棵幼苗，并开始进行不同水源灌水处理，灌水方式采用传统地面灌溉，次灌水量为 300 mL(灌水下限为田间持水率的 75%)，前期每隔 1 d 灌 1 次，后期随着作物耗水量的增长，每天灌 1 次。施肥参照当地常规施肥量(1 g/kg)，所有处理均施复合肥($N-P_2O_5-K_2O$ 比例为 15-15-15)且均作为基肥施入。

测定指标与方法：

(1)全硅量的测定。土壤全硅量采用动物胶脱硅-质量法进行测定。样品经碳酸钠熔融，盐酸溶解熔块，将溶液蒸发至湿盐状；在浓盐酸介质中，加入动物胶凝聚硅酸，使硅酸脱水成二氧化硅沉淀，然后过滤使其与其他元素分离。沉淀经 920 ℃ 灼烧，称量，即得 SiO_2 含量，进而换算成全硅量。植物叶片全硅量采用质量法进行测定。植物样品用 HNO_3-HClO_4 混合液消煮，从消煮液中分离出的 SiO_2，在 800 ℃ 灼烧后用质量法计算硅含量。

(2)其他测定指标与方法同前。

2.2.3　微咸水与再生水多年组合利用模拟试验

试验在中国农业科学院新乡农业水土环境野外科学观测试验站防雨棚内进行。以试验站附近农田土壤为研究对象,开展室内土柱入渗试验。试验设灌溉水矿化度、微咸水–再生水混合比例、轮灌次序 3 个因素,矿化度设 3 g/L、5 g/L 共 2 个水平,微咸水–再生水混合比例设全部微咸水、微咸水–再生水 1:1、微咸水–再生水 1:2、全部再生水共 4 个水平,轮灌次序设再生水(1 次)–微咸水、再生水(2 次)–微咸水共 2 个水平,并以清水灌溉为对照,共计 12 个处理,每处理 3 个重复,如表 2-4 所示。土柱规格为高 70 cm、内径 20 cm。底部设反滤层 5 cm,装土 60 cm,上部留 5 cm 用于灌水。试验共灌水 15 次,模拟华北地区 3 年田间灌水试验(冬小麦–夏玉米一年两熟制)。灌水方式采用传统地面灌溉,每 7~10 d 灌 1 次。再生水来自于河南省新乡市骆驼湾污水处理厂,污水来源为大部分城市生活污水;微咸水通过向淡水里面添加海盐进行配制。

表 2-4　土柱试验设计

处理	水源	说明
CK	清水	—
T1	再生水	—
T2	3 g/L 微咸水	—
T3	5 g/L 微咸水	—
T4	3 g/L 微咸水–再生水 1:1	混灌
T5	5 g/L 微咸水–再生水 1:2	混灌
T6	3 g/L 微咸水–再生水 1:1	混灌
T7	5 g/L 微咸水–再生水 1:2	混灌
T8	再生水–3 g/L 微咸水	轮灌
T9	再生水–5 g/L 微咸水	轮灌
T10	再生水(2 次)–3 g/L 微咸水	轮灌
T11	再生水(2 次)–5 g/L 微咸水	轮灌

测定指标与方法:

分别在模拟第 1 年、第 2 年和第 3 年结束时,分层取土样(0~20 cm、20~40 cm、40~60 cm),土壤样品风干、磨碎、过筛后备用。土壤测定指标与方法同前。

第 3 章　微咸水与再生水多年组合利用对土壤水盐运移及酶活性的影响

3.1　混灌下土壤水盐运移规律及酶活性分析

3.1.1　混灌对土壤水分的影响

基于 3 年连续土柱模拟试验,绘制各模拟试验年份土壤含水率变化情况,如图 3-1 所示。

从图 3-1 可以看出,模拟试验第 1 年时,灌溉后,清水灌溉(CK)与再生水灌溉(T1)处理间相同土层土壤含水率均无显著差异。微咸水矿化度一定时,随着混合液中再生水比重的提升,0~20 cm、20~40 cm、40~60 cm 土层土壤含水率处理间无显著变化。微咸水与再生水混合比例一定时,矿化度越高,但土层土壤含水率差异不显著。

模拟试验第 2 年时,除了 0~20 cm 土层含水率表现为 CK 显著低于 T1 外($P<0.05$),CK 与 T1 处理间其他相同土层土壤含水率无显著差异。微咸水矿化度为 3 g/L 时,随着混合液中再生水比重的提升,0~20 cm 土层含水率先显著降低再显著升高,20~40 cm、40~60 cm 土层含水率无显著性变化;微咸水矿化度为 5 g/L 时,随着混合液中再生水比重的提升,0~20 cm、20~40 cm、40~60 cm 土层含水率先升高后降低,且 T1 处理均显著低于其他处理。微咸水与再生水混合比例一定时,矿化度越高,差异越显著。同一处理,随着土层深度的加深,土壤含水率逐渐升高。

模拟试验第 3 年时,灌溉后,清水灌溉(CK)与再生水灌溉(T1)处理间相同土层土壤含水率均无显著差异。微咸水矿化度一定时,随着混合液中再生水比重的提升,0~20 cm、20~40 cm、40~60 cm 土层土壤含水率总体上呈先降低后升高趋势。微咸水与再生水混合比例一定时,矿化度越高,土层土壤含水率差异不显著(除 T7 处理 20~40 cm、40~60 cm 土壤含水率显著高于 T6 处理外)。

3.1.2　混灌对土壤盐分的影响

基于 3 年土柱模拟试验,绘制各模拟年份土壤 EC 变化情况,如图 3-2 所示。

从图 3-2 可以看出,模拟第 1 年时,与 CK 相比,T1 处理 0~20 cm、20~40 cm、40~60 cm 土层土壤 EC 均显著升高。微咸水矿化度一定时,随着混合液中再生水比重的提升,0~20 cm、20~40 cm、40~60 cm 土层土壤 EC 逐渐降低,除微咸水矿化度 3 g/L 时微咸水灌溉(T2)与微咸水–再生水 1:1 混合灌溉处理(T4)0~20 cm 土层含水率差异不显著外,其他处理间差异达到显著性水平($P<0.05$)。微咸水与再生水混合比例一定时,0~20 cm、20~40 cm、40~60 cm 土层土壤 EC 与矿化度正相关,且差异显著。模拟第 2 年和第 3

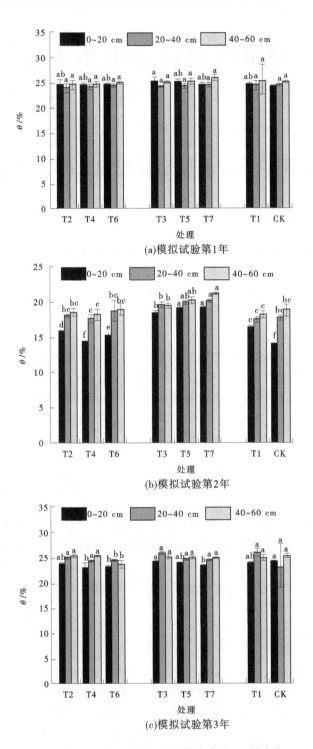

(a)模拟试验第1年

(b)模拟试验第2年

(c)模拟试验第3年

图 3-1　不同混灌处理土壤含水率(θ)的变化

注:图中相同土层对应的不同字母表示处理间在 0.05 水平上差异显著,下同。

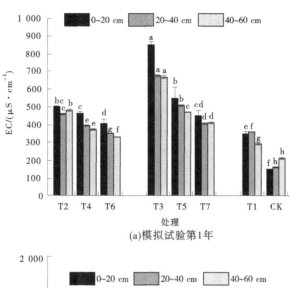

(a)模拟试验第1年

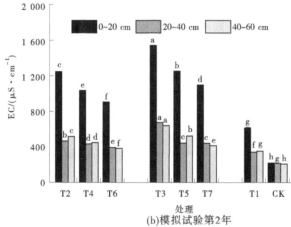

(b)模拟试验第2年

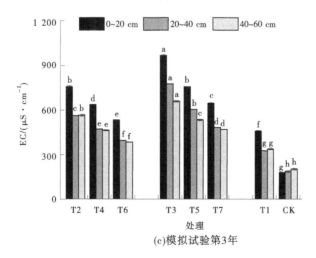

(c)模拟试验第3年

图 3-2　不同混灌处理土壤溶液电导率(EC)的变化

年时,土壤 EC 总体变化趋势和第一年份一致,且差异更加明显。

3.1.3　混灌对土壤水溶性离子的影响

各模拟年份土壤水溶性离子含量变化情况如图 3-3～图 3-5 所示。

(1)从图 3-3 可以看出,模拟第 1 年时,对于土壤 K^+ 含量而言,再生水灌溉(T1)处理 0～20 cm、20～40 cm、40～60 cm 土层土壤 K^+ 含量低于清水灌溉(CK)处理,且除 20～40 cm 土层外差异均达到了显著性水平($P<0.05$)。微咸水矿化度一定时,随着混合液中再生水比重的提升,0～20 cm、20～40 cm 土层土壤 K^+ 含量较微咸水灌溉总体上有所提高但差异不显著,20～40 cm 土层土壤 K^+ 含量在低矿化度(3 g/L)时差异不显著,而在高矿化度(5 g/L)时较微咸水灌溉均显著提高,40～60 cm 土层土壤 K^+ 含量呈降低趋势,且均显著低于微咸水灌溉。微咸水-再生水混合比例一定时,随着微咸水矿化度的升高,0～20 cm 土层土壤 K^+ 含量处理间差异不显著,20～40 cm 土层土壤 K^+ 含量除 1:2 混合比例外呈逐渐降低趋势,40～60 cm 土层土壤 K^+ 含量总体呈升高趋势。

对于土壤 Na^+ 和 Cl^- 含量而言,再生水灌溉(T1)处理 0～20 cm、20～40 cm、40～60 cm 土层土壤 Na^+ 和 Cl^- 含量显著高于清水灌溉(CK)处理,且差异显著($P<0.05$)。微咸水矿化度一定时,随着混合液中再生水比重的提升,20～40 cm、40～60 cm 土层土壤 Na^+ 和 Cl^- 含量显著降低,而 0～20 cm 土层土壤 Na^+ 含量较微咸水灌溉有所降低,但 Cl^- 含量均亦显著降低。微咸水-再生水混合比例一定时,随着微咸水矿化度的升高,各土层土壤 Cl^- 含量呈升高趋势且差异显著,0～20 cm 土层土壤 Na^+ 含量呈升高趋势且除 1:2 混合灌溉处理外均差异显著。

对于土壤 Ca^{2+} 含量而言,再生水灌溉(T1)处理 0～20 cm 土层土壤 Ca^{2+} 含量较清水灌溉(CK)无显著性差异,而 20～40 cm、40～60 cm 土层土壤 Ca^{2+} 含量则显著高于清水灌溉(CK)处理($P<0.05$)。微咸水矿化度一定时,随着混合液中再生水比重的提升,0～20 cm 土层土壤 Ca^{2+} 含量在低矿化度(3 g/L)时较微咸水灌溉显著降低,而在高矿化度(5 g/L)时则有所升高,20～40 cm 土层土壤 Ca^{2+} 含量总体上较微咸水灌溉有所升高,40～60 cm 土层土壤 Ca^{2+} 含量与 0～20 cm 土层变化趋势相反。微咸水-再生水混合比例一定时,随着微咸水矿化度的升高,0～20 cm 土层土壤 Ca^{2+} 含量处理间差异不显著(除微咸水灌溉处理间显著降低外),20～40 cm 土层土壤 Ca^{2+} 含量总体呈逐渐升高趋势且差异不显著,40～60 cm 土层土壤 Ca^{2+} 含量总体呈升高趋势。

对于土壤 Mg^{2+} 含量而言,再生水灌溉(T1)处理 0～20 cm、20～40 cm、40～60 cm 土层土壤 Mg^{2+} 含量高于清水灌溉(CK)处理,但差异未达到显著性水平($P<0.05$)。微咸水矿化度一定时,随着混合液中再生水比重的提升,0～20 cm 土层土壤 Mg^{2+} 含量较微咸水灌溉均有所降低但至再生水灌溉时又有所回升,20～40 cm 土层土壤 Mg^{2+} 含量处理间总体上差异不显著,40～60 cm 土层土壤 Mg^{2+} 含量呈降低趋势,且均显著低于微咸水灌溉(5 g/L 时)。微咸水-再生水混合比例一定时,随着微咸水矿化度的升高,0～20 cm、20～40 cm 土层土壤 Mg^{2+} 含量处理间差异不显著,40～60 cm 土层土壤 Mg^{2+} 含量显著升高(除了 1:2 混合灌溉处理间差异不显著)。

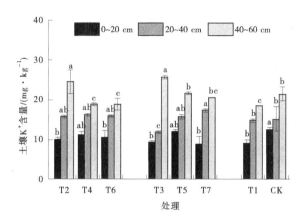

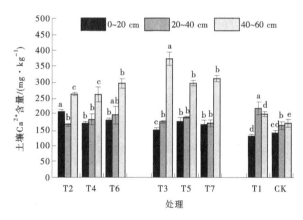

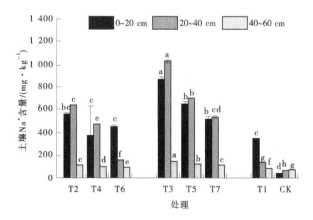

图 3-3　不同混灌处理土壤水溶性离子的变化(第 1 年)

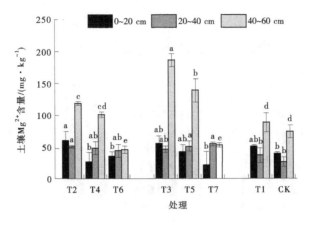

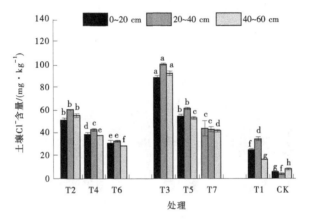

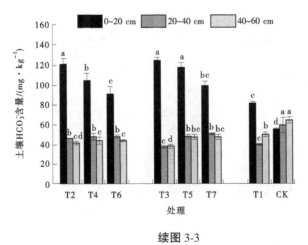

续图 3-3

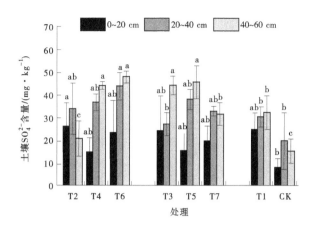

续图 3-3

对于土壤 HCO_3^- 含量而言,再生水灌溉(T1)处理 0~20 cm 土层 HCO_3^- 含量显著高于清水灌溉(CK),而 20~40 cm、40~60 cm 土层 HCO_3^- 含量则显著低于 CK 处理($P<0.05$)。微咸水矿化度一定时,随着混合液中再生水比重的提升,0~20 cm 土层土壤 HCO_3^- 含量呈降低趋势,20~40 cm 土层土壤 HCO_3^- 含量呈升高趋势,但至再生水灌溉时有所降低,40~60 cm 土层土壤 HCO_3^- 含量总体上有所升高。微咸水-再生水混合比例一定时,随着微咸水矿化度的升高,不同土层土壤 HCO_3^- 含量处理总体呈升高趋势。

对于土壤 SO_4^{2-} 含量而言,T1 处理各土层 SO_4^{2-} 含量均高于 CK。微咸水矿化度一定时,随着混合液中再生水比重的提升,0~20 cm、20~40 cm 土层 SO_4^{2-} 含量处理间差异不显著,40~60 cm 土层土壤 SO_4^{2-} 含量在低矿化度(3 g/L)时较微咸水灌溉显著升高而在高矿化度(5 g/L)时则差异不显著。微咸水-再生水混合比例一定时,随着微咸水矿化度的升高,0~20 cm、20~40 cm 土层土壤 SO_4^{2-} 含量处理间差异不显著,40~60 cm 土层 SO_4^{2-} 含量除微咸水灌溉处理显著升高外其他处理间差异不显著。

(2)从图 3-4 可以看出,模拟第 2 年时,对于土壤 K^+ 含量而言,再生水灌溉(T1)处理 0~20 cm、20~40 cm、40~60 cm 土层土壤 K^+ 含量低于清水灌溉(CK)处理,且除 20~40 cm 土层外差异均达到了显著性水平($P<0.05$)。微咸水矿化度一定时,随着混合液中再生水比重的提升,0~20 cm、20~40 cm、40~60 cm 土层土壤 K^+ 含量较微咸水灌溉总体上呈降低趋势,20~40 cm 土层在低矿化度(3 g/L)时差异不显著而在高矿化度(5 g/L)时较微咸水灌溉均显著提高,40~60 cm 土层 K^+ 含量显著低于微咸水灌溉。微咸水-再生水混合比例一定时,随着微咸水矿化度的升高,0~20 cm 土层土壤 K^+ 含量处理间显著升高,20~40 cm 土层 K^+ 含量除 1:2 混合比例显著降低外,其他处理间差异不显著,除微咸水灌溉处理外 40~60 cm 土层 K^+ 含量呈下降趋势。

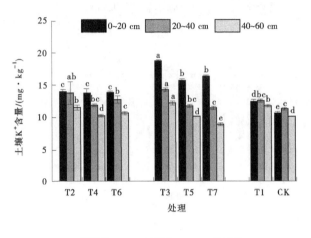

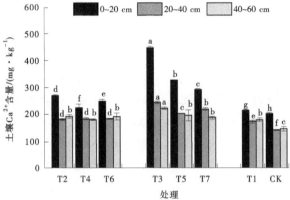

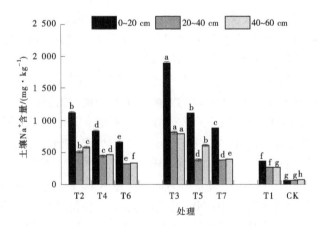

图 3-4　不同混灌处理土壤水溶性离子的变化（第 2 年）

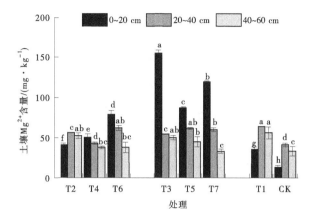

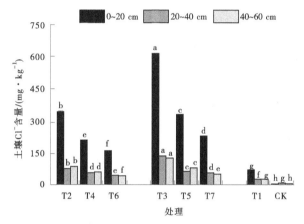

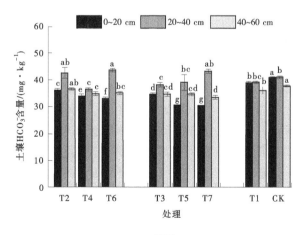

续图 3-4

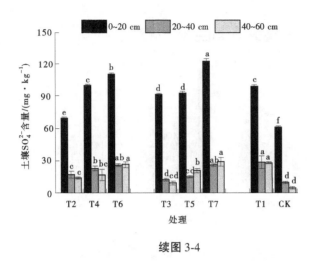

续图 3-4

对于土壤 Na^+ 和 Cl^- 含量而言,再生水灌溉(T1)处理 0~20 cm、20~40 cm、40~60 cm 土层土壤 Na^+ 和 Cl^- 含量显著高于清水灌溉(CK)处理,且差异显著($P<0.05$)。微咸水矿化度一定时,随着混合液中再生水比重的提升,总体上各土层 Na^+ 和 Cl^- 含量呈显著降低趋势。微咸水-再生水混合比例一定时,随着微咸水矿化度的升高,各土层 Na^+ 和 Cl^- 含量显著升高。

对于土壤 Ca^{2+} 含量而言,再生水灌溉(T1)处理各土层 Ca^{2+} 含量显著高于清水灌溉(CK)($P<0.05$)。微咸水矿化度一定时,随着混合液中再生水比重的提升,0~20 cm 土层 Ca^{2+} 含量较微咸水灌溉显著降低,40~60 cm 土层 Ca^{2+} 含量呈下降趋势,20~40 cm 土层 Ca^{2+} 含量总体上在低矿化度(3 g/L)较微咸水灌溉有所升高而在高矿化度(5 g/L)下则显著降低。微咸水-再生水混合比例一定时,随着微咸水矿化度的升高,0~20 cm、20~40 cm 土层土壤 Ca^{2+} 含量显著升高,40~60 cm 土层土壤 Ca^{2+} 含量总体呈升高趋势。

对于土壤 Mg^{2+} 含量而言,再生水灌溉(T1)处理各土层 Mg^{2+} 含量显著高于清水灌溉(CK)($P<0.05$)。微咸水矿化度一定时,随着混合液中再生水比重的提升,0~20 cm 土层 Mg^{2+} 含量较微咸水灌溉在低矿化度(3 g/L)显著升高,而在高矿化度(5 g/L)显著降低,20~40 cm 土层 Mg^{2+} 含量在低矿化度(3 g/L)下呈先降低后升高趋势,而在高矿化度(5 g/L)下呈升高-降低-升高趋势,40~60 cm 土层土壤 Mg^{2+} 含量呈降低趋势但至再生水灌溉时又有所回升。微咸水-再生水混合比例一定时,随着微咸水矿化度的升高,0~20 cm 土层 Mg^{2+} 含量显著升高,20~40 cm 土层除 1:1 比例混合显著升高外,其他处理间差异不显著,40~60 cm 土层土壤 Mg^{2+} 含量显著升高(除了 1:2 混合灌溉处理间差异不显著)。

对于土壤 HCO_3^- 含量而言,再生水灌溉(T1)处理 HCO_3^- 含量低于清水灌溉(CK),其中 0~20 cm、40~60 cm 土层差异达到显著性水平($P<0.05$)。微咸水矿化度一定时,随着混合液中再生水比重的提升,0~20 cm、40~60 cm 土层土壤 HCO_3^- 含量总体呈降低趋势但至再生水灌溉时明显回升,20~40 cm 土层 HCO_3^- 含量则均以微咸水-再生水 1:2 混合时最高。微咸水-再生水混合比例一定时,随着微咸水矿化度的升高,不同土层土壤

HCO_3^- 含量处理总体呈降低趋势。

对于土壤 SO_4^{2-} 含量而言,T1 处理各土层 SO_4^{2-} 含量均高于 CK。微咸水矿化度一定时,随着混合液中再生水比重的提升,0~20 cm 土层 SO_4^{2-} 含量呈现先升高后降低趋势,20~40 cm、40~60 cm 土层 SO_4^{2-} 含量呈升高趋势。微咸水-再生水混合比例一定时,随着微咸水矿化度的升高,0~20 cm 土层 SO_4^{2-} 含量除 1:1 混合处理外总体呈降低趋势,其他土层总体呈降低趋势。

(3) 从图 3-5 可以看出,模拟第 3 年时,对于土壤 K^+ 含量而言,再生水灌溉(T1)处理各土层 K^+ 含量显著高于清水灌溉(CK)处理($P<0.05$)。微咸水矿化度一定时,随着混合液中再生水比重的提升,0~20 cm 土层 K^+ 含量呈"N"形趋势变化,且至再生水灌溉时达到最高,20~40 cm、40~60 cm 土层则呈"V"形趋势变化。微咸水-再生水混合比例一定时,随着微咸水矿化度的升高,各土层 K^+ 含量总体呈升高趋势。

对于土壤 Na^+ 和 Cl^- 含量而言,再生水灌溉(T1)处理 0~20 cm、20~40 cm、40~60 cm 土层土壤 Na^+ 和 Cl^- 含量显著高于清水灌溉(CK)处理,且差异显著($P<0.05$)。微咸水矿化度一定时,随着混合液中再生水比重的提升,各土层 Na^+ 和 Cl^- 含量呈显著降低趋势。微

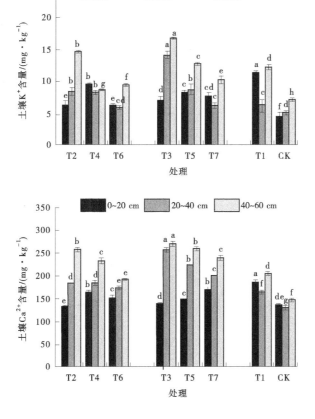

图 3-5　不同混灌处理土壤水溶性离子的变化(第 3 年)

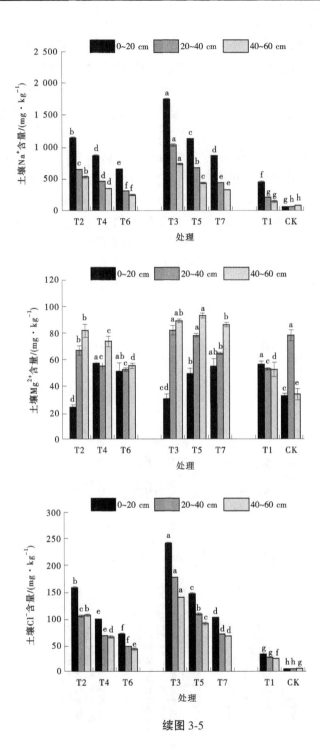

续图 3-5

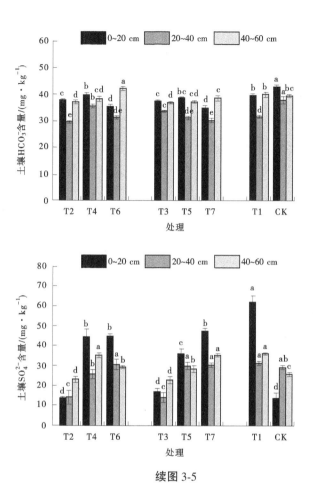

续图 3-5

咸水-再生水混合比例一定时,随着微咸水矿化度的升高,各土层 Na^+ 和 Cl^- 含量显著升高。

对于土壤 Ca^{2+} 含量而言,再生水灌溉(T1)处理各土层 Ca^{2+} 含量显著高于清水灌溉(CK)($P<0.05$)。微咸水矿化度一定时,随着混合液中再生水比重的提升,0~20 cm 土层 Ca^{2+} 含量较微咸水灌溉显著升高,20~40 cm、40~60 cm 土层则总体上显著降低。微咸水-再生水混合比例一定时,随着微咸水矿化度的升高,除 0~20 cm 土层在 1:1 混合处理显著降低外,其他则呈显著升高趋势。

对于土壤 Mg^{2+} 含量而言,再生水灌溉(T1)处理 0~20 cm、40~60 cm 土层 Mg^{2+} 含量显著高于清水灌溉(CK)($P<0.05$),20~40 cm 土层则反之。微咸水矿化度一定时,随着混合液中再生水比重的提升,0~20 cm 土层 Mg^{2+} 含量总体呈升高趋势,而其他土层则总体呈降低趋势。微咸水-再生水混合比例一定时,随着微咸水矿化度的升高,除 0~20 cm 土层 1:1 混合比例外,Mg^{2+} 含量呈升高趋势。

对于土壤 HCO_3^- 含量而言,再生水灌溉(T1)处理 0~20 cm、20~40 cm 土层 HCO_3^- 含量显著低于清水灌溉(CK)($P<0.05$),而 40~60 cm 土层差异未达到显著性水平。微咸水矿化度一定时,随着混合液中再生水比重的提升,0~20 cm 土层 HCO_3^- 含量呈"N"形趋

势变化,20~40 cm、40~60 cm 土层 HCO_3^- 含量在低矿化度(3 g/L)呈升高–降低趋势变化,而 20~40 cm 土层在高矿化度(5 g/L)呈降低–升高趋势变化,40~60 cm 土层呈升高趋势变化。微咸水–再生水混合比例一定时,随着微咸水矿化度的升高,不同土层土壤 HCO_3^- 含量处理总体呈降低趋势。

对于土壤 SO_4^{2-} 含量而言,T1 处理各土层 SO_4^{2-} 含量均高于 CK。微咸水矿化度一定时,随着混合液中再生水比重的提升,各土层 SO_4^{2-} 含量总体呈现升高趋势。微咸水–再生水混合比例一定时,随着微咸水矿化度的升高,各土层 SO_4^{2-} 含量在 1∶1 混合处理均差异显著,40~60 cm 土层在 1∶2 混合处理差异显著,其他则未达到显著性差异。

3.1.4　混灌对 SOM 和 WDPT 的影响

各模拟年份土壤 SOM 和 WDPT 变化情况如图 3-6 所示。

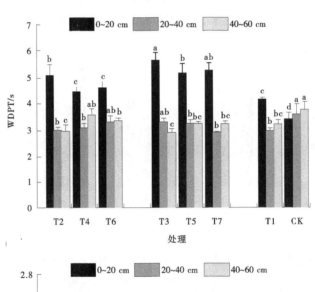

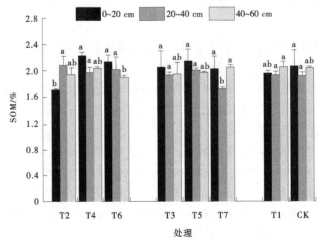

(a)模拟第 1 年

图 3-6　不同混灌处理土壤 WDPT 和 SOM 含量的变化

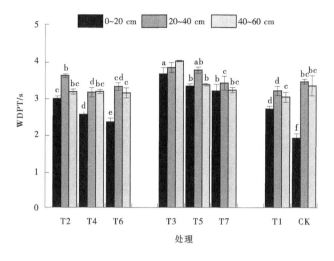

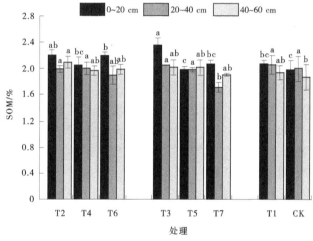

（b）模拟第 2 年

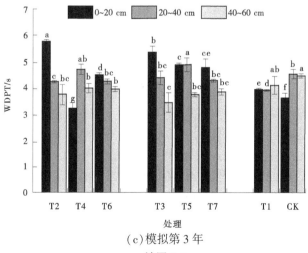

（c）模拟第 3 年

续图 3-6

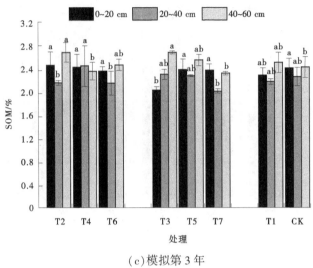

（c）模拟第 3 年

续图 3-6

（1）从图 3-6 可以看出，模拟第 1 年时，与清水灌溉（CK）相比，再生水灌溉（T1）处理 0～20 cm 土层 WDPT 显著提高，而 20～40 cm、40～60 cm 土层则显著降低。微咸水矿化度一定时，随着混合液中再生水比重的提升，0～20 cm 土层 WDPT 呈降低趋势，20～40 cm 土层 WDPT 在低矿化度（3 g/L）时较微咸水灌溉有所升高但差异不显著，而在高矿化度（5 g/L）时呈降低趋势，40～60 cm 土层 WDPT 较微咸水灌溉均有所提升。微咸水与再生水混合比例一定时，随着矿化度的升高，0～20 cm 土层 WDPT 显著升高，而 20～40 cm、40～60 cm 土层 WDPT 则差异不显著。

与清水灌溉（CK）相比，再生水灌溉（T1）处理各土层 SOM 无显著性差异。微咸水矿化度一定时，随着混合液中再生水比重的提升，0～20 cm 土层 SOM 呈先升高后降低趋势，且混合灌溉较微咸水灌溉在低矿化度（3 g/L）时提升显著，除 20～40 cm 土层 T7 处理 SOM 显著较低外，其他处理无显著性变化，40～60 cm 土层 SOM 呈升高趋势［除在低矿化度（3 g/L）时 T6 处理较低外］。微咸水与再生水混合比例一定时，随着微咸水矿化度的升高，0～20 cm 土层 SOM 在微咸水灌溉处理间差异显著，20～40 cm、40～60 cm 土层在 1∶2 混合处理间差异显著。

（2）模拟第 2 年时，与清水灌溉（CK）相比，再生水灌溉（T1）处理 0～20 cm 土层 WDPT 显著提高，而 20～40 cm、40～60 cm 土层则降低。微咸水矿化度一定时，随着混合液中再生水比重的提升，各土层 WDPT 在高矿化度（5 g/L）时呈降低趋势，而在低矿化度（3 g/L）时较微咸水灌溉均显著降低（40～60 cm 土层除外）。微咸水与再生水混合比例一定时，随着矿化度的升高，0～20 cm 土层 WDPT 显著升高，20～40 cm 土层除 1∶2 混合处理时升高不显著外，WDPT 亦显著升高，40～60 cm 土层 WDPT 呈升高趋势但差异不显著。

与清水灌溉（CK）相比，再生水灌溉（T1）处理各土层 SOM 略有升高但无显著性差异。微咸水矿化度一定时，随着混合液中再生水比重的提升，各土层 SOM 较微咸水灌溉均有所降低。微咸水与再生水混合比例一定时，随着微咸水矿化度的升高，各土层 SOM 无显著性变化。

（3）模拟第 3 年时，与清水灌溉（CK）相比，再生水灌溉（T1）处理 0～20 cm 土层 WDPT 显著提高，而 20～40 cm、40～60 cm 土层则降低。微咸水矿化度一定时，随着混合液中再生水比重的提升，各土层 WDPT 较微咸水灌溉显著降低。微咸水与再生水混合比例一定时，随着矿化度的升高，20～40 cm、40～60 cm 土层 WDPT 无显著性变化，而 0～20 cm 土层 WDPT 除微咸水灌溉处理间外亦显著升高。

与清水灌溉（CK）相比，再生水灌溉（T1）处理各土层 SOM 无显著性差异。微咸水矿化度一定时，随着混合液中再生水比重的提升，40～60 cm 土层 SOM 较微咸水灌溉均有所降低，0～20 cm 土层 SOM 在低矿化度（3 g/L）时较微咸水灌溉有所降低，而在高矿化度（5 g/L）时则有所升高，20～40 cm 土层 SOM 变化趋势与 0～20 cm 土层相反。微咸水与再生水混合比例一定时，随着微咸水矿化度的升高，除 0～20 cm 土层微咸水灌溉处理间差异显著外，各土层 SOM 无显著性变化。

3.1.5　混灌对土壤 pH 值的影响

混灌条件下各模拟年份土壤 pH 值变化情况如图 3-7 所示。

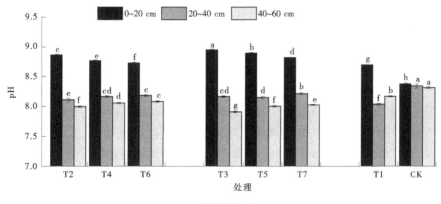

（a）模拟第 1 年

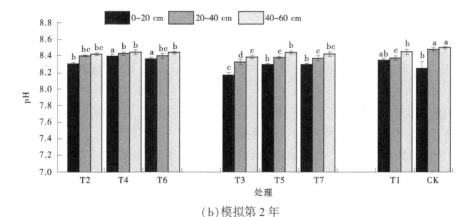

（b）模拟第 2 年

图 3-7　不同混灌处理土壤 pH 值的变化

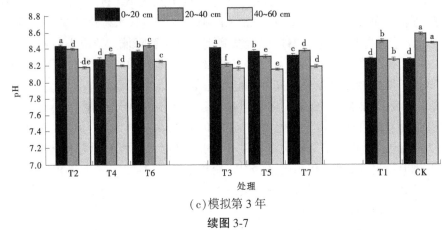

（c）模拟第3年

续图3-7

从图3-7可以看出,与清水灌溉(CK)相比,再生水灌溉(T1)处理0~20 cm土层pH值有所提高,除在模拟第1年差异显著外,其他模拟年份差异不显著;其他土层pH值在不同模拟年份均显著降低。微咸水矿化度一定时,随着混合液中再生水比重的提升,模拟第1年时,0~20 cm土层pH值逐渐显著降低,40~60 cm土层pH值逐渐显著升高,20~40 cm土层pH值总体呈升高趋势但至再生水灌溉时又有所降低;模拟第2年时,总体上各土层pH值较微咸水灌溉有所提升;模拟第3年时,40~60 cm土层pH值呈升高趋势,20~40 cm土层除T4处理外亦呈升高趋势,0~20 cm土层除T4处理外总体呈降低趋势。

微咸水与再生水混合比例一定时,随着微咸水矿化度的升高,0~20 cm土层pH值在模拟第1年时显著升高,在模拟第2年时显著降低,在模拟第3年时除1∶1混合处理外均呈下降趋势;20~40 cm土层pH值在模拟第1(1∶2混合处理除外)、2、3年时呈降低趋势;40~60 cm土层在模拟第1、2、3年时均呈降低趋势且第1年时差异显著。

3.1.6　混灌对土壤酶活性的影响

各模拟年份土壤碱性磷酸酶(AKP/ALP)、蔗糖酶(S-SC)、脲酶(S-UE)活性变化情况如图3-8所示。

从图3-8可以看出,与CK相比,T1处理不同年份各土层AKP/ALP活性均呈降低趋势(模拟第1年20~60 cm土层除外),S-SC活性总体上均呈降低趋势,S-UE活性在0~20 cm土层均呈升高趋势,20~40 cm土层均呈降低趋势,40~60 cm土层呈升高趋势(模拟第2年除外)。

微咸水矿化度一定时,随着混合液中再生水比重的提升,模拟第1年各土层AKP/ALP、S-UE活性较微咸水灌溉具有一定的提升作用,而S-SC活性则有一定的抑制作用。模拟第2年,混灌处理AKP/ALP活性在低矿化度(3 g/L)时较微咸水灌溉有所提升,但在高矿化度(5 g/L)时20~60 cm土层较微咸水灌溉有所降低;20~60 cm土层S-SC活性在1∶1混合处理时较微咸水灌溉均有所提升,而0~20 cm土层S-SC活性在低矿化度(3 g/L)时随着混合液中再生水比重的提升而呈降低趋势;20~40 cm土层S-UE活性表现为混灌处理高于微咸水灌溉,0~20 cm土层S-UE活性在1∶1混灌比例具有提升效果。模拟第3年,1∶1混灌处理各土层AKP/ALP活性均高于微咸水灌溉(5 g/L矿化度下0~20 cm

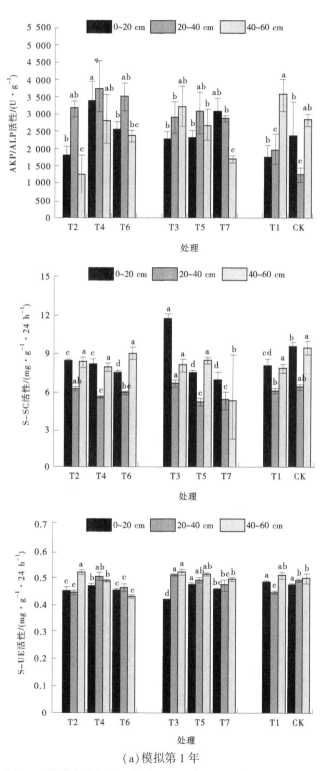

（a）模拟第 1 年

图 3-8　微咸水矿化度一定时不同混灌处理土壤酶活性的变化

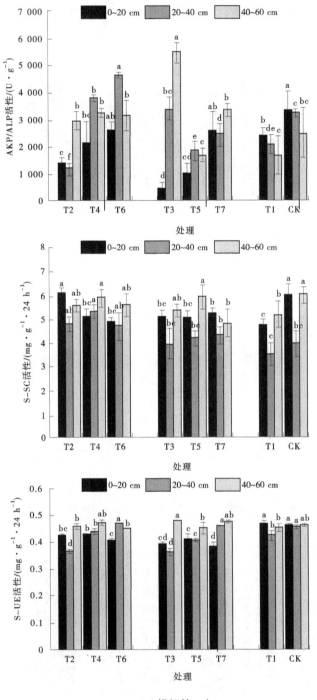

(b)模拟第 2 年

续图 3-8

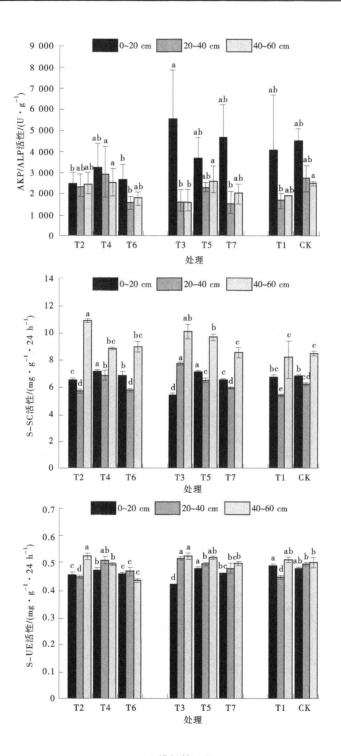

（c）模拟第 3 年

续图 3-8

土层除外);随着混合液中再生水比重的升高,0~20 cm 土层 S-SC 活性呈先升高后降低趋势,40~60 cm 土层 S-SC 活性总体呈降低趋势,20~40 cm 土层 S-SC 活性在低矿化度(3 g/L)时呈先升高后降低趋势,而在高矿化度(5 g/L)时呈降低趋势。

3.2　轮灌下土壤水盐运移规律及酶活性分析

3.2.1　轮灌对土壤水盐分布的影响

基于 3 年土柱模拟试验,绘制各模拟年份土壤含水率变化情况,如图 3-9 所示。

从图 3-9 可以看出,除模拟第 2 年 0~20 cm 土层含水率表现为 T1 处理显著高于 CK 外,不同模拟年份清水灌溉(CK)与再生水灌溉(T1)处理间各土层土壤含水率均无显著差

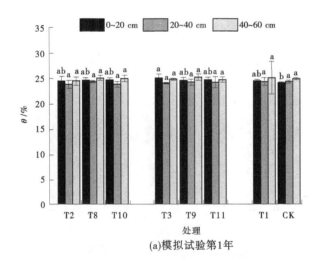

(a)模拟试验第1年

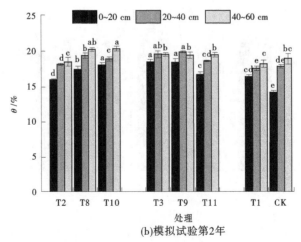

(b)模拟试验第2年

图 3-9　不同轮灌处理土壤含水率(θ)的变化

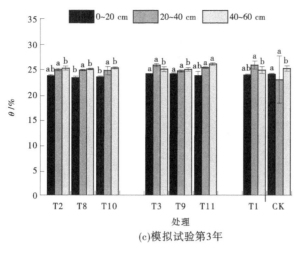

(c)模拟试验第3年

续图 3-9

异。微咸水矿化度一定时,随着再生水轮灌次数的增加,模拟第 1、3 年 0~20 cm、20~40
cm、40~60 cm 土层土壤含水率处理间无显著变化,模拟第 2 年各土层含水率在低矿化度
(3 g/L)时呈先升高后降低趋势,而在高矿化度(5 g/L)时呈下降趋势。

基于 3 年土柱模拟试验,绘制不同轮灌条件下各模拟年份土壤 EC 变化情况,如
图 3-10 所示。

从图 3-10 可以看出,与清水灌溉(CK)相比,不同模拟年份再生水灌溉(T1)处理 0~
20 cm、20~40 cm、40~60 cm 土层土壤 EC 均显著升高。微咸水矿化度一定时,随着再生
水轮灌次数的增加,模拟第 1 年时,0~20 cm、40~60 cm 土层土壤 EC 逐渐降低,20~40 cm
土层土壤 EC 较微咸水灌溉显著降低;模拟第 2 年时,20~60 cm 土层 EC 呈降低趋势,0~
20 cm 土层 EC 较微咸水灌溉显著降低;模拟第 3 年时,各土层 EC 均逐渐显著降低。微咸

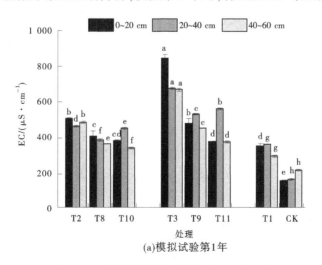

(a)模拟试验第1年

图 3-10　不同轮灌处理土壤盐分 EC 的变化

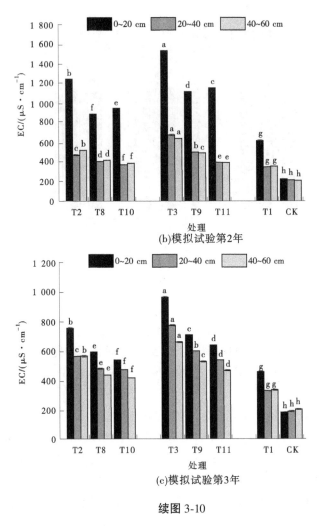

(b)模拟试验第2年

(c)模拟试验第3年

续图 3-10

水与再生水混合比例一定时,0~20 cm、20~40 cm、40~60 cm 土层土壤 EC 与矿化度正相关,且差异显著。

3.2.2 轮灌对土壤可溶性离子的影响

轮灌条件下各模拟年份土壤水溶性离子含量变化情况如图 3-11~图 3-13 所示。

(1)从图 3-11 可以看出,模拟第 1 年,微咸水矿化度一定时,随着再生水轮灌次数的增加:0~20 cm 土层 K^+ 含量以"微咸水–再生水"轮灌处理最高,20~40 cm 土层 K^+ 含量呈升高趋势,但至再生水灌溉水又有所降低,40~60 cm 土层 K^+ 含量呈逐渐降低趋势。

除 20~40 cm 土层 Cl^- 含量外,各土层 Na^+ 和 Cl^- 含量总体上均显著降低;土壤 Mg^{2+} 含量无明显变化规律。

0~20 cm 土层 Ca^{2+} 含量总体呈降低趋势,20~40 cm 土层 Ca^{2+} 含量呈升高趋势但至再生水灌溉时又有所降低,40~60 cm 土层 Ca^{2+} 含量在低矿化度(3 g/L)时以"再生水–微咸水"轮灌处理(T8)最高,而在高矿化度(5 g/L)时"再生水–微咸水"轮灌处理(T9)却较微

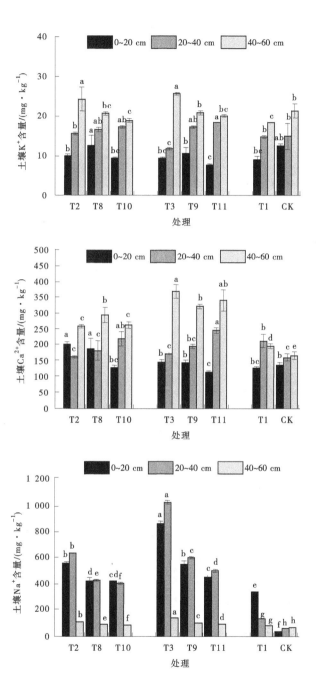

图 3-11　不同轮灌处理土壤水溶性离子的变化(第 1 年)

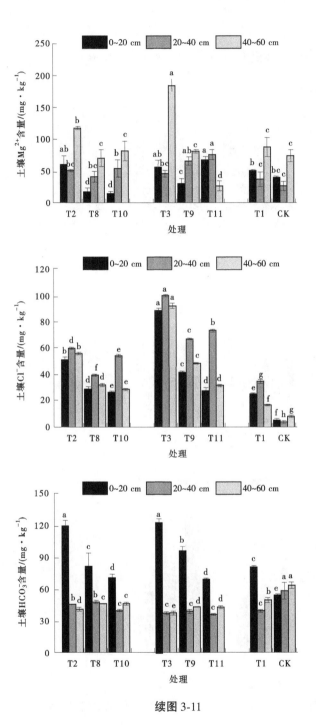

续图 3-11

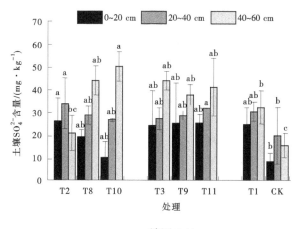

续图 3-11

咸水灌溉(T3)、再生水(2 次)–微咸水轮灌处理(T11)有所降低。

0~20 cm 土层 HCO$_3^-$ 含量总体上逐渐显著降低但至再生水灌溉时又显著升高,40~60 cm 土层变化则相反,但轮灌处理间差异不显著,20~40 cm 土层 HCO$_3^-$ 含量总体上以"再生水–微咸水"轮灌处理最高。

0~20 cm、20~40 cm 土层 SO$_4^{2-}$ 含量处理间差异均不显著,40~60 cm 土层土壤 SO$_4^{2-}$ 含量在低矿化度(3 g/L)时较微咸水灌溉有所升高,且在"再生水(2 次)–微咸水"轮灌处理(T10)达到显著性水平,而在高矿化度(5 g/L)时较微咸水灌溉有所降低但差异不显著。

(2)从图 3-12 可以看出,模拟第 2 年,微咸水矿化度一定时,随着再生水轮灌次数的增加:20~40 cm、40~60 cm 土层 K$^+$ 含量均呈降低趋势,但至再生水灌溉水又有所升高,0~20 cm 土层 K$^+$ 含量在低矿化度(3 g/L)时轮灌处理高于微咸水灌溉而在高矿化度(5 g/L)时则趋势相反。

0~20 cm 土层 Na$^+$ 和 Cl$^-$ 含量除"再生水(2 次)–微咸水"轮灌处理外总体呈降低趋势,20~40 cm、40~60 cm 土层 Na$^+$ 和 Cl$^-$ 含量总体上均显著降低;土壤 Mg^{2+} 含量无明显变化规律。

0~20 cm、20~40 cm 土层 Ca^{2+} 含量在低矿化度(3 g/L)时"再生水(2 次)–微咸水"轮灌处理(T10)最高而在高矿化度(5 g/L)时轮灌处理较微咸水灌溉显著降低;40~60 cm 土层 Ca^{2+} 含量先降低后至再生水灌溉时又有所升高。

0~20 cm 土层 HCO$_3^-$ 含量总体上逐渐显著降低,但至再生水灌溉时又显著升高,20~40 cm 土层 HCO$_3^-$ 含量总体上呈"降低–升高–降低"趋势变化,40~60 cm 土层总体上以"再生水(2 次)–微咸水"轮灌处理最高。

0~20 cm、40~60 cm 土层 SO$_4^{2-}$ 含量总体呈升高趋势且均显著高于微咸水灌溉处理,20~40 cm 土层 SO$_4^{2-}$ 含量表现为轮灌处理高于微咸水灌溉。

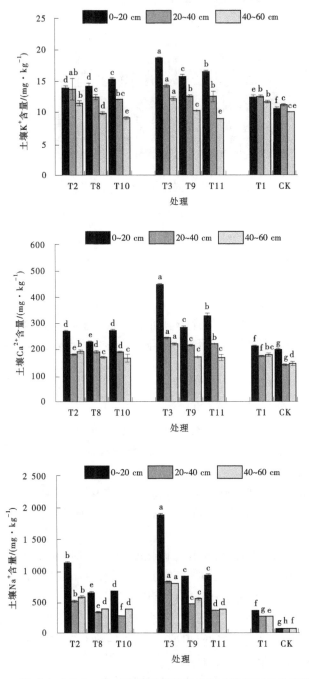

图 3-12 微咸水矿化度一定时不同轮灌处理土壤水溶性离子的变化(第 2 年)

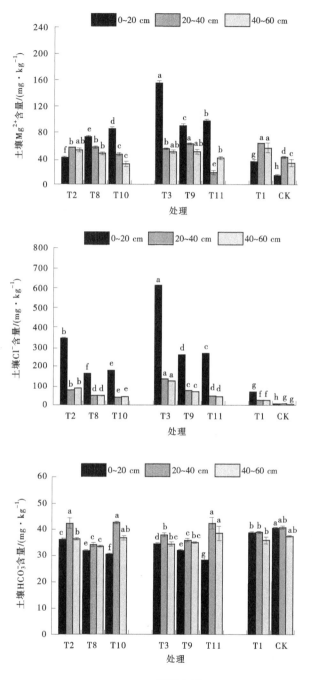

续图 3-12

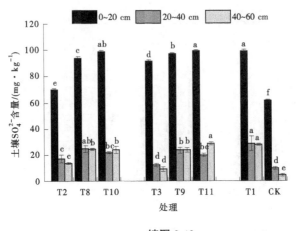

续图 3-12

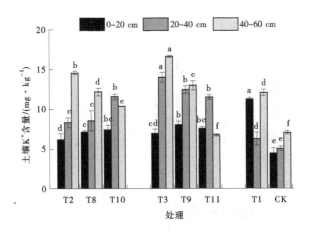

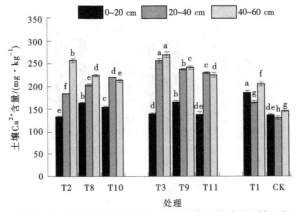

图 3-13 不同轮灌处理土壤水溶性离子的变化(第 3 年)

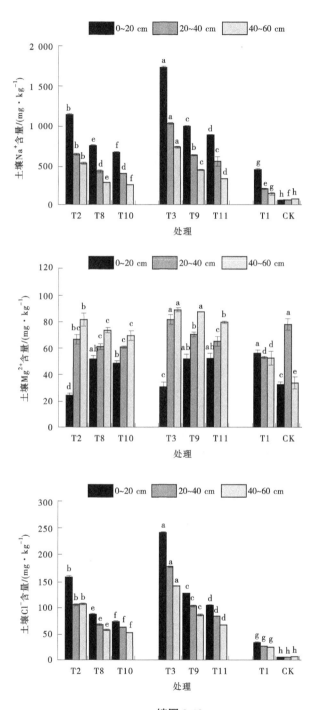

续图 3-13

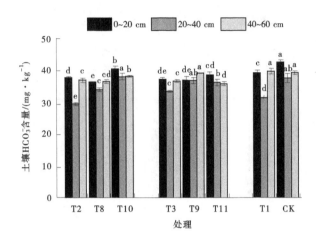

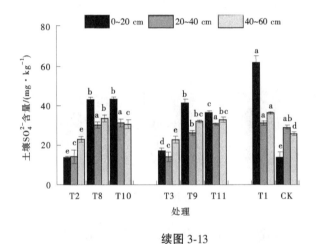

续图 3-13

（3）从图 3-13 可以看出，模拟第 3 年，微咸水矿化度一定时，随着再生水轮灌次数的增加，0~20 cm 土层 K^+ 含量表现为轮灌处理高于微咸水灌溉，20~40 cm 土层 K^+ 含量在低矿化度（3 g/L）时轮灌处理高于微咸水灌溉而在高矿化度（5 g/L）时则趋势相反，40~60 cm 土层 K^+ 含量均呈降低趋势，但至再生水灌溉水又有所升高。

各土层 Na^+ 和 Cl^- 含量总体均显著降低；0~20 cm 土层 Mg^{2+} 含量总体呈升高趋势，20~40 cm、40~60 cm 土层 Mg^{2+} 含量总体呈降低趋势。

0~20 cm 土层 Ca^{2+} 含量除"再生水（2 次）–微咸水"轮灌处理外总体呈升高趋势，20~40 cm 土层 Ca^{2+} 含量在低矿化度（3 g/L）时表现为轮灌处理高于微咸水灌溉，而在高矿化度（5 g/L）时变化趋势相反，40~60 cm 土层 Ca^{2+} 含量呈显著降低趋势。

0~20 cm 土层 HCO_3^- 含量以"再生水–微咸水"轮灌处理最低，20~40 cm 土层 HCO_3^- 含量表现为轮灌处理显著高于微咸水灌溉，40~60 cm 土层变化规律不明显。

各土层 SO_4^{2-} 含量均表现为轮灌处理显著高于微咸水灌溉。

3.2.3　轮灌对 SOM 和 WDPT 的影响

轮灌条件下各模拟年份土壤 SOM 和 WDPT 变化情况如图 3-14 所示。

从图 3-14 可以看出,微咸水矿化度一定时,随着再生水轮灌次数的增加,对于土壤 WDPT,模拟第 1 年时,T2、T3、T9、T11 处理 0~20 cm 土层 WDPT 大于 5 s,产生微弱的斥水性,其他情况下 WDPT 均小于 5 s;模拟第 2 年时,各土层 WDPT 均表现为"微咸水-再生水"轮灌处理和再生水灌溉处理最低且 WDPT 均小于 5 s;模拟第 3 年时,除微咸水灌溉处理 0~20 cm 土层 WDPT 略大于 5 s 外,其他处理各土层 WDPT 均小于 5 s。

对于 SOM,模拟第 1 年,0~20 cm 土层 SOM 表现为低矿化度(3 g/L)时轮灌处理显著高于微咸水灌溉,而高矿化度(5 g/L)时差异不显著,20~40 cm 土层 SOM 表现为低矿化度

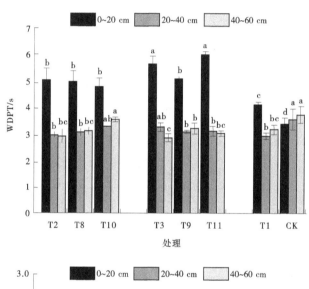

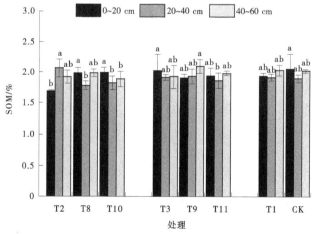

（a）模拟第 1 年

图 3-14　不同混灌处理土壤 WDPT 和 SOM 含量的变化

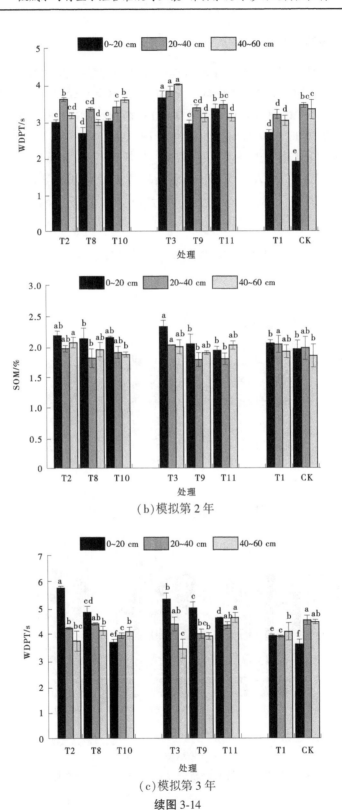

(b) 模拟第 2 年

(c) 模拟第 3 年

续图 3-14

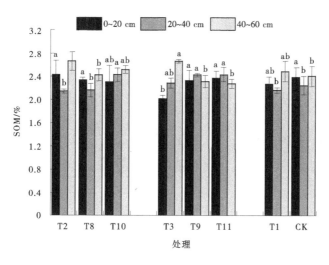

（c）模拟第 3 年

续图 3-14

（3 g/L）时轮灌处理显著低于微咸水灌溉，而高矿化度（5 g/L）时差异不显著，40~60 cm
土层 SOM 表现为轮灌处理高于微咸水灌溉处理但差异不显著。模拟第 2 年时，各土层
SOM 总体上表现为轮灌处理低于微咸水灌溉处理。模拟第 3 年时，0~20 cm 土层 SOM 轮
灌处理在低矿化度（3 g/L）时较微咸水灌溉处理差异不显著，而在高矿化度（5 g/L）时显
著高于微咸水灌溉处理，20~40 cm 土层 SOM 总体上表现为轮灌处理高于微咸水灌溉处
理，40~60 cm 土层 SOM 总体表现为轮灌处理低于微咸水灌溉处理。

3.2.4　轮灌对土壤 pH 值的影响

轮灌条件下各模拟年份土壤 pH 值变化情况如图 3-15 所示。

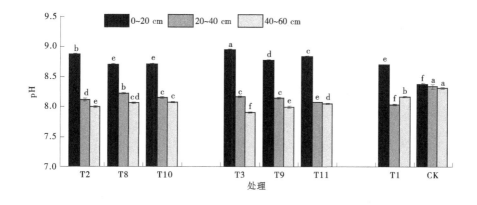

（a）模拟第 1 年

图 3-15　不同轮灌处理土壤 pH 值的变化

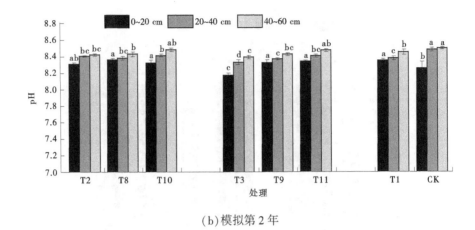

(b) 模拟第 2 年

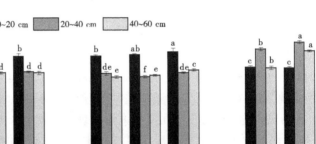

(c) 模拟第 3 年

续图 3-15

从图 3-15 可以看出,微咸水矿化度一定时,随着再生水轮灌次数的增加,模拟第 1 年时,0~20 cm 土层 pH 值逐渐降低且轮灌处理显著低于微咸水灌溉,40~60 cm 土层 pH 值变化趋势与 0~20 cm 土层相反,20~40 cm 土层 pH 值表现为低矿化度(3 g/L)时轮灌处理高于微咸水灌溉处理,而高矿化度(5 g/L)时则趋势相反;模拟第 2 年时,总体上轮灌处理各土层 pH 值较微咸水灌溉有所提升;模拟第 3 年时,40~60 cm 土层 pH 值呈升高趋势,20~40 cm 土层 pH 值以"微咸水–再生水"轮灌处理最低,0~20 cm 土层 pH 值变化无规律但以再生水灌溉处理为最低。

3.2.5　轮灌对土壤酶活性的影响

轮灌条件下各模拟年份土壤碱性磷酸酶(AKP/ALP)、蔗糖酶(S-SC)、脲酶(S-UE)活性变化情况如图 3-16 所示。从图 3-16 可以看出,微咸水矿化度一定时,随着再生水轮灌次数的增加,模拟第 1 年,AKP/ALP 活性表现为"微咸水–再生水"轮灌处理各土层均高于微咸水灌溉,各土层 S-UE 活性较微咸水灌溉具有一定的提升作用,0~20 cm 土层 S-SC 活性表现为轮灌处理显著低于微咸水灌溉处理。

模拟第 2 年,轮灌处理 0~20 cm、20~40 cm 土层 AKP/ALP 活性高于微咸水灌溉,

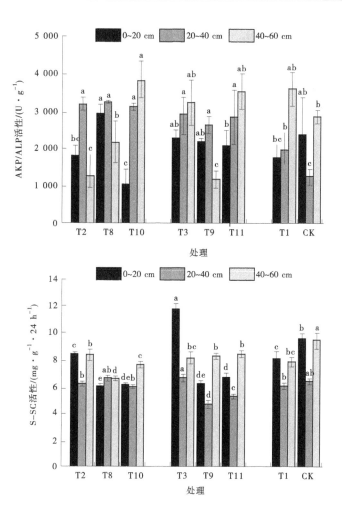

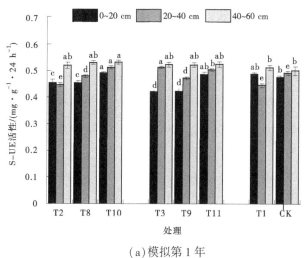

（a）模拟第 1 年

图 3-16　不同轮灌处理土壤酶活性的变化

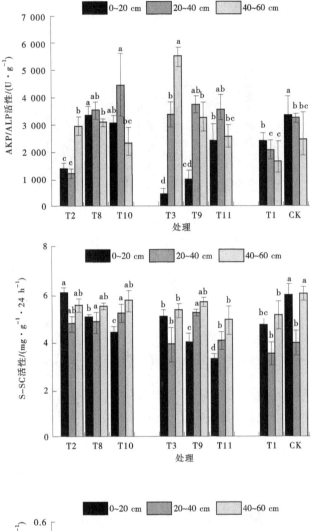

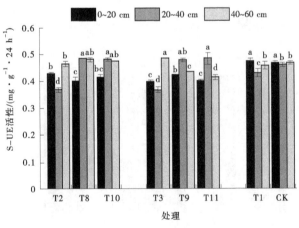

(b)模拟第 2 年

续图 3-16

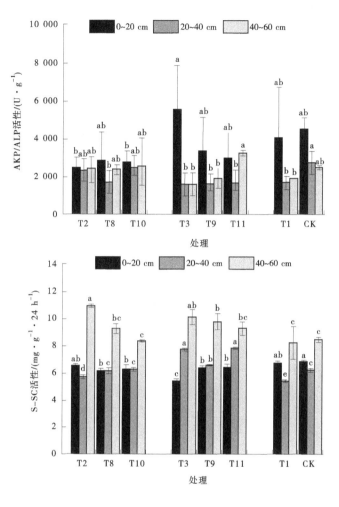

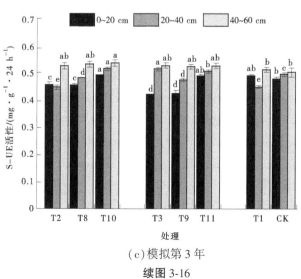

(c) 模拟第 3 年

续图 3-16

40~60 cm 土层总体呈降低趋势;0~20 cm 土层 S-SC 活性逐渐降低但至再生水灌溉时又有所升高,20~40 cm 土层 S-SC 活性表现为轮灌处理大于微咸水灌溉处理,40~60 cm 土层 S-SC 活性在轮灌处理与微咸水灌溉处理间差异不显著;20~40 cm 土层 S-UE 活性表现为轮灌处理高于微咸水灌溉处理,0~20 cm 土层 S-UE 活性在高矿化度(5 g/L)时“微咸水–再生水”轮灌处理较微咸水灌溉具有显著提升作用,40~60 cm 土层 S-UE 活性轮灌处理在低矿化度(3 g/L)时高于微咸水灌溉处理但差异不显著。

模拟第 3 年,轮灌处理各土层 AKP/ALP 活性与微咸水灌溉处理间差异均不显著(5 g/L 矿化度下 40~60 cm 土层除外);0~20 cm 土层 S-SC 活性在高矿化度(5 g/L)时轮灌处理较微咸水灌溉处理具有提升作用且差异显著,20~40 cm 土层 S-SC 活性表现为“微咸水–再生水(2 次)”轮灌处理高于微咸水灌溉,40~60 cm 土层 S-SC 活性总体呈降低趋势。

3.3　不同灌溉方式对比分析

3.3.1　土壤水分

基于 3 年土柱模拟试验,绘制微咸水与再生水不同组合模式下各模拟年份土壤含水率变化情况,如图 3-17 所示。

从图 3-17 可以看出,其他条件一定时,模拟第 1 年各土层含水率在混灌和轮灌处理间总体上无显著性差异;模拟第 2 年,各土层含水率在低矿化度(3 g/L)时表现为轮灌高于混灌,而在高矿化度(5 g/L)时则表现为轮灌低于混灌;模拟第 3 年,各土层含水率总体表现为轮灌高于混灌。

3.3.2　土壤盐分

基于 3 年土柱模拟试验,绘制微咸水与再生水不同组合模式下各模拟年份土壤电导率变化情况,如图 3-18 所示。

从图 3-18 可以看出,其他条件一定时,模拟第 1 年 0~20 cm、40~60 cm 土层 EC 表现为轮灌低于混灌,20~40 cm 土层 EC 表现为轮灌高于混灌(低矿化度时“再生水–微咸水”轮灌低于 1:1 混灌除外);模拟第 2 年,0~20 cm 土层 EC 表现为 1:1 混灌处理高于相应轮灌处理,1:2 混灌处理低于相应轮灌处理,20~40 cm 土层 EC 表现为 1:2 混灌处理高于相应轮灌处理,40~60 cm 土层 EC 总体表现为轮灌低于混灌;模拟第 3 年,0~20 cm、40~60 cm 土层 EC 总体表现为 1:1 轮灌低于 1:1 混灌,20~40 cm 土层 EC 表现为“再生水(2 次)–微咸水”轮灌高于 1:2 混灌。

不同模拟年份中,模拟第 2 年时表层土壤盐分在累积最大,其他土层盐分则最低。

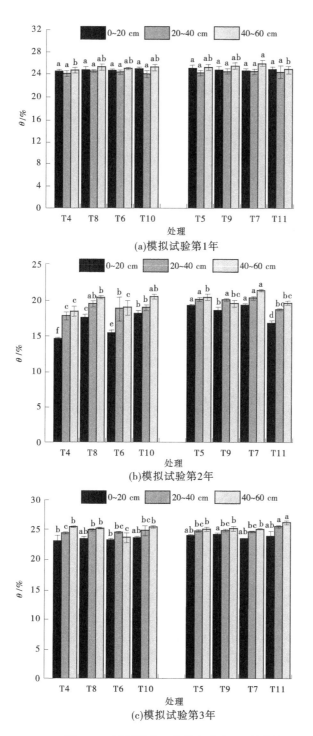

(a)模拟试验第1年

(b)模拟试验第2年

(c)模拟试验第3年

图 3-17   不同模式下土壤含水率(θ)的变化

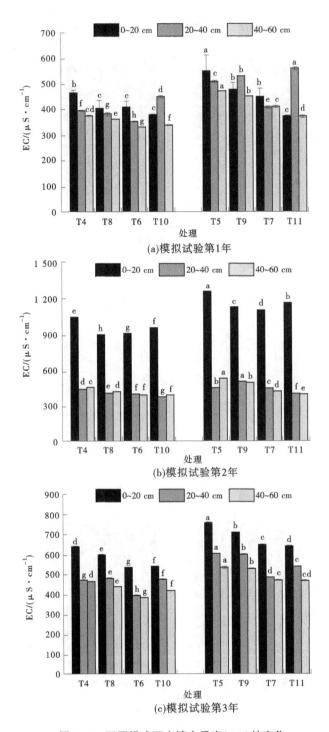

(a)模拟试验第1年

(b)模拟试验第2年

(c)模拟试验第3年

图 3-18 不同模式下土壤电导率(EC)的变化

3.3.3　土壤水溶性离子

微咸水与再生水不同组合模式下各模拟年份土壤水溶性离子含量变化情况如图 3-19~图 3-21 所示。

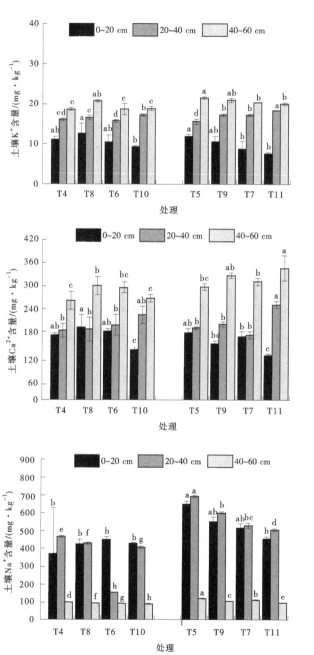

图 3-19　不同组合利用模式下土壤水溶性离子的变化(第 1 年)

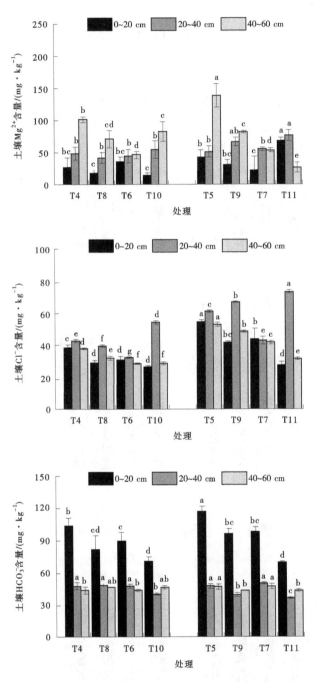

续图 3-19

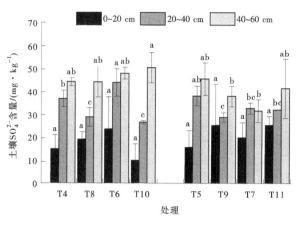

续图 3-19

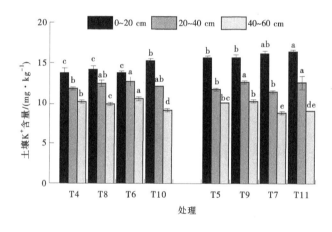

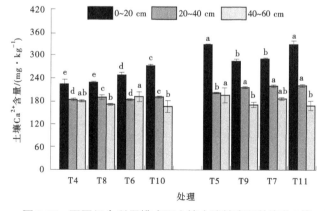

图 3-20　不同组合利用模式下土壤水溶性离子的变化(第 2 年)

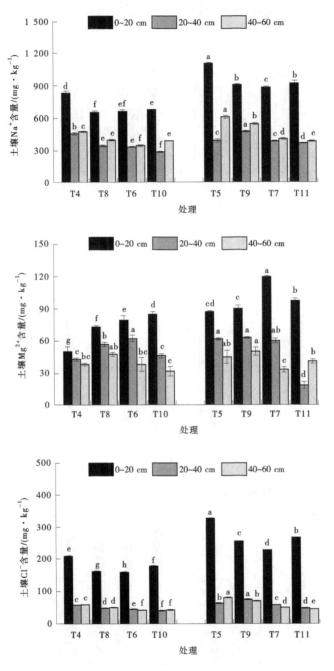

续图 3-20

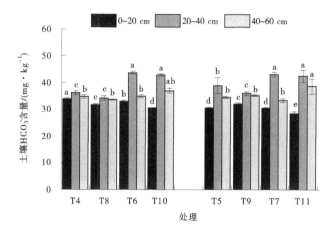

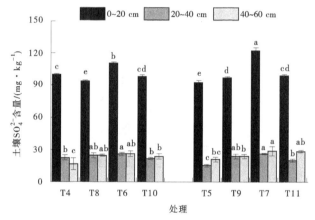

续图 3-20

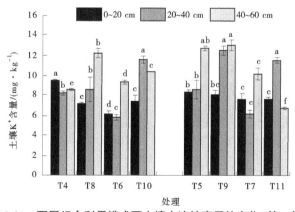

图 3-21　不同组合利用模式下土壤水溶性离子的变化(第 3 年)

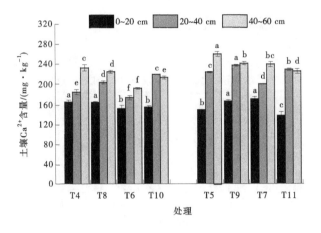

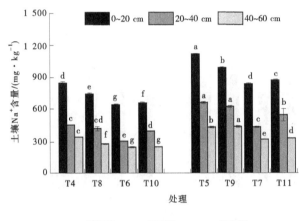

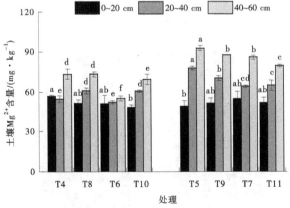

续图 3-21

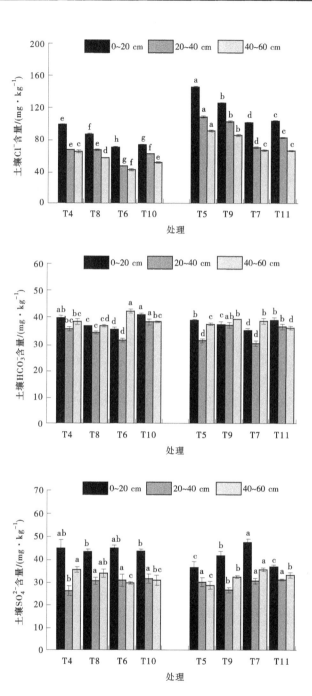

续图 3-21

（1）从图 3-19 可以看出，模拟第 1 年，除 1∶2 混灌处理 20～40 cm 土层 K^+ 含量显著高于相应轮灌处理外，其他情况下轮灌与混灌处理间 K^+ 含量无显著性差异。

各土层 Na^+ 含量以及 0～20 cm、40～60 cm 土层 Cl^- 含量总体以轮灌低于混灌，20～40 cm 土层 Cl^- 含量总体上以轮灌显著高于混灌（除 3 g/L 微咸水矿化度时轮灌显著低于混灌外）；土壤 Mg^{2+} 含量无明显变化规律。

0～20 cm、20～40 cm 土层 Ca^{2+} 含量表现为 1∶1 混灌处理与轮灌处理间无显著性差异，40～60 cm 土层表现为 1∶1 混灌处理显著低于轮灌处理；20～40 cm 土层 Ca^{2+} 含量表现为 1∶2 混灌处理低于相应轮灌处理，0～20 cm 土层则表现为 1∶2 混灌处理高于相应轮灌处理。

0～20 cm、20～40 cm 土层 HCO_3^- 含量总体上表现为混灌高于轮灌，40～60 cm 土层在低矿化度时轮灌与混灌处理间无显著性差异，而在高矿化度时轮灌显著低于混灌。

0～20 cm、40～60 cm 土层 SO_4^{2-} 含量在轮灌和混灌处理间差异均不显著，20～40 cm 土层 SO_4^{2-} 含量总体上表现为混灌显著高于轮灌。

（2）从图 3-20 可以看出，模拟第 2 年，0～20 cm 土层 K^+ 含量以"再生水（2 次）–微咸水"轮灌处理最高，其他土层轮灌与混灌处理间 K^+ 含量无明显变化规律。

低矿化度（3 g/L）时，0～20 cm 土层 Na^+ 含量以"再生水–微咸水"轮灌处理最低，20～40 cm 土层 Na^+ 含量以"再生水（2 次）–微咸水"轮灌处理最低，40～60 cm 土层 Na^+ 含量以 1∶2 混灌处理最低；高矿化度（5 g/L）时，0～20 cm 土层 Na^+ 含量以 1∶1 混灌处理最低，20～40 cm、40～60 cm 土层 Na^+ 含量以"再生水（2 次）–微咸水"轮灌处理最低。

0～20 cm 土层 Cl^- 含量以 1∶2 混灌处理最低，20～40 cm、40～60 cm 土层 Cl^- 含量总体上表现为轮灌处理低于混灌处理。

0～20 cm 土层 Ca^{2+} 含量以 1∶2 轮灌处理最高，20～40 cm 土层 Ca^{2+} 含量表现为轮灌高于混灌，40～60 cm 土层与 20～40 cm 土层变化趋势相反。

0～20 cm 土层 HCO_3^- 含量以"再生水（2 次）–微咸水"轮灌处理最低，20～40 cm 土层 HCO_3^- 含量以 1∶1 混灌处理最低，40～60 cm 土层 HCO_3^- 含量以"再生水（2 次）–微咸水"轮灌处理最高。

低矿化度（3 g/L）时，0～20 cm、20～40 cm、40～60 cm 土层 Mg^{2+} 含量分别以"再生水（2 次）–微咸水"轮灌处理（T10）、1∶2 混灌处理（T6）、"再生水–微咸水"轮灌处理（T8）最高；高矿化度（5 g/L）时，0～20 cm 土层 Mg^{2+} 含量以 1∶2 混灌处理（T7）最高，20～40 cm、40～60 cm 土层 Mg^{2+} 含量以"再生水–微咸水"轮灌处理（T9）最高；各土层 SO_4^{2-} 含量均以 1∶2 混灌处理最高。

（3）从图 3-21 可以看出，模拟第 3 年，0～20 cm 土层 K^+ 含量以 1∶1 混灌处理最高，20～40 cm 土层 K^+ 含量以"再生水–微咸水"轮灌处理最高，40～60 cm 土层 K^+ 含量表现为轮灌处理高于混灌处理。

各土层 Na^+ 含量和 Cl^- 含量均以 1∶2 混灌处理最低。

0～20 cm 土层 Ca^{2+} 含量在轮灌与混灌处理间变化规律不明显，20～40 cm 土层 Ca^{2+} 含量表现为轮灌高于混灌，40～60 cm 土层 Ca^{2+} 含量以 1∶1 混灌处理最高。

0～20 cm、20～40 cm 土层 HCO_3^- 含量以 1∶2 混灌处理最低，40～60 cm 土层 HCO_3^- 含量总体以轮灌处理较低。

　　低矿化度(3 g/L)时,0~20 cm、20~40 cm、40~60 cm 土层 Mg^{2+} 含量分别以 1:1混灌
(T4)、"再生水-微咸水"轮灌(T8)、"再生水-微咸水"轮灌(T8)最高;高矿化度(5 g/L)
时,0~20 cm 土层 Mg^{2+} 含量以 1:2混灌(T7)最高,20~40 cm、40~60 cm 土层 Mg^{2+} 含量以
1:1混灌(T5)最高;0~20 cm、20~40 cm 土层 SO$_4^{2-}$ 含量均以 1:2混灌最高,40~60 cm 土层
SO$_4^{2-}$ 含量变化规律不明显。

3.3.4　SOM 和 WDPT

　　不同微咸水与再生水组合利用模式下各模拟年份土壤 SOM 和 WDPT 变化情况如
图 3-22 所示。

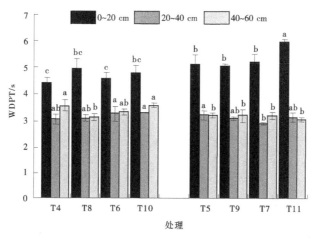

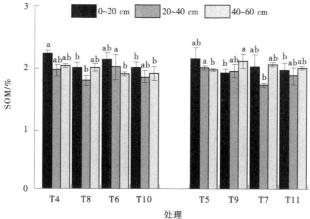

(a)模拟第 1 年

图 3-22　不同组合利用模式下土壤 WDPT 和 SOM 含量的变化

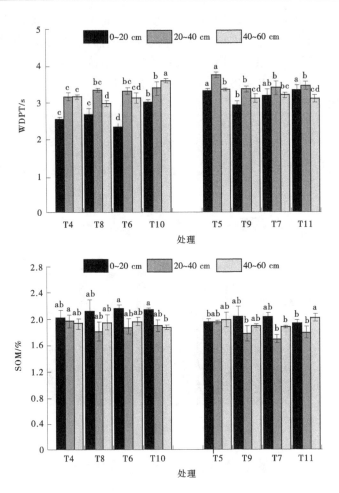

(b)模拟第 2 年

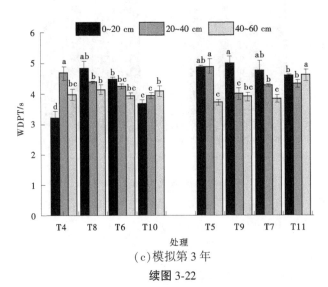

(c)模拟第 3 年

续图 3-22

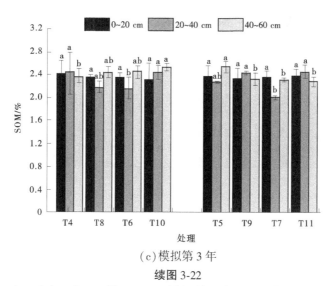

(c)模拟第 3 年

续图 3-22

从图 3-22 可以看出,对于土壤 WDPT,模拟第 1 年时,混灌与轮灌处理间 WDPT 无显著性差异,且除 T2、T3、T9、T11 处理 0~20 cm 土层 WDPT 大于 5 s 外,其他情况下 WDPT 均小于 5 s;模拟第 2、3 年时,WDPT 均小于 5 s。

对于 SOM,不同模拟年份,各土层 SOM 总体上轮灌与混灌处理间均无显著性差异。

3.3.5　pH

微咸水与再生水不同组合利用模式下各模拟年份土壤 pH 值变化情况如图 3-23 所示。从图 3-23 可以看出,模拟第 1 年,各土层 pH 值总体上均表现为轮灌低于混灌,且随着土层深度的增加,pH 值逐渐降低。模拟第 2 年,各土层 pH 值在 1:1 混灌与相应轮灌处理间差异不显著,在 1:2 混灌与轮灌处理间 20~40 cm 土层 pH 值差异也不显著。此外,pH 值随着土层深度的增加而逐渐增加。模拟第 3 年,与混灌相比,轮灌条件下 0~20 cm 土层 pH 值升高,20~40 cm 土层 pH 值降低,40~60 cm 土层 pH 值总体呈升高趋势。

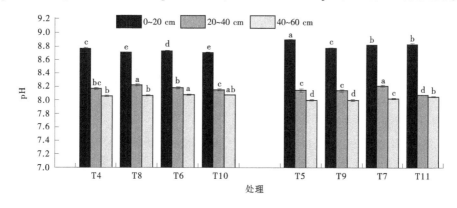

(a)模拟第 1 年

图 3-23　不同组合利用模式下土壤 pH 值的变化

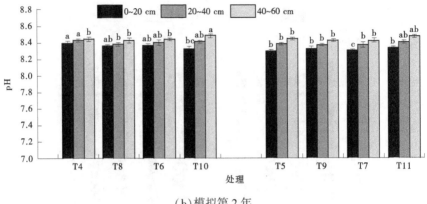

（b）模拟第 2 年

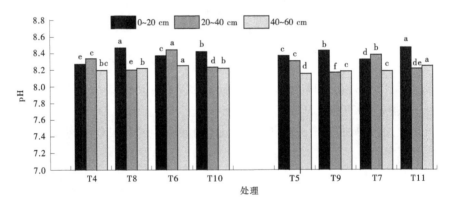

（c）模拟第 3 年

续图 3-23

3.3.6　土壤酶活性

微咸水与再生水不同组合利用模式下各模拟年份土壤碱性磷酸酶（AKP/ALP）、蔗糖酶（S-SC）、脲酶（S-UE）活性变化情况如图 3-24 所示。

从图 3-24 可以看出，模拟第 1 年，除 40~60 cm 土层 AKP/ALP 活性表现为 1:2 混灌低于轮灌外，其他情况下 AKP/ALP 活性均以混灌较高。0~20 cm 土层 S-SC 活性总体表现为混灌显著高于轮灌，20~40 cm 土层 S-SC 活性变化规律不明显，40~60 cm 土层混灌与轮灌处理间 S-SC 活性差异不显著。0~20 cm 土层 S-UE 活性以 1:2 轮灌处理最高，其他土层则以 1:2 混灌处理最低。

模拟第 2 年，轮灌处理各土层 AKP/ALP 活性与混灌处理间差异均不显著。0~20 cm 土层 S-SC 活性总体表现为混灌显著高于轮灌，20~40 cm 土层 S-SC 活性在低矿化度（3 g/L）时轮灌与混灌处理间差异不显著而在高矿化度时以 1:2 混灌处理最高，40~60 cm 土层混灌与轮灌处理间 S-SC 活性差异不显著。0~20 cm 土层 S-UE 活性在低矿化度（3 g/L）时以 1:1 混灌处理最高而在高矿化度（5 g/L）时表现为混灌低于轮灌，20~40 cm 土层 S-UE 活性表现为轮灌高于混灌，40~60 cm 土层 S-UE 活性在低矿化度（3 g/L）时表现为轮灌高于混灌而在高矿化度(5 g/L)时表现为混灌高于轮灌。

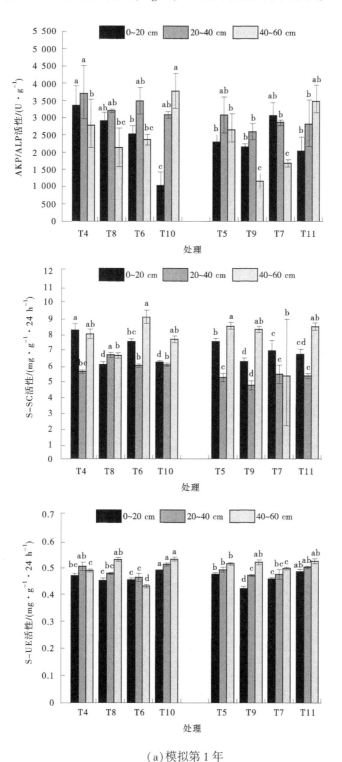

(a)模拟第 1 年

图 3-24　不同组合利用模式下土壤酶活性的变化

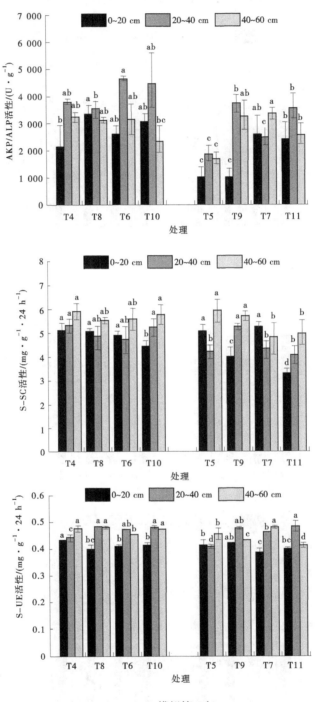

(b)模拟第 2 年

续图 3-24

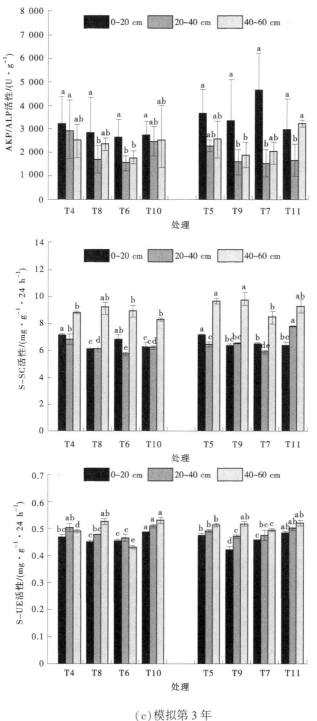

（c）模拟第 3 年

续图 3-24

模拟第 3 年,总体上,轮灌处理各土层 AKP/ALP 活性与混灌处理间差异均不显著。0~20 cm 土层 S-SC 活性以轮灌处理较高,20~40 cm 土层 S-SC 活性则以 1:2 混灌处理最低,40~60 cm 土层 S-SC 活性以"再生水-微咸水"轮灌处理最高。各土层 S-UE 活性均以"再生水(2 次)-微咸水"轮灌处理最高。

3.4　本章小结

(1)微咸水与再生水混灌条件下:

①不同模拟年份,清水灌溉(CK)与再生水灌溉(T1)处理间相同土层土壤含水率总体上均无显著差异。微咸水矿化度一定时,随着混合液中再生水比重的提升,模拟第 1 年 0~20 cm、20~40 cm、40~60 cm 土层土壤含水率处理间无显著变化;模拟第 2 年微咸水矿化度为 3 g/L 时 0~20 cm 土层含水率先显著降低再显著升高,20~40 cm、40~60 cm 土层含水率无显著性变化,而微咸水矿化度为 5 g/L 时 0~20 cm、20~40 cm、40~60 cm 土层含水率先升高后降低;模拟第 3 年 0~20 cm、20~40 cm、40~60 cm 土层土壤含水率总体上呈先降低后升高趋势。

②模拟第 1 年,T1 处理不同土层土壤 EC 较 CK 均显著升高;随着混合液中再生水比重的提升,各土层土壤 EC 逐渐降低。模拟第 2 年和第 3 年时,土壤 EC 总体变化趋势和第 1 年一致,且差异更加明显。

③各模拟年份,再生水灌溉(T1)处理 0~20 cm、20~40 cm、40~60 cm 土层土壤 Na^+ 和 Cl^- 含量均显著高于清水灌溉(CK)处理且差异显著($P<0.05$)。微咸水矿化度一定时,随着混合液中再生水比重的提升,模拟第 1 年时 20~40 cm、40~60 cm 土层土壤 Na^+ 和 Cl^- 含量显著降低,而 0~20 cm 土层土壤 Na^+ 含量较微咸水灌溉均有所降低,但 Cl^- 含量均亦显著降低;模拟第 2 年和第 3 年时,总体上各土层 Na^+ 和 Cl^- 含量均呈显著降低趋势。

④与清水灌溉(CK)相比,再生水灌溉(T1)处理 0~20 cm 土层 pH 值有所提高,其他土层 pH 值在不同模拟年份均显著降低。微咸水矿化度一定时,随着混合液中再生水比重的提升,模拟第 1 年 0~20 cm 土层 pH 值逐渐显著降低,40~60 cm 土层 pH 值逐渐显著升高,20~40 cm 土层 pH 值总体呈升高趋势,但至再生水灌溉时又有所降低;模拟第 2 年各土层 pH 值总体上较微咸水灌溉有所提升;模拟第 3 年 40~60 cm 土层 pH 值呈升高趋势,20~40 cm 土层除 T4 处理外亦呈升高趋势,0~20 cm 土层除 T4 处理外总体呈降低趋势。

(2)微咸水与再生水轮灌条件下:

①除模拟第 2 年 0~20 cm 土层含水率表现为 T1 处理显著高于 CK 外,不同模拟年份清水灌溉(CK)与再生水灌溉(T1)处理间各土层土壤含水率均无显著差异。微咸水矿化度一定时,随着再生水轮灌次数的增加,模拟第 1 年、第 3 年 0~20 cm、20~40 cm、40~60 cm 土层土壤含水率处理间无显著变化,模拟第 2 年各土层含水率在低矿化度(3 g/L)时呈先升高后降低趋势,而在高矿化度(5 g/L)时呈下降趋势。

②不同模拟年份再生水灌溉(T1)处理 0~20 cm、20~40 cm、40~60 cm 土层土壤 EC 均较清水灌溉(CK)显著升高。微咸水矿化度一定时,随着再生水轮灌次数的增加,模拟

第 1 年 0~20 cm、40~60 cm 土层土壤 EC 逐渐降低,20~40 cm 土层土壤 EC 较微咸水灌溉显著降低,模拟第 2 年 20~60 cm 土层 EC 呈降低趋势,0~20 cm 土层 EC 较微咸水灌溉显著降低,模拟第 3 年各土层 EC 均逐渐显著降低。

③模拟第 1 年除 20~40 cm 土层 Cl⁻ 含量外,各土层 Na⁺ 和 Cl⁻ 含量总体上均显著降低;模拟第 2 年 0~20 cm 土层 Na⁺ 和 Cl⁻ 含量除"微咸水-再生水(2 次)"轮灌处理外总体呈降低趋势,20~40 cm、40~60 cm 土层 Na⁺ 和 Cl⁻ 含量总体上均显著降低;模拟第 3 年各土层 Na⁺ 和 Cl⁻ 含量总体均显著降低。

④模拟第 1 年,微咸水矿化度一定时,随着再生水轮灌次数的增加,模拟第 1 年时 0~20 cm 土层 pH 值逐渐降低且轮灌处理显著低于微咸水灌溉,40~60 cm 土层 pH 值变化趋势与 0~20 cm 土层相反,20~40 cm 土层 pH 值表现为低矿化度(3 g/L)时轮灌处理高于微咸水灌溉处理,而高矿化度(5 g/L)时则趋势相反;模拟第 2 年轮灌处理各土层 pH 值总体上较微咸水灌溉有所提升;模拟第 3 年 40~60 cm 土层 pH 值呈升高趋势,20~40 cm 土层 pH 值以"微咸水-再生水"轮灌处理最低,0~20 cm 土层 pH 值变化无规律,但以再生水灌溉处理为最低。

(3)微咸水与再生水不同组合灌溉模式下:

①模拟第 1 年各土层含水率在混灌和轮灌处理间总体上无显著性差异;模拟第 2 年,各土层含水率在低矿化度(3 g/L)时表现为轮灌高于混灌,而在高矿化度(5 g/L)时则表现为轮灌低于混灌;模拟第 3 年,各土层含水率总体表现为轮灌高于混灌。

②模拟第 1 年 0~20 cm、40~60 cm 土层 EC 表现为轮灌低于混灌,20~40 cm 土层 EC 表现为轮灌高于混灌(低矿化度时"再生水-微咸水"轮灌低于 1:1 混灌除外);模拟第 2 年 0~20 cm 土层 EC 表现为 1:1 混灌处理高于相应轮灌处理,1:2 混灌处理低于相应轮灌处理,20~40 cm 土层 EC 表现为 1:2 混灌处理高于相应轮灌处理,40~60 cm 土层 EC 总体表现为轮灌低于混灌;模拟第 3 年 0~20 cm、40~60 cm 土层 EC 总体表现为"再生水-微咸水"轮灌低于 1:1 混灌,20~40 cm 土层 EC 表现为"再生水(2 次)-微咸水"轮灌高于 1:2 混灌。

③模拟第 1 年各土层 Na⁺ 含量以及 0~20 cm、40~60 cm 土层 Cl⁻ 含量总体以轮灌低于混灌,20~40 cm 土层 Cl⁻ 含量总体上以轮灌显著高于混灌(除 3 g/L 微咸水矿化度时轮灌显著低于混灌外);模拟第 2 年低矿化度(3 g/L)时,0~20 cm 土层 Na⁺ 含量以"微咸水-再生水"轮灌处理最低,20~40 cm 土层 Na⁺ 含量以"再生水(2 次)-微咸水"轮灌处理最低,40~60 cm 土层 Na⁺ 含量以 1:2 混灌处理最低;高矿化度(5 g/L)时,0~20 cm 土层 Na⁺ 含量以 1:1 混灌处理最低,20~40 cm、40~60 cm 土层 Na⁺ 含量以"再生水(2 次)-微咸水"轮灌处理最低;模拟第 3 年各土层 Na⁺ 含量和 Cl⁻ 含量均以 1:2 混灌处理最低。

④模拟第 1 年各土层 pH 值总体上均表现为轮灌低于混灌,且随着土层深度的增加,pH 值逐渐降低。模拟第 2 年各土层 pH 值在 1:1 混灌与相应轮灌处理间差异不显著,在 1:2 混灌与轮灌处理间 20~40 cm 土层 pH 值差异也不显著;此外,pH 值随着土层深度的增加而逐渐增加。模拟第 3 年,与混灌相比,轮灌条件下 0~20 cm 土层 pH 值升高,20~40 cm 土层 pH 值降低,40~60 cm 土层 pH 值总体呈升高趋势。

第4章　微咸水与再生水混灌对土壤-作物的影响

4.1　土壤微环境对微咸水与再生水混灌的响应

4.1.1　土壤理化性质对混灌的响应

4.1.1.1　土壤含水率与含盐量

土壤水是土壤肥力的重要因素,也是作物吸收水分的主要来源。土壤含盐量是土壤盐分状况的主要参数,也是土壤盐渍化的主要指标。而土壤含盐量与土壤浸提液 $EC_{1:5}$ 高度正相关,土壤浸提液 $EC_{1:5}$ 测定简单易行,一般常用土壤浸提液 $EC_{1:5}$ 表征土壤含盐量。上海青收获后,不同微咸水与再生水混灌处理土壤含水率和电导率的变化情况如表4-1所示。

表4-1　混灌下作物收获后土壤水盐的变化

处理	含水率/%	电导率/($\mu S \cdot cm^{-1}$)
MC1	10.11±0.15 c	546.67±34.24 e
MC2	13.08±0.79 b	1 176.33±147.17 b
MC3	15.73±1.66 a	1 495.67±88.93 a
MC4	10.79±2.46 c	962.00±4.58 c
MC5	12.44±0.50 bc	1 139.33±0.58 b
MC6	10.98±1.08 c	807.00±4.00 d
MC7	11.51±0.53 bc	850.33±8.50 cd
MT1	10.22±0.39 c	817.67±23.69 d
MT2	11.52±1.07 bc	892.00±5.20 c
MT3	12.65±0.48 bc	1 136.67±7.64 b
MT4	10.58±0.20 c	909.00±6.08 c
MT5	11.07±0.25 c	944.67±9.07 c

注:表中数据后不同字母表示处理间在0.05水平上差异显著,下同。

从表4-1可以看出:

(1)对于土壤含水率而言,不同处理灌溉上海青后,较清水灌溉(MC1)相比,再生水灌溉(MT1)后土壤含水率略有升高,增幅为1.10%,但差异不显著。其他条件一定时,与"微咸水-淡水"混灌处理相比,"微咸水-再生水"混灌处理土壤含水率总体略低但无显著性差异。微咸水与再生水混灌条件下,微咸水矿化度一定时,随着混合液中再生水比重的提高,土壤含水率总体上呈逐渐降低趋势;微咸水与再生水混合比例一定时,矿化度越高,土壤含水率越大,但除纯微咸水灌溉处理间差异显著外,其他混合处理差异不显著。可见,再生水与淡水灌溉处理间以及"微咸水–淡水"与"微咸水–再生水"混灌处理间土壤含水率差异不显著,同时随着混合液中再生水比重的提高,土壤含水率逐渐降低。

（2）对于土壤含盐量而言,不同处理灌溉上海青后,较清水灌溉（MC1）相比,再生水灌溉（MT1）后土壤 EC 为 817.67 μS/cm,显著提高了 49.6%。其他条件一定时,与"微咸水–淡水"混灌处理相比,"微咸水–再生水"混灌处理土壤 EC 在混灌比例 1:1 时略有降低但无显著性差异,而在混灌比例 1:2 时则有所提高。微咸水与再生水混灌条件下,微咸水矿化度一定时,随着混合液中再生水比重的提高,土壤 EC 总体上呈逐渐降低趋势,其中微咸水矿化度为 3 g/L 时 1:1 与 1:2 混灌处理间土壤 EC 无显著性差异;微咸水与再生水混合比例一定时,矿化度越高,土壤含水率越大,但除微咸水与再生水 1:2 混灌处理间差异不显著外,其他混合处理差异显著。可见,土壤盐分主要是由灌溉水中的盐分含量决定的。这与土壤含水率的变化趋势一致,因为盐分越高,对作物吸收水分的限制作用越强,留在土壤中的水分就越多。

4.1.1.2　土壤水溶性离子含量

土壤水溶性盐是盐碱土的一个重要属性,是限制作物生长的制约因素。土壤中水溶性盐的分析除 pH 值和全盐量的测定外,还包括阴离子（CO_3^{2-}、HCO_3^-、Cl^-、SO_4^{2-}）和阳离子（K^+、Na^+、Ca^{2+}、Mg^{2+}）的测定。不同微咸水与再生水混灌处理后土壤水溶性离子的变化情况如图 4-1 所示。

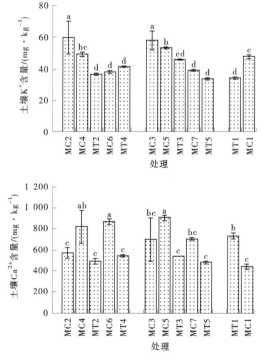

图 4-1　微咸水与再生水混灌条件下土壤水溶性离子含量的变化

注:图中不同字母表示处理间在 0.05 水平上差异显著,下同。

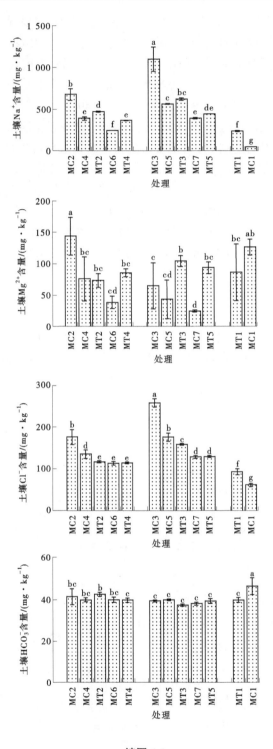

续图 4-1

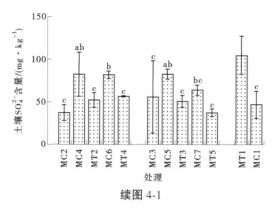

续图 4-1

从图 4-1 可以看出：

（1）土壤 Ca^{2+}、SO_4^{2-} 含量变化趋势基本一致，且再生水灌溉（MT1）处理均显著高于 MC1 处理。其他条件一定时，与"微咸水–淡水"混灌处理相比，"微咸水–再生水"混灌处理土壤 Ca^{2+}、SO_4^{2-} 含量总体上呈降低趋势，且差异显著（除微咸水矿化度 5 g/L 时 1:2 混灌处理间差异不显著）。微咸水与再生水混灌条件下，微咸水矿化度一定时，随着混合液中再生水比重的升高，离子含量处理间差异不显著，但均以再生水灌溉处理（MT1）最高；微咸水与再生水混合比例一定时，随着微咸水矿化度的升高，土壤 Ca^{2+}、SO_4^{2-} 含量处理间差异不显著。

（2）对于土壤 Na^+、Cl^- 含量，MT1 处理均高于 MC1 处理且差异显著。其他条件一定时，与"微咸水–淡水"混灌处理相比，"微咸水–再生水"混灌处理土壤 Na^+ 呈升高趋势而 Cl^- 含量呈降低趋势。微咸水与再生水混灌条件下，微咸水矿化度一定时，土壤 Na^+、Cl^- 含量随着混合液中再生水比重的升高而降低且差异显著（MT2、MT4 处理间差异不显著除外）；微咸水与再生水混合比例一定时，随着微咸水矿化度的升高，土壤 Na^+、Cl^- 含量逐渐升高且差异显著。

（3）对于土壤 K^+、Mg^{2+}、HCO_3^- 含量而言，MT1 处理均低于 MC1 处理且差异显著（其中 Mg^{2+} 含量降低不显著）。其他条件一定时，与"微咸水–淡水"混灌处理相比，"微咸水–再生水"混灌处理土壤 K^+ 含量为 1:1 混灌比例时显著降低而 1:1 混灌比例时差异不显著，Mg^{2+} 含量在低微咸水矿化度（3 g/L）时差异不显著而在高矿化度（5 g/L）时则显著升高，HCO_3^- 含量处理间差异不显著。微咸水与再生水混灌条件下，微咸水矿化度一定时，随着混合液中再生水比重的升高，土壤 K^+、Mg^{2+}、HCO_3^- 含量无明显变化规律。

4.1.1.3　土壤有机质含量与 WDPT

土壤有机质是土壤肥力的重要指标之一，是保障植物正常生长的基本条件，也是增产增收的一种重要措施。土壤斥水性是指水分不能或很难湿润土壤颗粒表面的物理现象（杨邦杰 等,1994）。土壤斥水性会导致土壤水分分布不均，引起土壤表层干燥易形成水土流失，加强降雨或灌水后地表径流和土壤侵蚀，进而不利于作物的生长发育（Dekker and Jungerius, 1990）。土壤斥水性的强弱一般用 WDPT 表征，当 WDPT>5 s 时，认为土壤存在斥水性。不同微咸水与再生水混灌处理后土壤有机含量和 WDPT 的变化情况如图 4-2 所示。

从图 4-2 可看出：

（1）对于 SOM,MT1 处理与 MC1 处理间无显著性差异。其他条件一定时，与"微咸水–

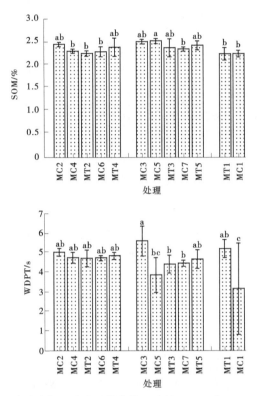

图 4-2　微咸水与再生水混灌条件下土壤 WDPT 与 SOM 变化规律

淡水"混灌处理相比,"微咸水-再生水"混灌处理 SOM 在 1∶1 混灌比例时略有降低而在 1∶2 混灌时则有所升高,但差异均不显著。微咸水与再生水混灌条件下,微咸水矿化度一定时,随着混合液中再生水比重的升高,处理间 SOM 无显著性差异;微咸水与再生水混合比例一定时,随着微咸水矿化度的升高,SOM 略有升高,但差异未达到显著性水平。

(2)对于 WDPT,MT1 处理土壤 WDPT 为 5.21 s,具有微弱斥水性,显著高于 MC1 处理。其他条件一定时,与"微咸水-淡水"混灌处理相比,"微咸水-再生水"混灌处理 WDPT 总体略有升高但差异均不显著。微咸水与再生水混灌条件下,微咸水矿化度一定时,随着混合液中再生水比重的升高,WDPT 总体呈先降低后升高趋势,均在 1∶1 混灌比例达到最低值;微咸水与再生水混合比例一定时,随着微咸水矿化度的升高,处理间 WDPT 无显著性差异。

4.1.2　土壤酶活性对混灌的响应

土壤磷酸酶是一类催化土壤有机磷化合物矿化的酶,其活性的高低直接影响着土壤中有机磷的分解转化及其生物有效性,北方地区土壤偏碱性,土壤磷酸酶活性指的是碱性磷酸酶(S-AKP/ALP)。S-SC 的酶促作用产物与土壤中有机质、氮、磷含量,微生物数量及土壤呼吸强度密切相关。S-UE 活性与土壤的微生物数量、有机物质含量、全氮和速效氮含量正相关。土壤脲酶活性反映了土壤的氮素状况。不同微咸水与再生水混灌处理后 S-AKP/ALP、S-SC、S-UE 活性的变化情况如表 4-2 所示。

表 4-2　微咸水与再生水混灌条件下土壤酶活性的变化

处理	S-AKP/ALP 活性/(U·g⁻¹)	S-SC 活性/(mg·g⁻¹·24 h⁻¹)	S-UE 活性/(mg·g⁻¹·24 h⁻¹)
MC1	3 348.81±29.90 bc	10.86±1.13 ab	0.41±0.01 d
MT1	3 901.19±528.96 b	11.01±0.39 a	0.45±0.02 c
MC2	2 105.95±344.81 cd	9.59±0.40 b	0.39±0.01 d
MC4	2 502.98±344.81 cd	9.02±0.74 b	0.41±0.01 d
MT2	2 951.79±442.46 c	10.10±0.59 ab	0.48±0.02 b
MC6	1 985.12±244.73 d	10.06±1.00 ab	0.45±0.01 c
MT4	3 435.12±626.44 bc	11.14±0.09 a	0.47±0.02 b
MC3	2 313.09±367.40 cd	10.43±0.55 ab	0.39±0.01 d
MC5	1 812.50±610.54 d	10.38±0.32 ab	0.40±0.00 d
MT3	4 885.12±868.60 a	9.79±0.39 b	0.49±0.01 ab
MC7	2 917.26±558.55 c	9.90±0.65 b	0.48±0.00 b
MT5	4 194.65±451.46 ab	11.53±0.08 a	0.51±0.02 a

从表 4-2 可以看出,MT1 处理 S-AKP/ALP、S-SC、S-UE 活性较 MC1 处理提高了 16.49%、1.30%、8.88%,但差异均不显著。其他条件一定时,与"微咸水–淡水"混灌处理相比,"微咸水–再生水"混灌处理 S-AKP/ALP、S-SC、S-UE 活性总体上呈升高趋势。微咸水与再生水混灌条件下,微咸水矿化度一定时,随着混合液中再生水比重的升高,微咸水与再生水混灌处理 S-AKP/ALP 活性均高于微咸水灌溉且在高微咸水矿化度(5 g/L)时差异达到显著性水平,S-UE 活性均显著高于微咸水灌溉处理,S-SC 活性总体上高于微咸水灌溉处理;微咸水与再生水混合比例一定时,S-AKP/ALP、S-SC、S-UE 活性总体呈升高趋势。

4.1.3　土壤次生盐渍化风险对混灌的响应

不同"微咸水–淡水"混灌以及"微咸水–再生水"混灌处理上海青收获后土壤次生盐渍化指标(pH、交换性 K/Na、ESP、SAR)的变化如图 4-3 所示。

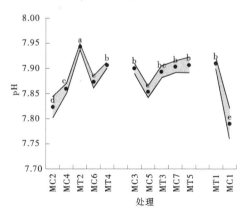

图 4-3　微咸水与再生水混灌条件下土壤 pH 值、交换性 K/Na、ESP 和 SAR 的变化

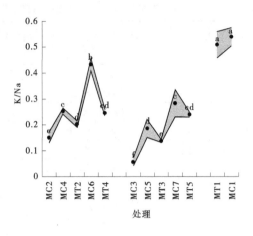

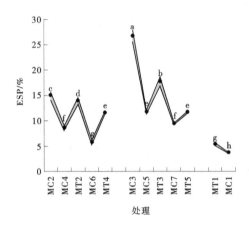

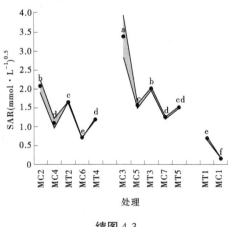

续图 4-3

从图 4-3 可以看出:

(1)土壤 pH 值。MT1 处理土壤 pH 值为 7.91,较 MC1 处理提高了 1.54%,且差异显著。其他条件一定时,与"微咸水-淡水"混灌处理相比,"微咸水-再生水"混灌处理土壤

pH 值呈升高趋势,且在低微咸水矿化度(3 g/L)时差异达到显著性水平。微咸水与再生水混灌条件下,微咸水矿化度一定时,随着混合液中再生水比重的升高,微咸水与再生水混灌处理土壤 pH 值总体上均高于微咸水灌溉,且在低微咸水矿化度(3 g/L)时差异达到显著性水平;微咸水与再生水混合比例一定时,随着微咸水矿化度的升高,除 1:1 混灌比例土壤 pH 值显著降低外,其他处理呈升高趋势。

（2）土壤交换性 K/Na。MT1 处理土壤交换性 K/Na 为 0.51,较 MC1 处理降低了 5.56%,但差异不显著。其他条件一定时,与"微咸水-淡水"混灌处理相比,"微咸水-再生水"混灌处理土壤交换性 K/Na 呈降低趋势。微咸水与再生水混灌条件下,微咸水矿化度一定时,随着混合液中再生水比重的升高,土壤交换性 K/Na 呈升高趋势,且差异显著;微咸水与再生水混合比例一定时,随着微咸水矿化度的升高,土壤交换性 K/Na 呈降低趋势,除 1:2 混灌比例处理外差异显著。

（3）土壤 ESP 和 SAR。MT1 处理土壤 ESP 和 SAR 分别为 5.42% 和 0.69,较 MC1 处理分别升高了 46.31% 和 362%,差异显著,但是 ESP 和 SAR 均远低于土壤盐渍化阈值范围[15% 和 13 $(mmol/L)^{1/2}$]。其他条件一定时,与"微咸水-淡水"混灌处理相比,"微咸水-再生水"混灌处理土壤 ESP 和 SAR 呈升高趋势,且差异显著。微咸水与再生水混灌条件下,微咸水矿化度一定时,随着混合液中再生水比重的升高,土壤 ESP 和 SAR 呈降低趋势,且差异显著;微咸水与再生水混合比例一定时,随着微咸水矿化度的升高,土壤 ESP 和 SAR 呈升高趋势,除 1:2 混灌比例处理外差异显著。

此外,MC2、MC3、MT7 处理 ESP 大于 15%,存在一定碱化风险,而其他处理 ESP 则均未超过 15%,没有引起土壤碱化风险的可能性。各处理 SAR 均小于 13 $(mmol/L)^{1/2}$,不存在碱化风险,但由于本书 SAR 计算采用的是土水比 1:5 浸提液离子含量计算的,而非饱和泥浆浸提液,因此用 SAR 阈值 13 $(mmol/L)^{1/2}$ 是不合理的,需要进行换算。

4.1.4　微生物群落结构对混灌的响应

4.1.4.1　稀释曲线

不同"微咸水-淡水"混灌以及"微咸水-再生水"混灌处理上海青收获时土壤稀释曲线如图 4-4 所示。从图 4-4 可以看出,不同混灌条件下稀释曲线均趋近平缓,说明对环境样本微生物群落的检测比率接近饱和,目前的测序量能够覆盖样本中的绝大部分物种,满足测序要求。

4.1.4.2　土壤细菌群落多样性分析

低微咸水矿化度(3 g/L)条件下,抽平后有效序列数为 34 844,OTUs 数为 6 631 个,门(Phylum)、纲(Class)、目(Order)、科(Family)、属(Genus)数目分别为 43 个、148 个、344 个、544 个、1 030 个;高微咸水矿化度(5 g/L)条件下,抽平后有效序列数为 38 550,OTUs 数为 6 661 个,门(Phylum)、纲(Class)、目(Order)、科(Family)、属(Genus)数目分别为 44 个、145 个、336 个、544 个、1 033 个。不同"微咸水-淡水"混灌以及"微咸水-再生水"混灌处理上海青收获时土壤细菌群落 α 多样性指数如表 4-3 所示。

从表 4-3 可以看出,不同处理 Sobs 指数、Shannon 指数、Simpson 指数、Chao 指数均无显著性差异,说明"微咸水-淡水"混灌与"微咸水-再生水"混灌处理间、不同微咸水与再

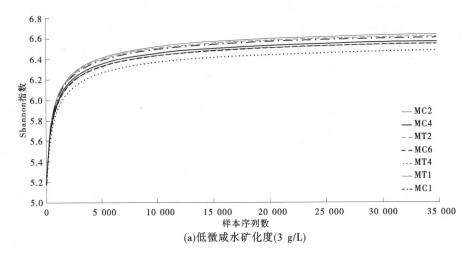

(a)低微咸水矿化度(3 g/L)

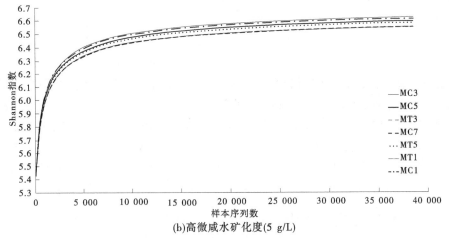

(b)高微咸水矿化度(5 g/L)

图 4-4　不同混灌处理下上海青收获时土壤细菌稀释曲线

生水处理间土壤细菌群落多样性和丰富度不受影响。此外,各处理 Ace 指数和覆盖度(Coverage)亦均无显著性差异,说明测序结果具有一致性和真实性,能够准确表征土壤细菌微生物群落信息。

4.1.4.3　土壤细菌物种数量分析

不同"微咸水–淡水"混灌以及"微咸水–再生水"混灌处理上海青收获时土壤细菌物种数量(OTUs 数)Venn 图分析结果如图 4-5 所示。

从图 4-5 可以看出,低微咸水矿化度(3 g/L)条件下,MC1、MC2、MC4、MC6、MT1、MT2、MT4 处理 OTUs 数分别为 4 334、4 329、4 324、4 297、4 260、4 372、4 219,独有的 OTUs 数分别为 155、140、164、151、169、167、141,这 7 个处理共有 OTUs 数为 2 468。不同处理对 OTUs 数影响不明显。

高微咸水矿化度(5 g/L)条件下,MC1、MC3、MC5、MC7、MT1、MT3、MT5 处理 OTUs 数分别为 4 423、4 459、4 378、4 369、4 378、4 476、4 385,独有的 OTUs 数分别为 130、143、120、131、142、154、135,这 7 个处理共有 OTUs 数为 2 555。不同处理对 OTUs 数影响不明显。

表 4-3　不同混灌处理土壤细菌 α 多样性指数

处理		Sobs 指数	Shannon 指数	Simpson 指数	Ace 指数	Chao 指数	Coverage
低微咸水矿化度（3 g/L）	MC2	3 021.00±15.62a	6.64±0.02a	0.003 2±0.000 1a	4 223.24±72.70a	4 196.06±84.99a	0.969 5±0.000 7a
	MC4	2 953.33±51.08a	6.57±0.01a	0.003 7±0.000 2a	4 437.59±425.8a	4 231.42±79.34a	0.969 3±0.001a
	MT2	3 006.33±24.11a	6.62±0.02a	0.003 5±0.000 2a	4 201.89±57.45a	4 148.07±39.75a	0.969 8±0.000 4a
	MC6	2 967.00±39.95a	6.55±0.07a	0.004 1±0.000 7a	4 237.43±49.29a	4 198.25±64.53a	0.969 3±0.000 4a
	MT4	2 897.33±36.00a	6.48±0.05a	0.004 7±0.000 4a	4 356.21±375.67a	4 164.32±29.00a	0.969 6±0.000 4a
	MT1	2 902.33±48.54a	6.55±0.04a	0.003 7±0.000 1a	4 314.20±401.04a	4 074.00±137.57a	0.970 3±0.001 4a
	MC1	2 962.33±100.13a	6.61±0.04a	0.003 4±0.000 1a	4 154.12±199.85a	4 092.76±183.01a	0.970 3±0.001 7a
高微咸水矿化度（5 g/L）	MC3	3 111.67±99.22a	6.63±0.06a	0.003 3±0.000 1a	4 337.67±105.84a	4 395.83±47.03a	0.971 8±0.000 6a
	MC5	3 082.67±25.32a	6.60±0.02a	0.003 6±0.000 4a	4 344.43±79.69a	4 345.30±9.79a	0.971 8±0.000 5a
	MT3	3 098.00±8.54a	6.61±0.02a	0.003 5±0.000 2a	4 319.63±52.00a	4 315.99±81.72a	0.972 1±0.000 6a
	MC7	3 033.33±54.31a	6.55±0.03a	0.004±0.000 4a	4 217.64±149.61a	4 239.33±156.70a	0.972 8±0.001 3a
	MT5	3 043.33±57.5a	6.58±0.01a	0.003 7±0.000 3a	4 197.23±78.63a	4 117.44±66.30a	0.973 2±0.000 6a
	MT1	3 007.00±55.51a	6.55±0.04a	0.003 6±0.000 1a	4 437.54±317.37a	4 187.09±58.76a	0.972 6±0.000 6a
	MC1	3 067.33±105.95a	6.62±0.04a	0.003 4±0.000 1a	4 227.51±180.84a	4 217.24±124.22a	0.973 0±0.001 2a

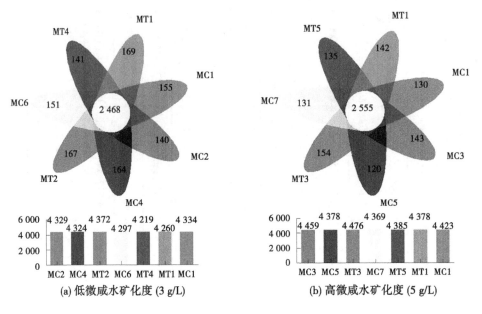

(a) 低微咸水矿化度 (3 g/L)　　　(b) 高微咸水矿化度 (5 g/L)

图 4-5　不同混灌处理下土壤细菌物种 Venn 图

4.1.4.4　土壤细菌群落组成分析

不同"微咸水–淡水"混灌以及"微咸水–再生水"混灌处理上海青收获时土壤细菌在门、属水平上的物种成分信息分别如图 4-6、图 4-7 所示。

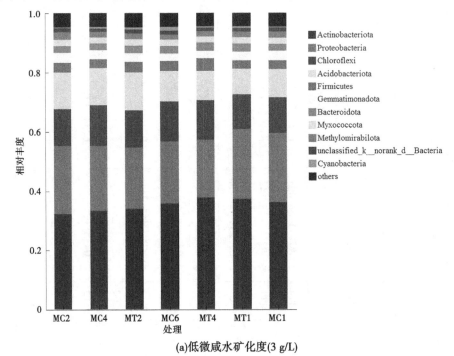

(a) 低微咸水矿化度(3 g/L)

图 4-6　门水平上土壤细菌群落组成分析

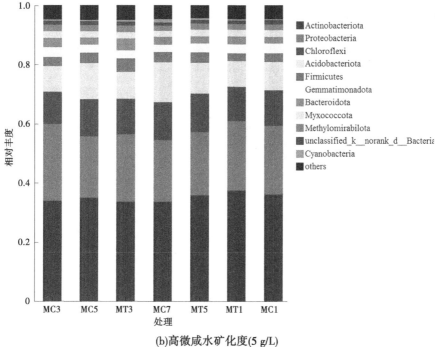

(b)高微咸水矿化度(5 g/L)

续图 4-6

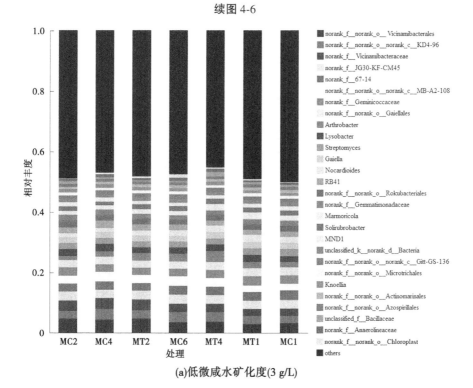

(a)低微咸水矿化度(3 g/L)

图 4-7　属水平上土壤细菌群落组成分析

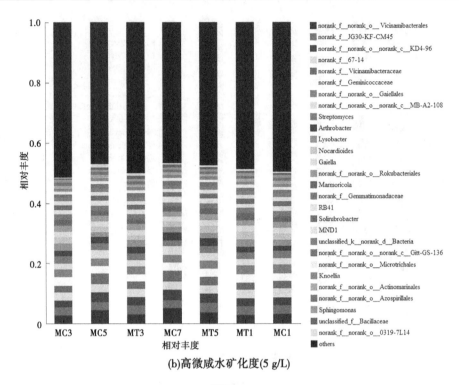

(b)高微咸水矿化度(5 g/L)

续图 4-7

从图 4-6 可以看出,门水平上,不同混灌土壤细菌优势类群依次包括:放线菌门 Actinobacteriota、变形菌门 Proteobacteria、绿弯菌门 Chloroflexi、酸杆菌门 Acidobacteriota、厚壁菌门 Firmicutes、芽孢杆菌门 Gemmatimonadota、拟杆菌门 Bacteroidota、黏球菌门 Myxococcota,占比分别为 32. 19% ~ 37. 64%、19. 67% ~ 23. 62%、11. 51% ~ 13. 58%、8. 77% ~ 12. 82%、2. 74%% ~ 4. 19%、2. 49% ~ 3. 27%、2. 22% ~ 2. 82%、1. 98% ~ 2. 30%(低微咸水矿化度 3 g/L 条件下)和 33. 50% ~ 37. 32%、20. 68% ~ 26. 01%、10. 96% ~ 12. 99%、8. 51% ~ 13. 46%、2. 73%% ~ 4. 53%、2. 49% ~ 3. 41%、2. 27% ~ 3. 90%、1. 97% ~ 2. 36%(高微咸水矿化度 5 g/L 条件下),这 8 个菌门相对丰度占比在 90%以上,尤其是放线菌门 Actinobacteria 和变形菌门 Proteobacteria 优势更为明显。与 MC1 处理相比,MT1 处理提高了放线菌门 Actinobacteriota、变形菌门 Proteobacteria 和拟杆菌门 Bacteroidota 的相对丰度,降低了其他菌门的相对丰度。与纯微咸水灌溉相比,微咸水与再生水混灌提高了绿弯菌门 Chloroflexi、厚壁菌门 Firmicutes 和蓝藻细菌门 Cyanobacteria 的相对丰度,降低了变形菌门 Proteobacteria、芽单胞菌门 Gemmatimonadota、黏球菌门 Myxococcota、Methylomirabilota 的相对丰度。

从图 4-7 可以看出,属水平上,不同混灌土壤细菌丰度 Top28 优势属相对丰度之和在 48. 5% ~ 55. 0%。低和高微咸水矿化度下各处理 Top10 的优势菌属均含有 norank_f__norank_o__Vicinamibacterales(2. 88% ~ 4. 53%和 2. 67% ~ 5. 12%)、norank_f__norank_o__norank_c__KD4-96(2. 57% ~ 3. 59% 和 2. 10% ~ 3. 44%)、norank_f__Vicinamibacteraceae(2. 32% ~ 3. 68%和 2. 21% ~ 3. 75%)、norank_f__JG30-KF-CM45(2. 73% ~ 3. 01%和 2. 67% ~

3.13%）、norank_f__67-14（2.48%~3.06%和2.62%~3.08%）、norank_f__Geminicoccaceae（2.37%~2.93%和2.53%~2.98%）、norank_f__norank_o__Gaiellales（2.42%~2.78%和2.50%~2.85%）。

与MC1处理相比，MT1处理提高了norank_f_norank_o_norank_c_KD4-96、norank_f_Geminicoccaceae、norank_f_norank_o_Gaiellales的相对丰度，降低了norank_f_norank_o_Vicinamibacterales、norank_f_Vicinamibacteraceae、norank_f_JG30-KF-CM45、norank_f_67-14的相对丰度。微咸水矿化度为3 g/L时，与微咸水灌溉相比，微咸水与再生水混灌提高了norank_f__norank_o__norank_c__KD4-96的相对丰度，降低了norank_f__norank_o__Vicinamibacterales、norank_f__JG30-KF-CM45、norank_f__67-14、norank_f__Geminicoccaceae的相对丰度；微咸水矿化度为5 g/L时，与微咸水灌溉相比，微咸水与再生水混灌提高了norank_f__norank_o__Vicinamibacterales、norank_f__norank_o__norank_c__KD4-96、norank_f__Vicinamibacteraceae、norank_f__JG30-KF-CM45、norank_f__67-14、norank_f__norank_o__Gaiellales的相对丰度，降低了norank_f__Geminicoccaceae的相对丰度。

4.1.4.5　土壤细菌群落聚类特征

基于Bray_Curtis距离，利用主坐标分析PCoA（principal co-ordinates analysis）研究不同混灌处理根际土壤细菌群落组成的相似性和差异性，结果如图4-8所示。

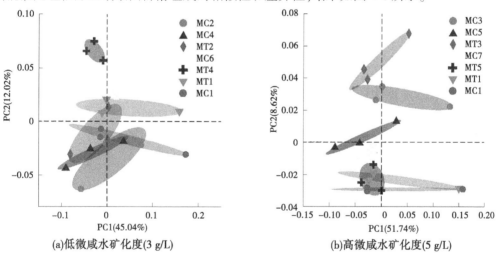

(a)低微咸水矿化度(3 g/L)　　　　(b)高微咸水矿化度(5 g/L)

图4-8　混灌条件下根际土壤细菌群落结构PCoA分析

分析图4-8可知，低微咸水矿化度（3 g/L）条件下PC1轴和PC2轴的解释度分别为12.02%和45.04%，高微咸水矿化度（5 g/L）条件下PC1轴和PC2轴的解释度分别为8.62%和51.74%。不同混灌根际土壤细菌群落组成存在差异，说明混灌处理影响根际土壤细菌群落结构。

4.1.4.6　土壤细菌群落结构与环境因子相关性分析

基于冗余度RDA分析根际土壤细菌属水平主要组成（Top5）与环境因子的相关性，结果如图4-9所示。

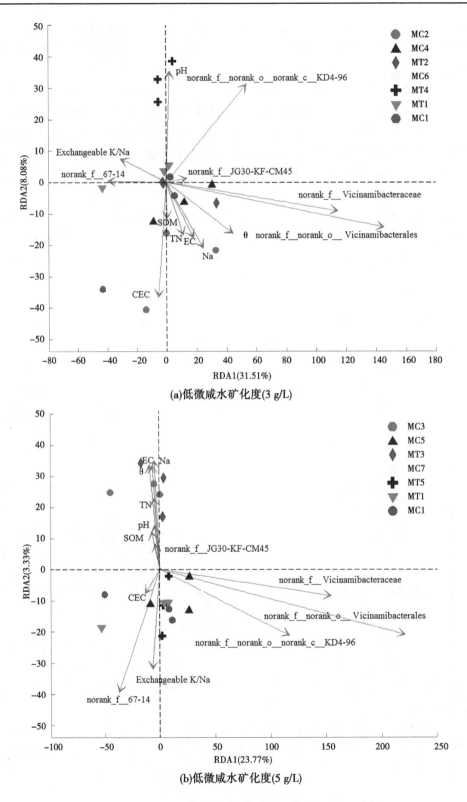

(a)低微咸水矿化度(3 g/L)

(b)低微咸水矿化度(5 g/L)

图 4-9　根际土壤细菌群落主要组成与环境因子 RDA 分析

从图 4-9 可以看出,低微咸水矿化度(3 g/L)条件下 RDA1 轴和 RDA2 轴分别解释了细菌组成变化的 8.08% 和 31.51%,pH、CEC 的影响最大;交换性 K/Na 与 norank_f_67-14 正相关,pH 与 norank_f_JG30_o_norank_c_KD4-96 正相关,含水率、EC、Na 含量、SOM 和 CEC 与 norank_f_Vicinamibacteraceae、norank_f_norank_o_Vicinamibacterales 正相关。高微咸水矿化度(5 g/L)条件下 RDA1 轴和 RDA2 轴分别解释了细菌组成变化的 3.33% 和 23.77%,θ、EC、Na 含量、交换性 K/Na 的影响较大;含水率、pH、EC、Na 含量、SOM 和 TN 与 norank_f_JG30-KF-CM45 正相关,CEC 和交换性 K/Na 与 norank_f_67-14 正相关,pH 和交换性 K/Na 与 norank_f_Vicinamibacteraceae、norank_f_norank_o_Vicinamibacterales 负相关。

4.2　作物对微咸水与再生水混灌的响应

4.2.1　作物生长指标对混灌的响应

不同"微咸水–淡水"混灌以及"微咸水–再生水"混灌处理上海青地上部和地下部生物量(鲜重和干重)的变化如图 4-10 所示。从图 4-10 可以看出,对于地上部而言,与 MC1 相比,MT1 处理 AFW 和 ADW 分别提高了 7.07% 和 5.25%,但差异不显著。其他条件一定时,与"微咸水–淡水"混灌处理相比,"微咸水–再生水"混灌处理作物 AFW 和 ADW 在低微咸水矿化度(3 g/L)时总体略有降低,而在高微咸水矿化度(5 g/L)时再略有提高,但差异均不显著。微咸水与再生水混灌条件下,微咸水矿化度一定时,随着混合液中再生水比重的升高,作物 AFW 和 ADW 呈升高趋势,且在高微咸水矿化度(5 g/L)时混灌处理显著高于微咸水灌溉;微咸水与再生水混合比例一定时,随着微咸水矿化度的升高,作物 AFW 和 ADW 处理间差异不显著。对于地下部而言,MT1 处理 AFW 和 ADW 分别提高了 24.29% 和 11.40%,但差异不显著。其他条件一定时,与"微咸水–淡水"混灌处理相比,"微咸水–再生水"混灌处理作物 UFW 和 UDW 呈升高趋势,但差异总体上均不显著。微咸水与再生水混灌条件下,微咸水矿化度一定时,随着混合液中再生水比重的升高,作物 UFW 和 UDW 呈升高趋势,且在高微咸水矿化度(5 g/L)时混灌处理显著高于微咸水灌溉。微咸水与再生水混合比例一定时,随着微咸水矿化度的升高,作物 UFW 和 UDW 处理间差异不显著。

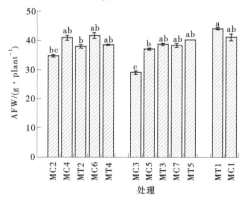

图 4-10　不同混灌处理下上海青生物量的变化

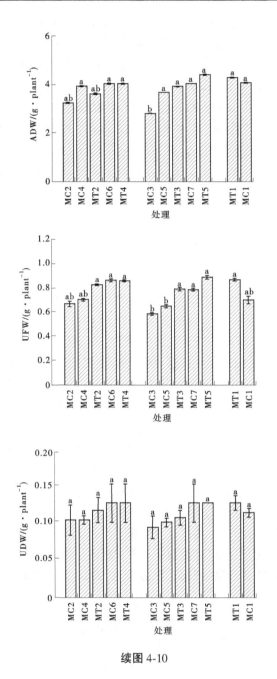

续图 4-10

4.2.2　生理生化指标对混灌的响应

4.2.2.1　叶绿素含量

不同"微咸水–淡水"混灌以及"微咸水–再生水"混灌处理条件下上海青叶片叶绿素 a、叶绿素 b 和叶绿素总量的变化情况如表 4-4 所示。从表 4-4 可以看出，与 MC1 相比，MT1 处理叶绿素 a(Chlorophyll a)、叶绿素 b(Chlorophyll b)和总叶绿素(total Chlorophyll)含量分别降低了 12.43%、-7.26% 和 8.54%,但差异均不显著。其他条件一定时,与"微咸水-淡水"混灌处理相比,"微咸水-再生水"混灌处理叶绿素 a 含量在低微咸水矿化度(3 g/L)时略有上升而高微咸水矿化度(5 g/L)时则略有下降,但差异均不显著,叶绿素 b 含量呈升高趋势且在 1:2 混灌比例时差异达到显著性水平,叶绿素总量总体上有所提高且在低微咸水矿化度(3 g/L)时 1:2 混灌比例处理间差异达到显著性水平。微咸水与再生水混灌条件下,微咸水矿化度一定时,随着混合液中再生水比重的升高,叶片叶绿素 a 和总叶绿素含量在低微咸水矿化度(3 g/L)时逐渐升高,而在高微咸水矿化度(5 g/L)时逐渐降低,至再生水灌溉时均又有所降低,但处理间差异均不显著;叶绿素 b 含量逐渐升高,至再生水灌溉时又有所下降,且 1:2 混灌处理显著高于微咸水灌溉处理,其他处理间差异不显著。微咸水与再生水混合比例一定时,随着微咸水矿化度的升高,叶片叶绿素 a、叶绿素 b 和总叶绿素含量处理间差异均不显著。

表 4-4　不同混灌处理下上海青叶绿素含量的变化

处理		叶绿素 a 含量/(mg·g⁻¹)	叶绿素 b 含量/(mg·g⁻¹)	叶绿素总量/(mg·g⁻¹)
低微咸水 矿化度 (3 g/L)	MC2	1.67±0.18 a	0.43±0.01bc	2.1±0.18ab
	MC4	1.60±0.10 a	0.45±0.02b	2.05±0.11ab
	MT2	1.69±0.07 a	0.48±0.02ab	2.18±0.08ab
	MC6	1.52±0.14 a	0.42±0.02c	1.94±0.16b
	MT4	1.83±0.28 a	0.5±0.02a	2.33±0.27a
高微咸水 矿化度 (5 g/L)	MC3	1.78±0.11 a	0.44±0.01bc	2.22±0.1ab
	MC5	1.77±0.32 a	0.44±0.03bc	2.2±0.32ab
	MT3	1.70±0.31 a	0.49±0.02ab	2.18±0.33ab
	MC7	1.63±0.18 a	0.46±0.02b	2.08±0.17ab
	MT5	1.65±0.06 a	0.49±0.01a	2.15±0.07ab
再生水	MT1	1.62±0.38 a	0.44±0.02bc	2.07±0.39ab
淡水	MC1	1.85±0.26 a	0.41±0.03c	2.26±0.25ab

4.2.2.2　叶片酶活性

不同"微咸水-淡水"混灌以及"微咸水-再生水"混灌处理条件下上海青叶片抗氧化酶活性(SOD、POD、CAT)的变化情况如图 4-11 所示。从图 4-11 可以看出,与 MC1 相比,MT1 处理叶片 CAT、POD 活性分别降低了 42.23%、22.45%,但差异不显著,而叶片 SOD 活性则显著提高了 3.39 倍。其他条件一定时,与"微咸水-淡水"混灌处理相比,"微咸水-再生水"混灌处理叶片 CAT 活性总体上略有升高(MT4 处理略低于 MC6 处理除外)但差异不显著;SOD 活性总体上呈升高趋势(MT5 处理略低于 MC7 处理除外),其中 MT3 处理显著高于 MC5 处理;POD 活性在高微咸水矿化度(5 g/L)时呈升高趋势但处理间差异不显著,在低微咸水矿化度(3 g/L)时 1:1 混灌处理显著降低,而 1:2 混灌处理显著升高。微咸水与再生水混灌条件下,微咸水矿化度一定时,随着混合液中再生水比重的升高,处理间叶片 CAT 活性差异不显著,混灌处理 SOD 活性较微咸水灌溉具有显著提升效果,混灌 POD 活性则较微咸水灌溉具有一定的抑制作用;微咸水与再生水混合比例一定时,随着微咸水矿化度的升高,叶片 CAT、SOD 和 POD 活性总体上处理间差异不显著。

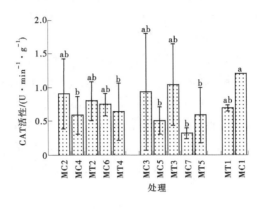

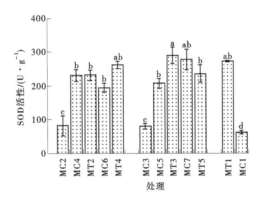

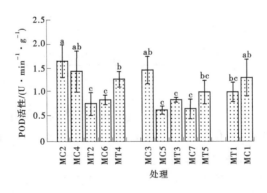

图 4-11 不同混灌处理下上海青叶片酶活性的变化

4.2.2.3 MDA

不同"微咸水–淡水"混灌以及"微咸水–再生水"混灌处理上海青 MDA 含量的变化情况如图 4-12 所示。MT1 处理 MDA 含量较 MC1 处理降低了 20.36%,但差异不显著。其他条件一定时,与"微咸水–淡水"混灌处理相比,"微咸水–再生水"混灌处理 MDA 含量总体呈降低趋势,其中 MT2 处理显著低于 MC4 处理。微咸水与再生水混灌条件下,微咸水矿化度一定时,随着混合液中再生水比重的升高,MDA 含量随着混合液中再生水比重的升高而呈降低趋势,但至再生水灌溉时又略有回升。微咸水与再生水混合比例一定时,微咸水矿化度越高,处理间 MDA 含量无显著性差异。

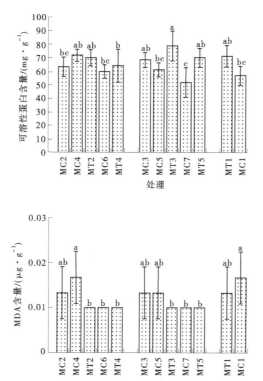

图 4-12　不同混灌处理下上海青叶片 MDA 和可溶性蛋白含量的变化

4.2.2.4　可溶性蛋白

不同"微咸水–淡水"混灌以及"微咸水–再生水"混灌处理上海青可溶性蛋白含量的变化情况如图 4-12 所示。从图 4-12 可以看出,MT1 处理可溶性蛋白含量较 MC1 处理提高了 25.33%,但差异不显著。其他条件一定时,与"微咸水–淡水"混灌处理相比,"微咸水–再生水"混灌处理可溶性蛋白含量总体呈升高趋势,其中高微咸水矿化度(5 g/L)时处理间差异显著。微咸水与再生水混灌条件下,微咸水矿化度一定时,随着混合液中再生水比重的升高,混灌处理可溶性蛋白含量较微咸水灌溉均有所提升,但差异不显著。微咸水与再生水混合比例一定时,微咸水矿化度越高,可溶性蛋白含量越高,但处理间差异不显著。

4.3　混灌条件下氮素与 Na^+ 在土壤–作物系统中的分布

4.3.1　混灌条件下氮素在土壤–作物系统中的分布

4.3.1.1　土壤 TN 含量

不同微咸水与再生水混灌条件下土壤 TN 含量的变化如表 4-5 所示。

表 4-5　不同混灌条件下土壤和叶片 TN 含量的变化

处理		土壤 TN 含量/(mg · g⁻¹)	叶片 TN 含量/(mg · g⁻¹)
低微咸水 矿化度(3 g/L)	MC2	0.8±0.01a	30.24±1.42ab
	MC4	0.78±0.03ab	27.98±0.36b
	MT2	0.75±0.02b	27.93±1.69b
	MC6	0.77±0.04ab	26.85±0.72b
	MT4	0.77±0b	31.53±1.44a
高微咸水 矿化度(5 g/L)	MC3	0.8±0.01ab	29.4±1.55ab
	MC5	0.79±0.03ab	27.1±0.6b
	MT3	0.8±0.01ab	26.43±0.63b
	MC7	0.77±0.02ab	25.99±1.08b
	MT5	0.78±0.02ab	27.32±2.6b
再生水	MT1	0.78±0.02ab	27.52±1.54b
淡水	MC1	0.76±0.01b	27.69±2.57b

　　从表 4-5 可以看出,较清水灌溉(MC1)相比,再生水灌溉(MT1)后土壤 TN 含量提高了 1.76%,但差异不显著。其他条件一定时,与"微咸水-淡水"混灌处理相比,"微咸水-再生水"混灌处理土壤 TN 含量无显著性差异。

　　微咸水与再生水混灌条件下,微咸水矿化度一定时,随着混合液中再生水比重的提高,土壤 TN 含量总体上呈降低趋势,除 MC2 处理显著高于 MT2、MT4 处理外,其他处理间差异不显著;微咸水与再生水混合比例一定时,矿化度越高,土壤 TN 含量处理间无显著性差异。可见,再生水与淡水灌溉处理间以及"微咸水-淡水"与"微咸水-再生水"混灌处理间土壤 TN 含量差异不显著。

4.3.1.2　叶片 TN 含量

　　不同微咸水与再生水混灌条件下上海青叶片 TN 含量的变化如表 4-5 所示。从表 4-5 可以看出,较清水灌溉(MC1)相比,再生水灌溉(MT1)后上海青叶片 TN 含量无显著性变化。与"微咸水-淡水"混灌处理相比,混灌比例为 1:1 时"微咸水-再生水"混灌处理叶片 TN 含量略有降低但无显著性差异而混灌比例为 1:2 时"微咸水-再生水"混灌处理叶片 TN 含量有所升高且在低微咸水矿化度(3 g/L)下差异达到显著性水平。

　　微咸水与再生水混灌条件下,微咸水矿化度为 3 g/L 时,随着混合液中再生水比重的提高,叶片 TN 含量总体上呈"降低—升高—降低"趋势,其中 MT4 处理显著高于 MT2 和 MT1 处理;微咸水矿化度为 5 g/L 时,随着混合液中再生水比重的提高,叶片 TN 含量总体上呈"降低—升高"趋势,处理间差异不显著。微咸水与再生水混合比例一定时,矿化度越高,叶片 TN 含量越低,其中混灌比例 1:2 时差异达到显著性水平。可见,再生水与淡水灌溉处理间以及"微咸水-淡水"与"微咸水-再生水"混灌处理间叶片 TN 含量总体上差异不显著。

4.3.2　混灌条件下 Na⁺ 在土壤–作物系统中的累积与分布

4.3.2.1　土壤与叶片 Na⁺ 含量

不同微咸水与再生水混灌条件下土壤与叶片 Na^+ 含量的变化如图 4-13 所示。

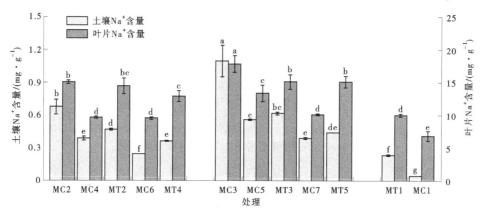

图 4-13　不同混灌条件下土壤和叶片 Na^+ 含量的变化

从图 4-13 可以看出：

(1)土壤 Na^+ 含量。较清水灌溉(MC1)相比,再生水灌溉(MT1)后土壤 Na^+ 含量提高了 4.38 倍且差异显著。其他条件一定时,与"微咸水–淡水"混灌处理相比,"微咸水–再生水"混灌处理土壤 Na^+ 含量升高,且在低微咸水矿化度(3 g/L)时差异达到了显著性水平。

微咸水与再生水混灌条件下,微咸水矿化度一定时,随着混合液中再生水比重的提高,土壤 Na^+ 含量总体上呈降低趋势,且处理间差异显著;微咸水与再生水混合比例一定时,矿化度越高,土壤 Na^+ 含量越高,在 1:1 混合比例时处理间差异达到显著性水平。可见,"微咸水–再生水"混灌对土壤 Na^+ 含量影响较为明显,较微咸水灌溉降低效果显著。

(2)叶片 Na^+ 含量。较清水灌溉(MC1)相比,再生水灌溉(MT1)后上海青叶片 Na^+ 含量提高了 46.40%,且差异显著。其他条件一定时,与"微咸水–淡水"混灌处理相比,"微咸水–再生水"混灌处理上海青叶片 Na^+ 含量升高,且差异达到了显著性水平。

微咸水与再生水混灌条件下,微咸水矿化度一定时,随着混合液中再生水比重的提高,上海青叶片 Na^+ 含量总体上呈降低趋势;微咸水与再生水混合比例一定时,矿化度越高,上海青叶片 Na^+ 含量越高,在 1:1 混合比例时处理间差异不显著,其他情况下差异显著。可见,再生水灌溉以及"微咸水–再生水"混灌对叶片 Na^+ 含量影响较为明显。

4.3.2.2　土壤 Na⁺ 累积量与叶片 Na⁺ 吸收效率

根据处理后土壤 Na^+ 含量以及土壤 Na^+ 含量初始值,计算土壤 Na^+ 累积量,结果如图 4-14 所示。

从图 4-14 可以看出,土壤 Na^+ 累积量的变化趋势与处理后土壤 Na^+ 含量一致。其中,MC1 处理土壤 Na^+ 含量无累积现象。

灌溉水源输入的 Na^+ 主要有 2 个输出项:一是残留在土壤中,二是作物吸收。因此,

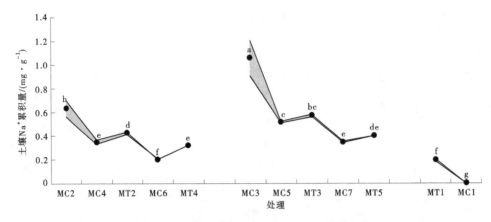

图 4-14　不同混灌条件下土壤 Na^+ 累积量的变化

根据作物 Na^+ 含量、生物量以及土壤 Na^+ 累积量可以计算出 Na^+ 总输入量,进而计算作物 Na^+ 吸收效率,即作物 Na^+ 含量占 Na^+ 总输入量的比值。不同混灌条件下叶片 Na^+ 吸收效率如图 4-15 所示。

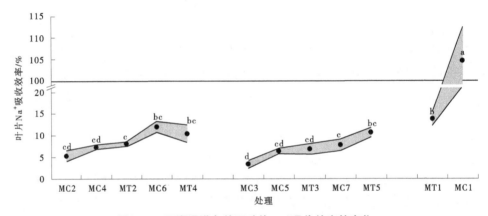

图 4-15　不同混灌条件下叶片 Na^+ 吸收效率的变化

从图 4-15 可以看出,MC1 处理叶片 Na^+ 吸收效率超过 100%,这是因为:收获后土壤 Na^+ 含量略低于初始值,导致土壤 Na^+ 含量非但没有累积,反而有所消耗(0.000 63 mg/g),消耗部分可能是被植物吸收了,亦或是测量系统误差。其他条件一定时,与“微咸水-淡水”混灌处理相比,“微咸水-再生水”混灌处理上海青叶片 Na^+ 吸收效率无显著性差异,但总体呈升高趋势(MT4 处理略低于 MC6 处理除外)。

微咸水与再生水混灌条件下,微咸水矿化度一定时,随着混合液中再生水比重的提高,总体上上海青叶片 Na^+ 吸收效率总体上呈升高趋势;微咸水与再生水混合比例一定时,矿化度越高,上海青叶片 Na^+ 吸收效率越高,但差异不显著。可见,混合液中再生水比重的升高对叶片 Na^+ 吸收效率具有促进作用。

4.4　讨　论

4.4.1　微咸水与再生水混灌对土壤水盐及水溶性离子的影响

杨培岭 等(2020)研究表明,在同一土壤深度下,土壤含水率和电导率随着微咸水矿化度升高而升高。Yang et al. (2020)研究表明,微咸水矿化度在 1~6 g/L 范围内时,随着矿化度的增大,土壤水分越高;而微咸水矿化度在 9~12 g/L 范围内时,随着矿化度的增大,土壤水分呈下降趋势。Zhang et al. (2020)研究也表明,随着微咸水矿化度的增加,土壤含盐量逐渐增加。本试验结果表明,在微咸水与再生水混合溶液中随着再生水比重的提升,土壤含水率和土壤含盐量也均呈逐渐降低趋势,这与前人研究结果是一致的。这是因为再生水中盐分较清水的高,而在微咸水与再生水混合液中随着再生水比重的提高,盐分含量也越低,灌溉后土壤含盐量较低,土壤盐分在一定程度上会抑制作物对水分的吸收,因此在灌水量一致的情况下,随着矿化度的升高,由于作物对水分吸收的减少,土壤含水率也就越高。

土壤电导率越高,即土壤所含可溶性离子浓度越高,总盐量越大。土壤电导率能够反映出土壤的盐分条件,不同的土壤盐分条件会影响盐分离子的数量(Zamanian et al.,2016)。本试验研究结果表明,作物收获后,土壤 Ca^{2+}、SO_4^{2-} 含量变化趋势基本一致,且再生水灌溉处理均显著高于清水灌溉,离子含量受混灌比例水平与灌溉水矿化度影响不显著。试验结果还表明,较清水灌溉相比,"微咸水–再生水"混合灌溉后土壤 Na^+、Cl^- 含量显著升高,且混合液中随着再生水比重的提升而显著降低,这是因为土壤 Na^+、Cl^- 含量的变化主要与灌溉水源中的 Na^+、Cl^- 含量以及根系吸水作用有关,Na^+、Cl^- 随水分运移到根系周围,水分被根系吸收,而根系对 Na^+、Cl^- 的吸收较少,进而在根系周围土壤中聚集。

4.4.2　微咸水与再生水混灌对土壤有机质和 WDPT 的影响

土壤有机质是土壤肥力的重要指标之一。陈黛慈 等(2014)研究表明,再生水灌溉后土壤有机质含量提高但不显著,这与本试验结果是吻合的。韩洋 等(2018b)研究表明,再生水灌溉土壤有机质含量较清水灌溉显著提高,这与本试验研究结果略有不同,本试验结果表明再生水灌溉土壤有机质含量较淡水灌溉基本无变化,这可能是再生水水质成分差异所致,也可能由于本试验种植作物而韩洋 等(2018b)试验是裸地灌溉引起的些许差异。本试验结果还发现,微咸水与再生水的混合灌溉土壤有机质含量较单纯再生水灌溉的高,这可能是由于一定程度盐分的存在削弱了作物对养分及有机质的消耗,进而使得作物收获后土壤有机质偏高。

土壤斥水性是普遍存在的。Morales et al. (2010)认为,再生水灌溉农田土壤中的微生物所形成的胞外聚合物覆盖在土壤矿物质颗粒表面或土壤团聚体表面时可能会引起土壤斥水性,同时商艳玲 等(2012)研究表明,4 种不同类型供试土壤在再生水灌溉后土壤剖面 WDPT 均增强,这与本书中试验结果"再生水灌溉后土壤 WDPT 较淡水灌溉显著升高"基本吻合,这可能与再生水水分成分不同或者土壤质地类型不同有关,而且商艳玲 等

(2012)研究基于室内土柱试验对比入渗后土壤与装土前风干土的 WDPT,然而在本试验中是对比再生水和清水灌溉后土壤风干后 WDPT 的变化,土壤含水率不同和灌溉过程本身对土壤 WDPT 可能也有影响。刘春成 等(2011)研究表明,陕西杨凌娄土和新疆玛纳斯盐碱土 3 g/L、5 g/L 微咸水入渗后,土壤大部分剖面都有了微弱的斥水性,尤以盐碱土更为严重。这与本书试验结果"随着混合液中微咸水比重的提升,土壤 WDPT 呈先降低后升高的趋势"类似。任长江 等(2017)研究表明,WDPT 与土壤有机质含量呈正相关性,而本试验中不同处理灌溉作物后土壤 WDPT 与有机质含量并没有呈现出完全正相关的关系,这与复杂的水质情况密切相关。其他学者关于微咸水与再生水混合灌溉相关研究尚未见报道,本试验进行了一定的探讨,其相关理论机制等还需进一步试验探讨。

4.4.3　微咸水与再生水混灌对土壤酶活性的影响

再生水灌溉对土壤酶活性的影响也存在着一定差异。Ndour et al.(2008)认为再生水灌溉对酶活性无显著影响;潘能 等(2012)研究表明,农田再生水灌溉后土壤脲酶、碱性磷酸酶、蔗糖酶活性均有一定的提升,但差异不显著;而张彦等发现土壤酶活性受土壤养分和重金属污染等因素的综合影响。郭晓明 等(2012)认为再生水灌溉时间的长短对土壤酶活性有着不同的影响。本试验结果表明,再生水灌溉对土壤酶活性(碱性磷酸酶、蔗糖酶、脲酶)影响不显著,与前人研究结果基本吻合。此外,本试验结果还发现,微咸水与再生水不同比例混合灌溉对土壤酶活性有一定的影响,微咸水与再生水混灌处理 S−AKP/ALP 活性均高于微咸水灌溉,S−UE 活性均显著高于微咸水灌溉处理,S−SC 活性总体上高于微咸水灌溉处理。说明微咸水与再生水混灌有利于提高土壤酶活性,至于调控机制有待深入探讨。

4.4.4　微咸水与再生水混灌对土壤 ESP 和 SAR 的影响

土壤 pH 和 ESP 是国内外划分碱化土壤的两个通用指标之一(李小刚 等,2004)。一般认为碱土 pH> 8.5,ESP>15%。本书试验结果表明,纯微咸水灌溉时,ESP 大于 15%,存在碱化风险,其他微咸水与再生水混灌处理 ESP 均小于 15%,不存在碱化风险;由于本书计算的 SAR 使用的是土水比 1∶5浸提液离子含量计算的,不能完全按照国际通用的 SAR 进行判断是否发生碱化。根据 ESP 与 SAR 的相关关系(ESP = 7.643 3SAR+0.555 5,R^2 = 0.959 5),ESP 为 15%时,相应的 SAR 为 1.89。值得注意的是,不同地区不同土壤质地等条件下 ESP 与 SAR 的拟合关系相差较大,故此拟合关系式仅适用于试验中土壤类型。但是,各处理 pH 均小于 8.5,从 pH 值来看不存在碱化风险。

4.4.5　微咸水与再生水混灌对作物生物量及生理特性的影响

生物量是作物产量的重要指标之一。本试验结果表明,微咸水与再生水混灌对地上部干重没有显著影响,但较再生水灌溉显著降低了地上部鲜重,这与土壤水分的变化规律是吻合的,即微咸水与再生水混灌土壤含水率较高,相同灌水量与气象条件下作物吸收的水分就越少,进而植物体内含水量就越低,干重无明显差异情况下就表现为鲜重显著降低。吴文勇 等(2010)研究表明,与清水灌溉相比,再生水灌溉可显著增加果菜类蔬菜产量。王璐璐 等(2020)研究表明,再生水灌溉黄瓜光合作用与产量指标均大于自来水灌溉。而本试验结果还表明,再生水灌溉上海青生物量与清水灌溉无显著差异,这可能与不同地区再生水水质构成有关。张继峯 等(2020)研究结果表明,加工番茄的鲜果产量总体上符合"盐高产低"的规律,这与本书试验结果基本吻合。冯棣 等(2020)研究表明,甜脆豌豆的地上部生物量(鲜重和干重)随灌溉水矿化度的增加而显著降低($P<0.05$),这与本书结果"地上部干重差异不显著"略有不同,可能是由于作物类型的不同或者基质栽培与土培的差异所引起的。

植物叶绿素含量是反映植物生长状况的重要指标。王璐璐 等(2020)研究结果表明,在灌溉定额相同条件下,再生水处理 SPAD 值平均比自来水处理高 5.54%;雷琼 等(2020)研究表明,再生水灌溉可以显著提高草坪草的叶绿素含量。这与本书试验结果"再生水灌溉叶绿素含量与清水灌溉无显著性差异"不同,这可能是因为:一方面再生水水质构成不同,二是不同作物对再生水灌溉的响应存在一定差异。雷琼 等(2020)试验结果显示,再生水灌溉增加草坪草的 MDA 含量,提高了 CAT 活性,而本试验结果表明再生水灌溉与清水灌溉处理间 MDA 含量和 CAT 活性无明显差异,可能主要在于前者使用的再生水是工业和生活混合出水,而本试验中用的是生活污水处理出水,二者来源不同,水质存在一定差异。闫利军 等(2014)研究表明,矿井再生水灌溉处理叶片 POD 和 CAT 活性增幅较大,MDA 含量显著提高。这与本研究中其含量差异不显著的结果略有不同,究其原因,一方面可能由于再生水来源不同或水质构成差异,另一方面则是作物类型的不同引起的。李丹 等(2020)研究表明,微咸水灌溉处理番茄叶片中叶绿素含量和 MDA 含量与清水灌溉差异不显著;李强 等(2016)研究也表明,咸水灌溉(2~10 g/L)与淡水灌溉处理间油葵叶绿素含量和 MDA 含量差异不显著,这与本书中试验结果是吻合的。

4.5　本章小结

通过盆栽上海青试验,针对壤土土壤质地,设置了不同微咸水矿化度和"微咸水–再生水"混灌比例,系统分析了"微咸水–再生水"混灌对土壤–作物系统的影响,得到的结论如下:

(1)微咸水矿化度一定时,随着微咸水与再生水混合液中再生水比重的提升,土壤含水率和含盐量越低;微咸水与再生水混合比例一定时,矿化度越高,土壤含水率和含盐量越高。

(2)总体上,随着微咸水与再生水混合液中再生水比重的提升,土壤阳离子从 Na^+ 向 Ca^{2+} 转变,阴离子从 Cl^- 向 SO_4^{2-} 转变。

(3)不同比例"微咸水–再生水"混合灌溉对土壤酶活性的影响不同。微咸水与再生水混灌条件下,微咸水矿化度一定时,随着混合液中再生水比重的升高,微咸水与再生水混灌处理 S–AKP/ALP 活性均高于微咸水灌溉,S–UE 活性均显著高于微咸水灌溉处理,S–SC 活性总体上高于微咸水灌溉处理;微咸水与再生水混合比例一定时,S–AKP/ALP、S–SC、S–UE 活性总体呈升高趋势。

(4)土壤盐渍化风险。各处理土壤 pH 值均未超过 8.5,没有碱化风险。MC2、MC3、

MT3 处理 ESP 大于 15%,存在一定碱化风险,而其他处理 ESP 则均未超过 15%,没有引起土壤碱化风险的可能性。各处理 SAR 均小于 13 $(mmol/L)^{1/2}$,不存在碱化风险。

(5) 微咸水与再生水混灌对上海青地上部鲜重有一定影响,且微咸水矿化度越高,差异越明显。随着混合液中再生水比重的升高,作物地上部鲜重呈升高趋势。

第 5 章　微咸水与再生水轮灌对
土壤–作物的影响

5.1　土壤对微咸水与再生水轮灌的响应

5.1.1　轮灌下土壤理化性质的变化

5.1.1.1　土壤含水率与含盐量

不同"微咸水–淡水"轮灌以及"微咸水–再生水"轮灌处理上海青收获后土壤含水率和 EC 的变化如图 5-1 所示。

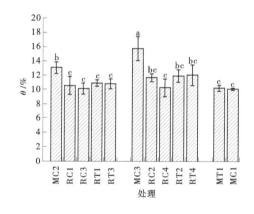

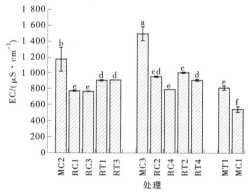

图 5-1　轮灌条件下作物收获后土壤水盐的变化

注：图中不同字母表示处理间在 0.05 水平上差异显著，下同。

从图 5-1 可以看出：

（1）对于土壤含水率,不同处理灌溉上海青后,较清水灌溉(MC1)相比,再生水灌溉(MT1)后土壤含水率略有升高,增幅为1.10%,但差异不显著。其他条件一定时,与"微咸水–淡水"轮灌处理相比,"微咸水–再生水"轮灌处理土壤含水率略高但总体无显著性差异。微咸水与再生水轮灌条件下,微咸水矿化度一定时,随着再生水轮灌次数的增加,土壤含水率总体上呈逐渐降低且轮灌处理土壤含水率显著低于微咸水灌溉处理;微咸水与再生水轮灌次序一定时,矿化度越高,土壤含水率越大,但除纯微咸水灌溉处理间差异显著外,其他轮灌处理差异不显著。可见,再生水与淡水灌溉处理间以及"微咸水–淡水"与"微咸水–再生水"轮灌处理间土壤含水率差异不显著,同时随着再生水轮灌次数的增加,土壤含水率总体呈降低趋势。

（2）对于土壤含盐量而言,不同处理灌溉上海青后,较清水灌溉(MC1)相比,再生水灌溉(MT1)后土壤 EC 为 817.67 μS/cm,显著提高了 49.6%。其他条件一定时,与"微咸水–淡水"轮灌处理相比,"微咸水–再生水"轮灌处理土壤 EC 总体上显著升高,增幅为 4.97%~18.35%。微咸水与再生水轮灌条件下,微咸水矿化度一定时,随着再生水轮灌次数的增加,土壤 EC 总体上呈逐渐降低且差异显著(除 RT1 与 RT3 处理间差异不显著外);微咸水与再生水轮灌次序一定时,矿化度越高,土壤 EC 越大,但除了"生水(2 次)–微咸水"处理间差异不显著外,其他处理差异显著。可见,土壤盐分主要是由灌溉水中的盐分含量决定的。

5.1.1.2　土壤水溶性离子含量

不同"微咸水–淡水"与"微咸水–再生水"轮灌处理上海青收获后土壤水溶性离子含量的变化如表 5-1 所示。

从表 5-1 可以看出:

（1）对于土壤 K^+ 含量而言,MT1 处理均低于 MC1 处理且差异显著。其他条件一定时,与"微咸水–淡水"轮灌处理相比,"微咸水–再生水"轮灌处理土壤 K^+ 含量差异不显著。微咸水与再生水轮灌条件下,微咸水矿化度一定时,随着混合液中再生水轮灌次数的增加,轮灌处理土壤 K^+ 含量显著低于微咸水灌溉处理。

（2）对于土壤 Ca^{2+} 含量而言,MT1 处理显著高于 MC1 处理。其他条件一定时,与"微咸水–淡水"轮灌处理相比,"微咸水–再生水"轮灌处理土壤 Ca^{2+} 含量无显著性差异。微咸水与再生水轮灌条件下,微咸水矿化度一定时,随着再生水轮灌次数的增加,处理间 Ca^{2+} 含量差异不显著,但均以再生水灌溉处理(MT1)最高;微咸水与再生水轮灌次序一定时,随着微咸水矿化度的升高,处理间土壤 Ca^{2+} 含量差异不显著。

（3）对于土壤 Na^+、Cl^- 含量而言,MT1 处理均高于 MC1 处理且差异显著,增幅为 438.17%、50.96%。其他条件一定时,与"微咸水–淡水"轮灌处理相比,"微咸水–再生水"轮灌处理土壤 Na^+、Cl^- 含量呈升高趋势,且 Na^+ 含量差异达到显著性水平。微咸水与再生水轮灌条件下,微咸水矿化度一定时,土壤 Na^+、Cl^- 含量随着再生水轮灌次数的增加而降低,且轮灌处理显著低于微咸水灌溉处理;微咸水与再生水轮灌次序一定时,随着微咸水矿化度的升高,土壤 Na^+、Cl^- 含量逐渐升高且差异显著(除"再生水(2 次)–微咸水"轮灌处理间差异不显著外)。

表 5-1　不同轮灌条件下土壤水溶性离子含量的变化

处理		K^+含量/ ($mg \cdot kg^{-1}$)	Ca^{2+}含量/ ($mg \cdot kg^{-1}$)	Na^+含量/ ($mg \cdot kg^{-1}$)	Cl^-含量/ ($mg \cdot kg^{-1}$)	Mg^{2+}含量/ ($mg \cdot kg^{-1}$)	HCO_3^-含量/ ($mg \cdot kg^{-1}$)	SO_4^{2-}含量/ ($mg \cdot kg^{-1}$)
低微咸水矿化度 (3 g/L)	MC2	59.67±10.28a	572.67±51.63b	676.67±68.25b	175.92±17.68b	143.55±29.99a	40.98±3.68b	37.44±9.2bc
	RC1	41.83±0.29bc	612.00±29.87b	230.00±8.66ef	96.90±0.68ef	22.77±13.44c	38.33±0.93bc	36.32±8.26bc
	RT1	40.83±0.58c	568.67±8.33b	351.67±2.89d	112.55±1.33de	65.88±5.32bc	38.74±1.85bc	48.80±2.16bc
	RC3	42.67±0.29bc	556.67±17.47b	152.17±0.76f	95.71±0.77ef	76.86±9.53b	40.16±0.63bc	32.48±1.39c
	RT3	43.83±0.58bc	596.67±37.54b	338.33±23.09d	107.83±0.93de	82.96±21.99b	37.01±1.86c	60.80±7.92b
高微咸水矿化度 (5 g/L)	MC3	58.00±6.06a	701.33±205.02ab	1 098.33±146.32a	257.75±9.57a	64.66±36.66bc	38.84±0.47bc	56.00±42.72bc
	RC2	43.33±0.29bc	544.67±31.13bc	398.33±7.64cd	131.31±1.79c	79.71±18.11b	40.06±1.68bc	31.04±3.41c
	RT2	36.67±0.29cd	513.33±13.61bc	480.00±13.23c	132.79±1.11c	84.18±1.22b	37.21±0.31c	43.36±10.57bc
	RC4	35.83±0.29cd	506.67±48.18bc	231.67±7.64ef	105.61±2.71e	95.57±36.4b	41.58±0.98b	36.64±7.50bc
	RT4	35.67±0.58cd	562.67±15.14b	425.00±5.00cd	118.61±3.58d	30.50±8.80c	39.55±1.51bc	34.88±10.62bc
再生水	MT1	34.17±0.58d	733.33±29.01a	235.00±5.00e	93.21±7.29f	86.21±45.23b	39.25±1.07bc	105.12±22.25a
淡水	MC1	47.67±1.15b	444.00±25.06c	43.67±1.04g	61.74±3.69g	126.47±12.7ab	45.86±3.97a	47.20±15.88bc

注：表中同列数据后不同字母表示处理间在 0.05 水平上差异显著，下同。

（4）对于土壤 Mg^{2+}含量而言,MT1 处理低于 MC1 处理但差异不显著。其他条件一定时,与"微咸水–淡水"轮灌处理相比,除 RT4 处理显著低于 RC4 处理外,"微咸水–再生水"轮灌处理土壤 Mg^{2+}含量总体略高且差异不显著。微咸水与再生水轮灌条件下,微咸水矿化度一定时,随着再生水轮灌次数的增加,土壤 Mg^{2+}含量无明显变化规律。

（5）对于土壤 HCO$_3^-$含量而言,MT1 处理低于 MC1 处理且差异显著。其他条件一定时,与"微咸水–淡水"轮灌处理相比,"微咸水–再生水"轮灌处理土壤 HCO$_3^-$含量略有降低但差异不显著。微咸水与再生水轮灌条件下,微咸水矿化度一定时,随着再生水轮灌次数的增加,土壤 HCO$_3^-$含量处理间无显著性差异。

（6）对于土壤 SO$_4^{2-}$含量而言,MT1 处理显著高于 MC1 处理。其他条件一定时,与"微咸水–淡水"轮灌处理相比,"微咸水–再生水"轮灌处理土壤 SO$_4^{2-}$含量总体呈升高趋势。微咸水与再生水轮灌条件下,微咸水矿化度一定时,随着再生水轮灌次数的增加,除 MT1 处理土壤 SO$_4^{2-}$含量显著较高外,其他处理间无显著性差异。

5.1.1.3　土壤有机质含量与 WDPT

不同"微咸水–淡水"轮灌以及"微咸水–再生水"轮灌处理上海青收获后土壤有机质含量(SOM)与 WDPT 的变化如图 5-2 所示。从图 5-2 可以看出:

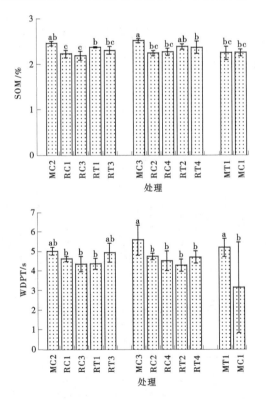

图 5-2　不同轮灌条件下 SOM 与 WDPT 的变化

（1）对于 SOM,MT1 处理 SOM 与 MC1 处理间无显著性差异。其他条件一定时,与"微咸水–淡水"轮灌处理相比,"微咸水–再生水"轮灌处理 SOM 总体呈升高趋势,其中

RT1 处理显著高于 RC1 处理。微咸水与再生水轮灌条件下,微咸水矿化度一定时,随着再生水轮灌次数的增加,SOM 呈下降趋势但差异不显著(除 RT4 显著低于 MC3 处理外);微咸水与再生水轮灌次序一定时,随着微咸水矿化度的升高,SOM 略有升高,但差异未达到显著性水平。

(2)对于 WDPT,MT1 处理土壤 WDPT 为 5.21 s,具有微弱斥水性,显著高于 MC1 处理。其他条件一定时,与“微咸水-淡水”轮灌处理相比,“微咸水-再生水”轮灌处理 WDPT 差异均不显著。微咸水与再生水轮灌条件下,微咸水矿化度一定时,随着再生水轮灌次数的增加,WDPT 以“再生水-微咸水”轮灌处理最低;微咸水与再生水轮灌次序时,随着微咸水矿化度的升高,处理间 WDPT 无显著性差异。

5.1.2　轮灌下土壤酶活性的变化

不同“微咸水-淡水”轮灌以及“微咸水-再生水”轮灌处理上海青收获后土壤碱性磷酸酶(S-AKP/ALP)、蔗糖酶(S-SC)和脲酶(S-UE)活性的变化如表 5-2 所示。

表 5-2　不同轮灌条件下土壤酶活性的变化

处理		S-AKP/ALP 活性/ ($U \cdot g^{-1}$)	S-SC 活性/ ($mg \cdot g^{-1} \cdot 24\ h^{-1}$)	S-UE 活性/ ($mg \cdot g^{-1} \cdot 24\ h^{-1}$)
低微咸水 矿化度(3 g/L)	MC2	2 105.95±344.81bc	9.59±0.40c	0.39±0.01e
	RC1	1 881.55±431.21c	11.37±0.44ab	0.46±0.00c
	RT1	2 744.64±719.43b	10.73±0.26bc	0.42±0.01d
	RC3	2 641.07±773.33bc	10.91±0.64bc	0.45±0.01c
	RT3	2 623.81±837.16bc	12.16±1.16a	0.44±0.01c
高微咸水 矿化度(5 g/L)	MC3	2 313.09±367.4bc	10.43±0.55bc	0.39±0.01e
	RC2	3 935.71±499.41a	10.04±0.84bc	0.48±0.01b
	RT2	3 521.43±404.46ab	11.69±0.41ab	0.45±0.01c
	RC4	2 364.88±239.18bc	11.71±0.68ab	0.48±0.01b
	RT4	2 606.55±374.63bc	10.92±0.89bc	0.51±0.02a
再生水	MT1	3 901.19±528.96a	11.01±0.39b	0.45±0.02c
淡水	MC1	3 348.81±29.9ab	10.86±1.13bc	0.41±0.01de

从表 5-2 可以看出,MT1 处理 S-AKP/ALP、S-SC、S-UE 活性较 MC1 处理提高了16.49%、1.30%、8.88%。其他条件一定时,与“微咸水-淡水”轮灌处理相比,“微咸水-再生水”轮灌处理 S-AKP/ALP 活性基本无显著性差异(除 RT1 处理显著高于 RC1 处理外),S-SC 活性除 RT3 处理显著高于 RC3 处理外差异不显著,S-UE 活性表现为“再生水-微咸水”轮灌处理显著低于 1:1 混灌处理,“再生水(2 次)-微咸水”轮灌处理总体上高于 1:2 混灌处理。

微咸水与再生水轮灌条件下,微咸水矿化度一定时,随着再生水轮灌次数的增加,其中 S-SC 活性差异达到显著性水平;微咸水与再生水轮灌次序一定时,随着微咸水矿化度的升高,S-AKP/ALP、S-SC、S-UE 活性总体呈升高趋势(除 RT4 处理 S-SC 活性显著低于 RT3 处理外)。

5.1.3　轮灌下土壤次生盐渍化风险分析

不同"微咸水–淡水"轮灌以及"微咸水–再生水"轮灌处理上海青收获后土壤次生盐渍化指标(pH、交换性 K/Na、SAR、ESP)的变化如图 5-3 所示。

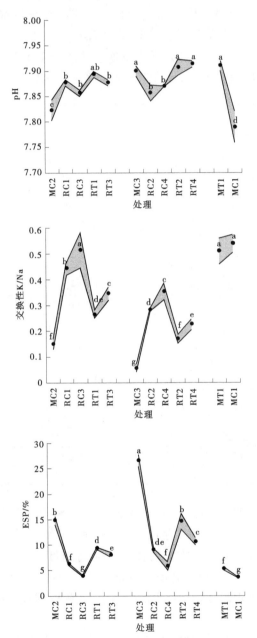

图 5-3　不同轮灌条件下土壤 pH 值、交换性 K/Na、ESP 和 SAR 的变化

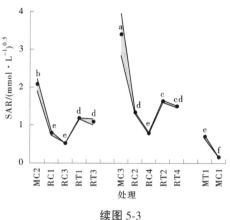

续图 5-3

从图 5-3 可以看出：

（1）土壤 pH 值。MT1 处理土壤 pH 值为 7.91,较 MC1 处理提高了 1.54%,且差异显著。其他条件一定时,与"微咸水–淡水"轮灌处理相比,"微咸水–再生水"轮灌处理土壤 pH 值呈升高趋势,且在高微咸水矿化度(5 g/L)时差异达到显著性水平。

微咸水与再生水轮灌条件下,微咸水矿化度一定时,随着再生水轮灌次数的增加,轮灌处理土壤 pH 值总体上均高于微咸水灌溉且在低微咸水矿化度(3 g/L)时差异达到显著性水平;微咸水与再生水轮灌次序一定时,随着微咸水矿化度的升高,轮灌处理土壤 pH 值呈升高趋势且差异显著(除"再生水–微咸水"轮灌处理差异不显著外)。

（2）土壤交换性 K/Na。MT1 处理土壤交换性 K/Na 为 0.51,较 MC1 处理降低了 5.56%,但差异不显著。其他条件一定时,与"微咸水–淡水"轮灌处理相比,"微咸水–再生水"轮灌处理土壤交换性 K/Na 呈降低趋势且差异显著。

微咸水与再生水轮灌条件下,微咸水矿化度一定时,随着再生水轮灌次数的增加,土壤交换性 K/Na 呈升高趋势,且差异显著;微咸水与再生水轮灌次序一定时,随着微咸水矿化度的升高,土壤交换性 K/Na 呈降低趋势,且差异显著。

（3）土壤 ESP 和 SAR。MT1 处理土壤 ESP 和 SAR 分别为 5.42% 和 0.69,较 MC1 处理分别升高了 46.31% 和 362%,差异显著,但是 ESP 和 SAR 均远低于土壤盐渍化阈值范围 [15% 和 13 $(\text{mmol/L})^{1/2}$],不存在土壤盐渍化风险。其他条件一定时,与"微咸水–淡水"轮灌处理相比,"微咸水–再生水"轮灌处理土壤 ESP 和 SAR 呈升高趋势,且差异显著。

微咸水与再生水轮灌条件下,微咸水矿化度一定时,随着再生水轮灌次数的增加,土壤 ESP 和 SAR 呈降低趋势,且差异显著;微咸水与再生水轮灌次序一定时,随着微咸水矿化度的升高,土壤 ESP 和 SAR 呈升高趋势,除"再生水(2 次)–微咸水"轮灌处理外差异显著。

此外,MC2、MC3 处理 ESP 大于 15%,存在一定碱化风险,而其他处理 ESP 则均未超过 15%,没有引起土壤碱化风险的可能性。各处理 SAR 均小于 13 $(\text{mmol/L})^{1/2}$,不存在碱化风险,但由于本文 SAR 计算采用的是土水比 1:5 浸提液离子含量计算的,而非饱和泥浆浸提液,因此用 SAR 阈值 13 $(\text{mmol/L})^{1/2}$ 是不合理的,需要进行换算。

5.1.4　轮灌下微生物群落结构分析

5.1.4.1　稀释曲线

不同"微咸水-淡水"轮灌以及"微咸水-再生水"轮灌处理上海青收获时土壤稀释曲线如图5-4所示。从图5-4可以看出,不同混灌条件下稀释曲线均趋近平缓,说明对环境样本微生物群落的检测比率接近饱和,目前的测序量能够覆盖样本中的绝大部分物种,满足测序要求。

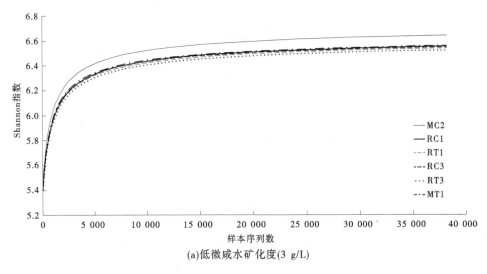

(a)低微咸水矿化度(3 g/L)

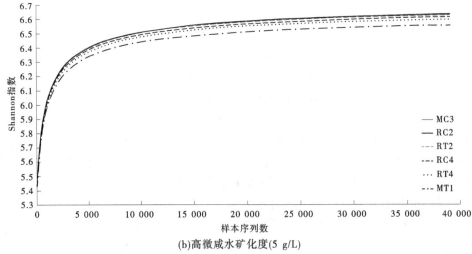

(b)高微咸水矿化度(5 g/L)

图5-4　不同轮灌处理下上海青收获时土壤细菌稀释曲线

5.1.4.2　土壤细菌群落多样性分析

低微咸水矿化度(3 g/L)条件下,抽平后有效序列数为 39 152,OTUs 数为 6 577 个,门(Phylum)、纲(Class)、目(Order)、科(Family)、属(Genus)数目分别为 43 个、144 个、340 个、546 个、1 033 个;高微咸水矿化度(5 g/L)条件下,抽平后有效序列数为 38 550,

OTUs 数为 6 612 个,门(Phylum)、纲(Class)、目(Order)、科(Family)、属(Genus)数目分别为 43 个、146 个、340 个、548 个、1 036 个。不同"微咸水–淡水"轮灌以及"微咸水–再生水"轮灌处理上海青收获时土壤细菌群落 α 多样性指数如表 5-3 所示。

从表 5-3 可以看出,各处理 Sobs 指数、Shannon 指数、Simpson 指数、Chao 指数均无显著性差异,说明"微咸水–淡水"轮灌与"微咸水–再生水"轮灌处理间、不同微咸水与再生水轮灌处理间土壤细菌群落多样性和丰富度不受影响。此外,各处理 Ace 指数和覆盖度(Coverage)亦均无显著性差异,说明测序结果具有一致性和真实性,能够准确表征土壤细菌微生物群落信息。

5.1.4.3 土壤细菌物种数量分析

不同"微咸水–淡水"轮灌以及"微咸水–再生水"轮灌处理上海青收获时土壤细菌物种数量(OTUs 数)Venn 图分析结果如图 5-5 所示。

从图 5-5 可以看出,低微咸水矿化度(3 g/L)条件下,MC2、RC1、RT1、RC3、RT3、MT1 处理 OTUs 数分别为 4 458、4 461、4 301、4 358、4 375、4 369,独有的 OTUs 数分别为 184、210、173、183、192、202,这 6 个处理共有 OTUs 数为 2 650。不同处理对 OTUs 数影响不明显。

高微咸水矿化度(5 g/L)条件下,MC3、RC2、RT2、RC4、RT4、MT1 处理 OTUs 数分别为 4 474、4 574、4 495、4 460、4 481、4 386,独有的 OTUs 数分别为 168、220、170、144、154、164,这 6 个处理共有 OTUs 数为 2 714。不同处理对 OTUs 数影响不明显。

5.1.4.4 土壤细菌群落组成分析

不同"微咸水–淡水"轮灌以及"微咸水–再生水"轮灌处理上海青收获时土壤细菌在门、属水平上的物种成分信息分别如图 5-6、图 5-7 所示。

从图 5-6 可以看出,门水平上,与混灌处理类似,不同轮灌土壤细菌优势类群依然为放线菌门 Actinobacteriota、变形菌门 Proteobacteria、绿弯菌门 Chloroflexi、酸杆菌门 Acidobacteriota、厚壁菌门 Firmicutes、芽孢杆菌门 Gemmatimonadota、拟杆菌门 Bacteroidota、黏球菌门 Myxococcota 等 8 个,低微咸水矿化度(3 g/L)条件下占比分别为 32. 19% ~ 37. 25%、20. 53% ~ 23. 58%、10. 86% ~ 12. 48%、7. 80% ~ 12. 45%、2. 77% ~ 5. 92%、2. 91% ~ 3. 40%、2. 26% ~ 3. 15%、2. 18% ~ 2. 29%,高微咸水矿化度(5 g/L)条件下占比分别为 31. 80% ~ 37. 29%、20. 98% ~ 25. 97%、10. 91% ~ 13. 65%、8. 53% ~ 12. 40%、2. 76% ~ 4. 08%、3. 00% ~ 3. 46%、2. 42% ~ 4. 44%、2. 04% ~ 2. 41%,这 8 个菌门相对丰度占比在 90% 以上,尤其是放线菌门 Actinobacteria 和变形菌门 Proteobacteria 优势更为明显。

当微咸水矿化度为 3 g/L 时,与"微咸水–淡水"轮灌相比,"微咸水–再生水"轮灌提高了变形菌门 Proteobacteria、厚壁菌门 Firmicutes、芽孢杆菌门 Gemmatimonadota、黏球菌门 Myxococcota 的相对丰度,降低了放线菌门 Actinobacteriota、绿弯菌门 Chloroflexi、酸杆菌门 Acidobacteriota、unclassified_k__norank_d__Bacteria 和 Methylomirabilota 的相对丰度;与纯微咸水灌溉相比,微咸水与再生水轮灌提高了放线菌门 Actinobacteriota、厚壁菌门 Firm-icutes 和芽孢杆菌门 Gemmatimonadota 的相对丰度,降低了变形菌门 Proteobacteria、绿弯菌门 Chloroflexi、酸杆菌门 Acidobacteriota、unclassified_k__norank_d__Bacteria 和 Methylomira-bilota 的相对丰度。

表 5-3 不同轮灌处理土壤细菌 α 多样性指数

处理		Sobs 指数	Shannon 指数	Simpson 指数	Ace 指数	Chao 指数	Coverage
低微咸水矿化度 (3 g/L)	MC2	3 122.70±23.07a	6.64±0.02a	0.003 2±0.000 1a	4 314.00±98.59a	4 255.70±79.09a	0.972 1±0.001 0a
	RC1	3 088.00±28.05a	6.55±0.01a	0.004 2±0.000 1a	4 383.70±29.49a	4 374.10±138.93a	0.971 3±0.000 5a
	RT3	3 001.30±102.93a	6.54±0.04a	0.004±0.000 2a	4 167.70±102.12a	4 149.40±120.05a	0.973 0±0.000 7a
	RC3	3 016.70±63.82a	6.55±0.02a	0.003 9±0.000 1a	4 220.00±105.36a	4 193.00±77.79a	0.972 5±0.000 8a
	RT3	3 017.30±127.77a	6.52±0.07a	0.004 2±0.000 3a	4 197.90±197.69a	4 207.00±130.83a	0.972 5±0.001 3a
	MT1	3 013.30±58.29a	6.56±0.04a	0.003 7±0.000 1a	4 228.10±60.23a	4 141.50±37.88a	0.972 6±0.000 3a
高微咸水矿化度 (5 g/L)	MC3	3 108.7±93.24a	6.63±0.05a	0.003 3±0.000 1a	4 291.5±101.75a	4 305.20±87.16a	0.972 8±0.000 6a
	RC2	3 186.7±39.43a	6.63±0.01a	0.003 6±0.000 1a	4 387.3±88.5a	4 381.00±11.18a	0.972 2±0.000 5a
	RT2	3 139.7±36.47a	6.63±0.01a	0.003 5±0.000 2a	4 355.3±68.33a	4 339.20±82.05a	0.972 4±0.000 6a
	RC4	3 128±85.46a	6.61±0.03a	0.003 6±0.000 6a	4 365.8±88.81a	4 357.00±96.17a	0.972 2±0.000 7a
	RT4	3 129.3±104.92a	6.59±0.02a	0.003 9±0.000 2a	4 365±147.09a	4 368.70±96.35a	0.972 2±0.001 0a
	MT1	3 012.7±57.29a	6.55±0.04a	0.003 7±0.000 1a	4 186.4±151.26a	4 138.50±112.56a	0.973 6±0.001 3a

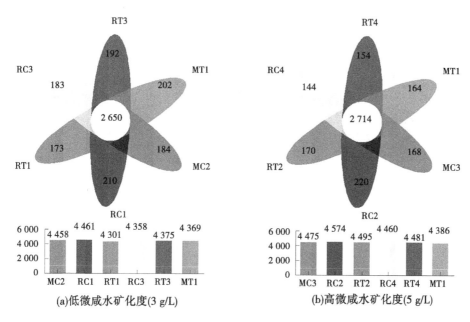

图 5-5　不同轮灌处理下土壤细菌物种 Venn 图

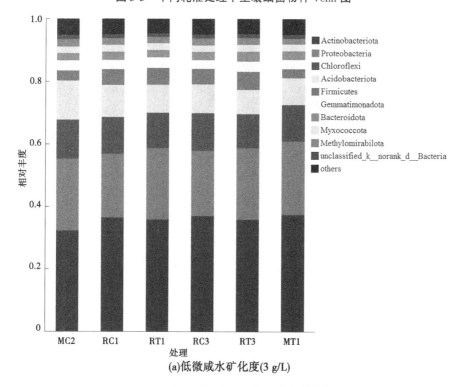

图 5-6　门水平上土壤细菌群落组成分析

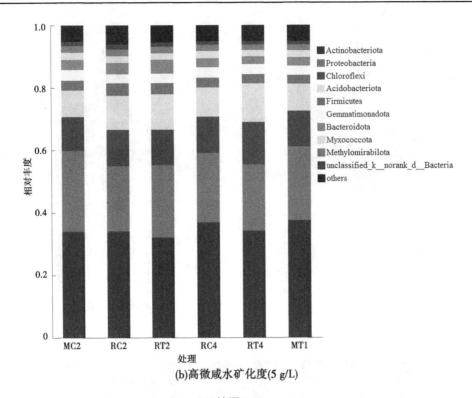

(b)高微咸水矿化度(5 g/L)

续图 5-6

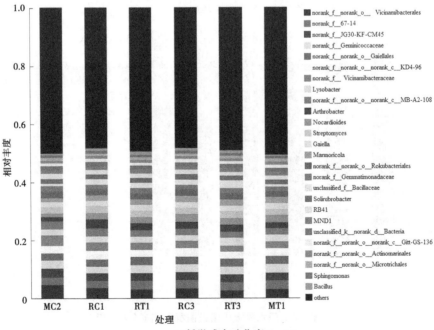

(a)低微咸水矿化度(3 g/L)

图 5-7 属水平上土壤细菌群落组成分析

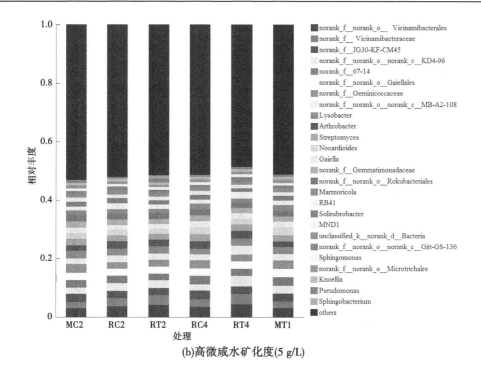

(b)高微咸水矿化度(5 g/L)

续图 5-7

当微咸水矿化度为 5 g/L 时,与"微咸水–淡水"轮灌相比,"微咸水–再生水"轮灌提高了酸杆菌门 Acidobacteriota 的相对丰度,降低了放线菌门 Actinobacteriota、厚壁菌门 Firmicutes、黏球菌门 Myxococcota 和 unclassified_k__norank_d__Bacteria 的相对丰度;与纯微咸水灌溉相比,微咸水与再生水轮灌提高了绿弯菌门 Chloroflexi、酸杆菌门 Acidobacteriota 的相对丰度,降低了变形菌门 Proteobacteria、芽孢杆菌门 Gemmatimonadota、黏球菌门 Myxococcota、unclassified_k__norank_d__Bacteria 的相对丰度。

从图 5-7 可以看出,属水平上,不同轮灌土壤细菌丰度 Top26 优势属相对丰度之和在 50%左右。低和高微咸水矿化度下各处理 Top10 的优势菌属均含有 norank_f__norank_o__Vicinamibacterales(2.48%~4.53%和 2.72%~4.11%)、norank_f__67-14(2.53%~3.00% 和 2.43%~2.98%)、norank_f__JG30-KF-CM45(2.59%~3.01%和 2.41%~2.96%)、norank_f__norank_o__Gaiellales(2.44% ~ 2.83%和 2.35% ~ 2.82%)、norank_f__norank_o__norank_c__KD4-96(2.29%~2.91%和 2.08%~3.65%)。

微咸水矿化度为 3 g/L 时,与"微咸水–淡水"轮灌相比,"微咸水–再生水"轮灌提高了 norank_f__Geminicoccaceae、norank_f__norank_o__Gaiellales、norank_f__Gemmatimonadaceae、MND1、norank_f__norank_o__Microtrichales、Bacillus 的相对丰度,降低了 norank_f__norank_o__Vicinamibacterales、norank_f__norank_o__norank_c__Gitt-GS-136、RB41、norank_f__Vicinamibacteraceae、norank_f__norank_o__norank_c__KD4-96、norank_f__norank_o__norank_c__MB-A2-108、norank_f__norank_o__Rokubacteriales、norank_f__norank_o__Actinomarinales 的相对丰度;与微咸水灌溉相比,微咸水与再生水混灌提高了 Arthrobacter、unclassified_f__Bacillaceae、Nocardioides、Marmoricola、norank_f__67-14、Bacillus、norank_f__norank_o__Gaiellales、Gaiella、MND1、Streptomyces、Solirubrobacter、Sphingomonas 的相对丰度,降低了 norank_f__Geminicoccaceae、norank_f__norank_o__norank_c__Gitt-GS-136、norank_f__norank_o__Actinomarinales、norank_f__norank_o__Rokubacteriales、RB41、norank_f__norank_o__norank_c__KD4-96、norank_f__norank_o__norank_c__MB-A2-108、norank_f__Vicinamibacteraceae、norank_f__norank_o__Vicinamibacterales、norank_f__JG30-KF-CM45 的相对丰度。

微咸水矿化度为 5 g/L 时,与"微咸水-淡水"轮灌相比,"微咸水-再生水"轮灌提高了 norank_f__Vicinamibacteraceae、RB41、norank_f__norank_o__Vicinamibacterales、norank_f__norank_o__Rokubacteriales、norank_f__norank_c__MB-A2-108、norank_f__norank_o__norank_c__KD4-96、norank_f__norank_o__norank_c__Gitt-GS-136 的相对丰度,降低了 Knoellia、norank_f__Gemmatimonadaceae、Streptomyces、MND1、norank_f__norank_o__Microtrichales、Gaiella、norank_f__JG30-KF-CM45、norank_f__norank_o__Gaiellales、norank_f__67-14、Marmoricola、Nocardioides、norank_f__Geminicoccaceae 的相对丰度;与微咸水灌溉相比,微咸水与再生水混灌提高了 norank_f__Vicinamibacteraceae、norank_f__norank_o__Vicinamibacterales、Sphingobacterium、RB41、norank_f__norank_o__norank_c__KD4-96、norank_f__norank_o__norank_c__MB-A2-108、norank_f__norank_o__norank_c__Gitt-GS-136、Arthrobacter、norank_f__norank_o__Rokubacteriales 的相对丰度,降低了 Nocardioides、Marmoricola、Sphingomonas、norank_f__norank_o__Microtrichales、norank_f__norank_o__Gaiellales、norank_f__67-14、Gaiella、norank_f__Gemmatimonadaceae、Streptomyces、Lysobacter、norank_f__JG30-KF-CM45、MND1、norank_f__Geminicoccaceae 的相对丰度。

5.1.4.5　土壤细菌群落聚类特征

基于 Bray_Curtis 距离,利用主坐标分析 PCoA(principal co-ordinates analysis)研究不同轮灌处理根际土壤细菌群落组成的聚类特征,结果如图 5-8 所示。

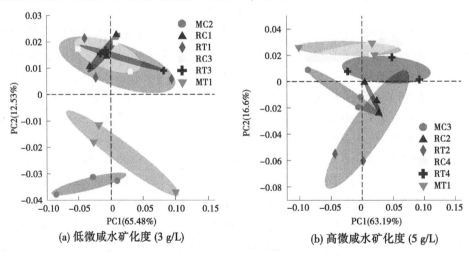

(a) 低微咸水矿化度 (3 g/L)　　　　(b) 高微咸水矿化度 (5 g/L)

图 5-8　轮灌条件下根际土壤细菌群落结构 PCoA 分析图

分析图 5-8 可知,低微咸水矿化度(3 g/L)条件下 PC1 轴和 PC2 轴的解释度分别为 12.53% 和 65.48%,高微咸水矿化度(5 g/L)条件下 PC1 轴和 PC2 轴的解释度分别为

16.60%和63.19%。"微咸水–淡水"轮灌与"微咸水–再生水"轮灌间土壤细菌群落组成差异不明显,但均与微咸水灌溉间根际土壤细菌群落组成存在差异,说明轮灌处理影响根际土壤细菌群落结构。

5.1.4.6　土壤细菌群落结构与环境因子相关性分析

基于冗余 RDA 分析轮灌条件下根际土壤细菌属水平主要组成(Top5)与环境因子的相关性,结果如图 5-9 所示。

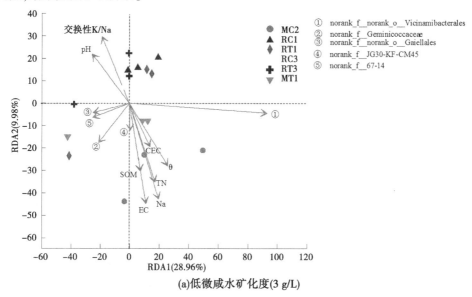

(a)低微咸水矿化度(3 g/L)

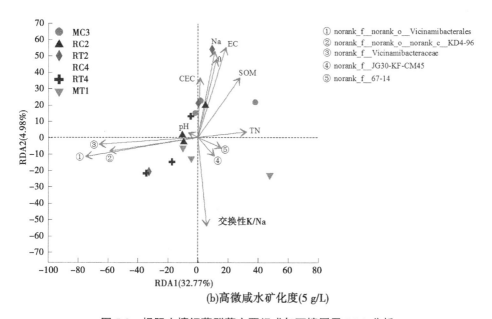

(b)高微咸水矿化度(5 g/L)

图 5-9　根际土壤细菌群落主要组成与环境因子 RDA 分析

从图 5-9 可以看出,低微咸水矿化度(3 g/L)条件下 RDA1 轴和 RDA2 轴分别解释了细菌组成变化的 9.98% 和 28.96%,CEC、Na⁺ 的影响最大;交换性 K/Na、pH 与 norank_f_norank_o_Gaiellales 呈正相关,含水率、EC、Na 含量、TN、SOM 和 CEC 与 norank_f_Geminic-occaceae、norank_f_norank_o_Vicinamibacterales、norank_f_JG30-KF-CM45 呈正相关。高微咸水矿化度(5 g/L)条件下,RDA1 轴和 RDA2 轴分别解释了细菌组成变化的 4.98% 和 32.77%,Na、EC 的影响较大,且均为负效应;pH 与 norank_f_norank_o_Vicinamibacterales、norank_f_Vicinamibacteraceae、norank_f_norank_o_norank_c_KD4-96 呈正相关,交换性 K/Na 和 TN 与 norank_f_JG30-KF-CM45、norank_f_67-14 呈正相关。

5.2　作物对微咸水与再生水轮灌的响应

5.2.1　轮灌对作物生长的影响

不同"微咸水–淡水"轮灌以及"微咸水–再生水"轮灌处理上海青地上部和地下部生物量(鲜重和干重)的变化如图 5-10 所示。

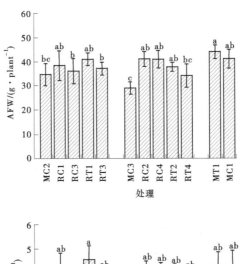

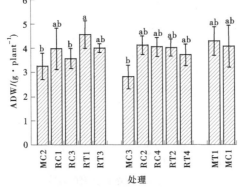

图 5-10　不同轮灌处理下上海青生物量的变化

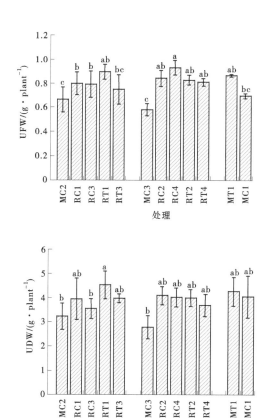

续图 5-10

　　从图 5-10 可以看出,对于地上部而言,与 MC1 相比,MT1 处理 AFW 和 ADW 分别提高了 7.07% 和 5.25%,但差异不显著。其他条件一定时,与"微咸水–淡水"轮灌处理相比,"微咸水–再生水"轮灌处理作物 AFW 和 ADW 在低微咸水矿化度(3 g/L)时总体略有升高,而在高微咸水矿化度(5 g/L)时再略有降低,但差异均不显著。微咸水与再生水轮灌条件下,微咸水矿化度一定时,随着再生水轮灌次数的增加,轮灌处理作物 AFW 和 ADW 均高于微咸水灌溉,且以再生水灌溉处理最高,"再生水–微咸水"轮灌处理次之;微咸水与再生水轮灌次序一定时,随着微咸水矿化度的升高,作物 AFW 和 ADW 处理间有所降低但差异不显著。

　　对于地下部而言,MT1 处理 UFW 和 UDW 分别提高了 24.29% 和 11.40%,但差异不显著。其他条件一定时,与"微咸水–淡水"轮灌处理相比,"微咸水–再生水"轮灌处理作物 UFW 和 UDW 差异均不显著。微咸水与再生水轮灌条件下,微咸水矿化度一定时,随着再生水轮灌次数的增加,轮灌处理作物 UFW 和 UDW 均高于微咸水灌溉,且以"再生水–微咸水"轮灌处理相对最高。微咸水与再生水轮灌次序一定时,随着微咸水矿化度的升高,作物 UFW 和 UDW 处理间差异不显著。

5.2.2　轮灌对作物生理生化的影响

5.2.2.1　叶绿素含量

不同"微咸水−淡水"轮灌以及"微咸水−再生水"轮灌处理条件下上海青叶片叶绿素 a、叶绿素 b 和叶绿素总量的变化情况如表 5-4 所示。

表 5-4　不同轮灌处理下上海青叶绿素含量的变化

处理		叶绿素 a 含量/(mg·g⁻¹)	叶绿素 b 含量/(mg·g⁻¹)	叶绿素总量/(mg·g⁻¹)
低微咸水矿化度（3 g/L）	MC2	1.67±0.18ab	0.43±0.01cd	2.1±0.18ab
	RC1	1.5±0.08b	0.47±0.02c	1.96±0.1b
	RT1	1.92±0.14a	0.52±0.02b	2.44±0.13a
	RC3	1.59±0.08ab	0.5±0.02bc	2.08±0.1ab
	RT3	1.73±0.03ab	0.56±0.07a	2.29±0.1ab
高微咸水矿化度（5 g/L）	MC3	1.78±0.11ab	0.44±0.01cd	2.22±0.1ab
	RC2	1.65±0.07ab	0.49±0.02bc	2.14±0.09ab
	RT2	1.78±0.29ab	0.47±0.02c	2.25±0.29ab
	RC4	1.46±0.07b	0.46±0.02c	1.92±0.09b
	RT4	1.77±0.3ab	0.45±0.02cd	2.21±0.29ab
再生水	MT1	1.62±0.38ab	0.44±0.02cd	2.07±0.39b
淡水	MC1	1.85±0.26a	0.41±0.03d	2.26±0.25ab

注：表中同列数据后不同字母表示处理间在 0.05 水平上差异显著，下同。

从表 5-4 可以看出，与 MC1 相比，MT1 处理叶绿素 a（Chlorophyll a）、叶绿素 b（Chlorophyll b）和总叶绿素（total Chlorophyll）含量分别降低了 12.43%、−7.26%和 8.54%，但差异均不显著。其他条件一定时，与"微咸水−淡水"轮灌处理相比，"微咸水−再生水"轮灌处理叶绿素 a 和总叶绿素含量均呈升高趋势，轮灌处理叶绿素 b 含量在低微咸水矿化度（3 g/L）时呈显著升高趋势而在高微咸水矿化度（5 g/L）时呈降低趋势但差异不显著。

微咸水与再生水轮灌条件下，微咸水矿化度一定时，随着再生水轮灌次数的增加，叶片叶绿素 a 和总叶绿素含量均以"再生水−微咸水"轮灌处理最高，但处理间差异不显著；叶绿素 b 含量在低微咸水矿化度（3 g/L）时以"再生水（2 次）−微咸水"轮灌处理显著高于其他处理，而在高微咸水矿化度（5 g/L）时以"再生水−微咸水"轮灌处理最高，但处理间差异不显著。微咸水与再生水轮灌次序一定时，随着微咸水矿化度的升高，叶片叶绿素 a 和总叶绿素含量处理间差异均不显著，轮灌处理叶绿素 b 含量则显著降低。

5.2.2.2　叶片酶活性

不同"微咸水−淡水"轮灌以及"微咸水−再生水"轮灌处理条件下上海青叶片抗氧化酶活性（SOD、POD、CAT）的变化情况如图 5-11 所示。

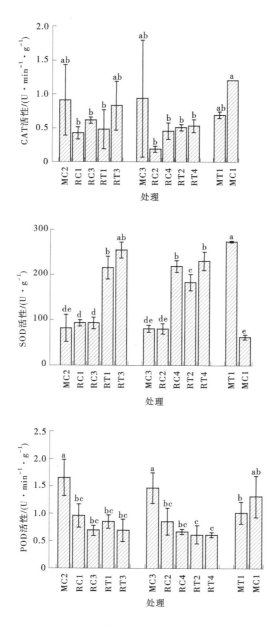

图 5-11　不同轮灌处理下上海青叶片酶活性的变化

从图 5-11 可以看出,与 MC1 相比,MT1 处理叶片 CAT、POD 活性分别降低了 42.23%、22.45%,但差异不显著,而叶片 SOD 活性则显著提高了 3.39 倍。其他条件一定时,与"微咸水-淡水"轮灌处理相比,"微咸水-再生水"轮灌处理叶片 CAT 活性总体上略有升高但差异不显著;SOD 活性总体上呈显著升高趋势(RT4 处理较 RC7 处理提升不显著除外);POD 活性总体略有降低,但处理间差异不显著。

微咸水与再生水轮灌条件下,微咸水矿化度一定时,随着再生水轮灌次数的增加,叶片 CAT 活性有所降低,但处理间差异不显著,SOD 活性则显著提升,POD 活性则较微咸水灌溉具有一定的抑制作用;微咸水与再生水轮灌次序一定时,随着微咸水矿化度的升高,叶片 CAT、SOD 和 POD 活性总体上略有降低,但处理间差异不显著。

5.2.2.3　MDA

不同"微咸水–淡水"轮灌以及"微咸水–再生水"轮灌处理上海青 MDA 含量的变化情况如图 5-12 所示。MT1 处理 MDA 含量较 MC1 处理降低了 20.36%,但差异不显著。其他条件一定时,与"微咸水–淡水"轮灌处理相比,除 RT1 处理显著较高外,"微咸水–再生水"轮灌处理 MDA 含量基本无变化。微咸水与再生水轮灌条件下,微咸水矿化度一定时,随着再生水轮灌次数的增加,MDA 含量以"再生水(2 次)–微咸水"轮灌处理最低。微咸水与再生水轮灌次序一定时,微咸水矿化度越高,处理间 MDA 含量无显著性差异。

5.2.2.4　可溶性蛋白

不同"微咸水–淡水"轮灌以及"微咸水–再生水"轮灌处理上海青可溶性蛋白含量的变化情况如图 5-12 所示。从图 5-12 可以看出,MT1 处理可溶性蛋白含量较 MC1 处理提高了 25.33%,但差异不显著。其他条件一定时,与"微咸水–淡水"轮灌处理相比,"微咸水–再生水"混灌处理可溶性蛋白含量在低微咸水矿化度(3 g/L)时呈升高趋势,而在高微咸水矿化度(5 g/L)时呈降低趋势,但差异均不显著。微咸水与再生水轮灌条件下,微咸水矿化度一定时,随着再生水轮灌次数的增加,处理间可溶性蛋白含量无显著性差异。微咸水与再生水轮灌次序一定时,微咸水矿化度越高,除微咸水灌溉处理可溶性蛋白含量升高外,其他处理则有所降低,但处理间差异均不显著。

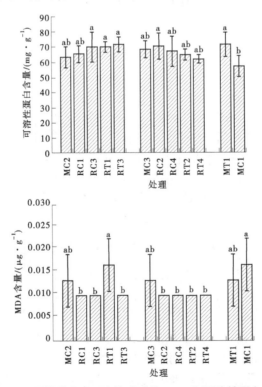

图 5-12　不同轮灌处理下上海青叶片 MDA 和可溶性蛋白含量的变化

5.3　轮灌下氮素与 Na⁺ 在土壤-作物系统中的分布

5.3.1　轮灌下氮素在土壤-作物系统中的分布

5.3.1.1　土壤 TN 含量

不同微咸水与再生水轮灌条件下土壤 TN 含量的变化如图 5-13 所示。

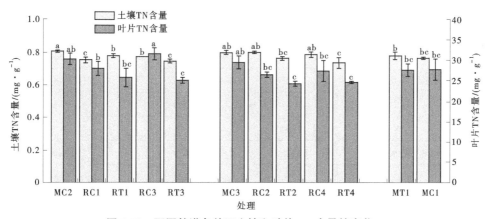

图 5-13　不同轮灌条件下土壤和叶片 TN 含量的变化

从图 5-13 可以看,再生水灌溉(MT1)后土壤 TN 含量较清水灌溉(MC1)提高了 1.76%,但差异不显著。其他条件一定时,与"微咸水-淡水"轮灌处理相比,"微咸水-再生水"轮灌处理土壤 TN 含量总体呈降低趋势(RT1 处理高于 RC1 处理外)。

微咸水与再生水轮灌条件下,微咸水矿化度一定时,随着再生水轮灌次数的增加,土壤 TN 含量总体上呈逐渐降低,至再生水灌溉时有所回升;微咸水与再生水轮灌次序一定时,矿化度越高,土壤 TN 含量越低,但差异不显著。可见,微咸水与再生水轮灌土壤 TN 含量较微咸水灌溉降低效果明显。

5.3.1.2　叶片 TN 含量

不同微咸水与再生水轮灌条件下上海青叶片 TN 含量的变化如图 5-13 所示。从图 5-13 可以看,清水灌溉(MC1)与再生水灌溉(MT1)处理间叶片 TN 含量无显著性差异。其他条件一定时,与"微咸水-淡水"轮灌处理相比,"微咸水-再生水"轮灌处理叶片 TN 含量总体呈降低趋势,但差异不显著(RT3 处理显著低于 RC3 处理除外)。

微咸水与再生水轮灌条件下,微咸水矿化度一定时,随着再生水轮灌次数的增加,叶片 TN 含量总体上呈"降低—升高"趋势;微咸水与再生水轮灌次序一定时,矿化度越高,叶片 TN 含量越低,但差异不显著。可见,微咸水与再生水轮灌不利于作物对氮素的吸收。

5.3.2　轮灌下 Na⁺ 在土壤-作物系统中的分布

5.3.2.1　土壤与叶片 Na⁺ 含量

不同微咸水与再生水轮灌条件下土壤与叶片 Na⁺ 含量的变化如表 5-5 所示。

表 5-5　不同轮灌条件下土壤和叶片 Na$^+$含量的变化

处理		土壤 Na$^+$含量/(mg·g^{-1})	叶片 Na$^+$含量/(mg·g^{-1})
低微咸水矿化度(3 g/L)	MC2	0.68±0.068 3b	15.07±0.26b
	RC1	0.23±0.008 7ef	10.01±0.04e
	RT1	0.35±0.002 9d	12.36±0.33cd
	RC3	0.15±0.000 8f	11.6±0.43d
	RT3	0.34±0.023 1d	12.43±0.25cd
高微咸水矿化度(5 g/L)	MC3	1.1±0.146 3a	17.85±1.26a
	RC2	0.4±0.007 6cd	14.63±0.54b
	RT2	0.48±0.013 2c	14.34±1.06b
	RC4	0.23±0.007 6ef	12.86±0.83c
	RT4	0.43±0.005cd	13.01±0.67c
再生水	MT1	0.24±0.005e	10.02±0.18e
淡水	MC1	0.04±0.001g	6.85±0.73f

从表 5-5 可以看出：

(1)土壤 Na$^+$含量。再生水灌溉(MT1)处理土壤 Na$^+$含量较清水灌溉(MC1)显著提高了 4.38 倍。其他条件一定时，与"微咸水–淡水"轮灌处理相比，"微咸水–再生水"轮灌处理土壤 Na$^+$含量显著升高(RT2 与 RC2 处理间差异不显著除外)。

微咸水与再生水轮灌条件下，微咸水矿化度一定时，随着再生水轮灌次数的增加，土壤 Na$^+$含量呈降低趋势；微咸水与再生水轮灌次序一定时，矿化度越高，土壤 Na$^+$含量越高，除 RT3 与 RT4 处理间差异不显著外，其他处理间差异显著。

(2)叶片 Na$^+$含量。再生水灌溉(MT1)后上海青叶片 Na$^+$含量较清水灌溉(MC1)提高了 46.40%，差异达到显著性水平。其他条件一定时，与"微咸水–淡水"轮灌处理相比，"微咸水–再生水"轮灌处理上海青叶片 Na$^+$含量呈降低趋势，其中 RT1 与 RC1 处理间、RT4 与 RC4 处理间差异达到显著性水平。

微咸水与再生水轮灌条件下，微咸水矿化度一定时，随着再生水轮灌次数的增加，上海青叶片 Na$^+$含量总体上呈降低趋势，且差异显著(RT1 与 RT3 处理间差异不显著除外)；微咸水与再生水轮灌次序一定时，矿化度越高，上海青叶片 Na$^+$含量越高，除微咸水灌溉处理间以外，其他处理间差异不显著。可见，较微咸水灌溉相比，微咸水与再生水轮灌可以显著降低叶片对 Na$^+$含量的吸收。

5.3.2.2　土壤 Na$^+$累积量与叶片 Na$^+$吸收效率

根据处理后土壤 Na$^+$含量以及土壤 Na$^+$含量初始值，计算土壤 Na$^+$累积量，结果如图 5-14 所示。根据作物 Na$^+$含量、生物量以及土壤 Na$^+$累积量可以计算出 Na$^+$总输入量，进而计算作物 Na$^+$吸收效率，结果如图 5-15 所示。

从图 5-14 可以看出，轮灌条件下土壤 Na$^+$累积量的变化趋势与处理后土壤 Na$^+$含量

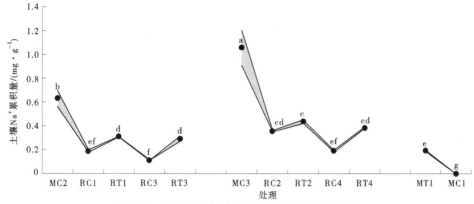

图 5-14　不同轮灌条件下土壤 Na$^+$ 累积量的变化

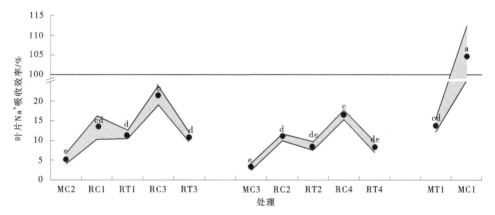

图 5-15　不同轮灌条件下叶片 Na$^+$ 吸收效率的变化

一致。其中,MC1 处理土壤 Na$^+$ 含量无累积现象。

从图 5-15 可以看出,其他条件一定时,与"微咸水–淡水"轮灌处理相比,"微咸水–再生水"轮灌处理上海青叶片 Na$^+$ 吸收效率呈降低趋势,且在高微咸水矿化度(5 g/L)时差异达到了显著性水平。可见,"微咸水–再生水"轮灌会降低叶片 Na$^+$ 吸收效率。

微咸水与再生水轮灌条件下,微咸水矿化度一定时,随着再生水轮灌次数的增加,总体上上海青叶片 Na$^+$ 吸收效率呈升高趋势;微咸水与再生水轮灌次序一定时,矿化度越高,上海青叶片 Na$^+$ 吸收效率越高,但差异不显著。可见,再生水轮灌次数的增加对叶片 Na$^+$ 吸收效率具有促进作用。

5.4　本章小结

通过盆栽上海青试验,针对壤土土壤质地,设置了不同微咸水矿化度和"微咸水–再生水"轮灌,系统分析了"微咸水–再生水"轮灌对土壤–作物系统的影响,得到的结论如下:

(1)微咸水与再生水轮灌条件下,微咸水矿化度一定时,随着再生水轮灌次数的增加,土壤含水率和含盐量总体呈越低趋势;微咸水与再生水轮灌次序一定时,矿化度越高,土壤含水率和含盐量越高。

(2)总体上,随着微咸水与再生水混合液中再生水轮灌次数的提升,土壤阳离子从 Na^+ 向 Ca^{2+} 转变,阴离子从 Cl^- 向 SO_4^{2-} 转变。

(3)不同微咸水−再生水轮灌处理对土壤酶活性的影响不同。随着再生水轮灌次数的增加,其中 S-SC 活性差异达到显著性水平;微咸水与再生水轮灌次序一定时,随着微咸水矿化度的升高,S-AKP/ALP、S-SC、S-UE 活性总体呈升高趋势。

(4)微咸水与再生水轮灌土壤 TN 含量较微咸水灌溉降低效果明显,轮灌可以显著降低叶片对 Na^+ 含量的吸收,再生水轮灌次数的增加对叶片 Na^+ 吸收效率具有促进作用。

(5)土壤盐渍化风险。各处理土壤 pH 值均未超过 8.5,没有碱化风险。MC2、MC3 处理 ESP 大于15%,存在一定碱化风险,而其他处理 ESP 则均未超过15%,没有引起土壤碱化风险的可能性。各处理 SAR 均小于 13 $(mmol/L)^{1/2}$,不存在碱化风险。

(6)微咸水与再生水轮灌处理较纯微咸水灌溉有利于提高地上部生物量。

第 6 章　微咸水与再生水不同灌溉方式差异分析

6.1　基于土壤的灌溉方式对比分析

6.1.1　土壤基本理化性质

6.1.1.1　土壤含水率与含盐量

不同微咸水与再生水组合灌溉模式下上海青收获后土壤含水率和 EC 的变化如图 6-1 所示。

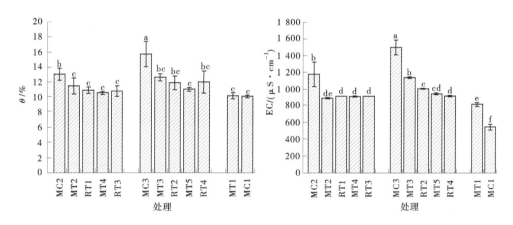

图 6-1　不同灌溉模式条件下作物收获后土壤水盐的变化

注:图中不同字母表示处理间在 0.05 水平上差异显著,下同。

从图 6-1 可以看出:

(1)对于土壤含水率,不同处理灌溉上海青后,较清水灌溉(MC1)相比,再生水灌溉(MT1)后土壤含水率略有升高,增幅为 1.10%,但差异不显著。其他条件一定时,"再生水–微咸水"轮灌处理土壤含水率略低于 1:1 混灌处理,而"再生水(2 次)–微咸水"轮灌处理土壤含水率则略高于 1:2 混灌处理,但处理间无显著性差异;此外,不论是轮灌还是混灌,土壤含水率均显著低于微咸水灌溉。

(2)对于土壤含盐量而言,不同处理灌溉上海青后,较清水灌溉(MC1)相比,再生水灌溉(MT1)后土壤 EC 为 817.67 μS/cm,显著提高了 49.6%。其他条件一定时,低微咸水矿化度(3 g/L)时,轮灌处理土壤 EC 略高于混灌处理,但处理间无显著性差异,而高微咸水矿化度(5 g/L)时,轮灌处理土壤 EC 低于混灌处理,其中 RT2 处理显著低于 MT3 处理;此外,不论是轮灌还是混灌,土壤 EC 均显著低于微咸水灌溉。

6.1.1.2　土壤水溶性离子含量

不同微咸水与再生水组合灌溉模式下上海青收获后土壤水溶性离子含量的变化如表 6-1 所示。

从表 6-1 可以看出:

(1)对于土壤 K^+ 含量而言,MT1 处理均低于 MC1 处理且差异显著。其他条件一定时,除 RT2 处理土壤 K^+ 含量低于 MT3 处理外,轮灌处理土壤 K^+ 含量总体上高于混灌处理,但处理间差异不显著。此外,不论是轮灌还是混灌,土壤 K^+ 含量均显著低于微咸水灌溉。

(2)对于土壤 Ca^{2+} 含量而言,MT1 处理显著高于 MC1 处理。其他条件一定时,除 RT2 处理土壤 Ca^{2+} 含量低于 MT3 处理外,轮灌处理土壤 Ca^{2+} 含量总体上高于混灌处理,但处理间差异不显著。此外,除 MT5 处理显著低于 MC3 处理外,不论是轮灌还是混灌,土壤 Ca^{2+} 含量均与微咸水灌溉处理间无显著性差异。

(3)对于土壤 Na^+、Cl^- 含量而言,MT1 处理均高于 MC1 处理且差异显著,增幅为438.17%、50.96%。其他条件一定时,轮灌处理土壤 Na^+、Cl^- 含量低于混灌处理,其中"微咸水–再生水(1)"轮灌处理与 1∶1 混灌处理间土壤 Na^+ 含量差异达到显著性水平,高微咸水矿化度(5 g/L)时轮灌处理与混灌处理间土壤 Cl^- 含量差异达到显著性水平。此外,不论是轮灌还是混灌,土壤 Na^+、Cl^- 含量均显著低于微咸水灌溉。

(4)对于土壤 Mg^{2+} 含量而言,MT1 处理低于 MC1 处理但差异不显著。其他条件一定时,轮灌处理土壤 Mg^{2+} 含量总体上略低于混灌处理,但处理间差异不显著。此外,在低微咸水矿化度(3 g/L)时,不论是轮灌还是混灌,土壤 Mg^{2+} 含量均显著低于微咸水灌溉,而在高微咸水矿化度(5 g/L)时,除 1∶1 混灌处理(MT3)土壤 Mg^{2+} 含量显著高于微咸水灌溉(MC3)外,其他处理与微咸水灌溉处理间无显著性差异。

(5)对于土壤 HCO_3^- 含量而言,MT1 处理低于 MC1 处理且差异显著。其他条件一定时,低微咸水矿化度(3 g/L)条件下轮灌处理土壤 HCO_3^- 含量低于混灌处理,其中 RT1 处理与 MT2 处理间差异达到了显著性水平,而在高微咸水矿化度(5 g/L)条件下轮灌处理土壤 HCO_3^- 含量略高于混灌处理,但处理间差异不显著。此外,不论是轮灌还是混灌,土壤 HCO_3^- 含量均与微咸水灌溉处理间无显著性差异。

(6)对于土壤 SO_4^{2-} 含量而言,MT1 处理显著高于 MC1 处理。其他条件一定时,除 RT3 处理土壤 SO_4^{2-} 含量略高于 MT4 处理外,轮灌处理土壤 SO_4^{2-} 总体上均低于混灌处理,但处理间无显著性差异。此外,不论是轮灌还是混灌,土壤 K^+ 含量与微咸水灌溉处理间均无显著性差异。

6.1.1.3　土壤有机质含量与 WDPT

不同微咸水与再生水组合灌溉模式下上海青收获后土壤有机质含量(SOM)与 WDPT 的变化如图 6-2 所示。

从图 6-2 可以看出:

表 6-1　不同灌溉方式下土壤水溶性离子含量的变化

处理		K⁺含量/(mg·kg⁻¹)	Ca²⁺含量/(mg·kg⁻¹)	Na⁺含量/(mg·kg⁻¹)	Cl⁻含量/(mg·kg⁻¹)	Mg²⁺含量/(mg·kg⁻¹)	HCO₃⁻含量/(mg·kg⁻¹)	SO₄²⁻含量/(mg·kg⁻¹)
低微咸水矿化度(3 g/L)	MC2	59.67±10.28a	572.67±51.63bc	676.67±68.25b	175.92±17.68b	143.55±29.99a	40.98±3.68bc	37.44±9.20b
	MT2	36.50±0.50cd	494.00±24.25bc	470.00±5.00c	117.28±2.23e	73.20±10.84bc	42.09±1.06b	52.16±8.64b
	MT4	41.17±0.29c	546.67±10.07bc	363.33±2.89d	114.62±1.68e	85.40±6.34bc	39.24±0.93bc	56.80±0.28b
	RT1	40.83±0.58c	568.67±8.33bc	351.67±2.89d	112.55±1.33e	65.88±5.32c	38.74±1.85c	48.80±2.16b
	RT3	43.83±0.58bc	596.67±37.54b	338.33±23.09d	107.83±0.93e	82.96±21.99bc	37.01±1.86c	60.80±7.92b
高微咸水矿化度(5 g/L)	MC3	58.00±6.06a	701.33±205.02ab	1 098.33±146.32a	257.75±9.57a	64.66±36.66c	38.84±0.47c	56.00±42.72b
	MT3	45.67±0.29bc	542.67±1.15bc	618.33±11.55b	158.34±1.79c	104.51±8.83b	36.91±0.53c	50.88±6.81b
	MT5	33.67±0.58d	485.33±11.02c	440.00±0.00cd	129.83±2.03d	93.53±9.16bc	38.74±1.10c	37.60±4.30b
	RT2	36.67±0.29cd	513.33±13.61bc	480.00±13.23c	132.79±1.11d	84.18±1.22bc	37.21±0.31c	43.36±10.57b
	RT4	35.67±0.58cd	562.67±15.14bc	425.00±5.00cd	118.61±3.58e	30.50±8.80c	39.55±1.51bc	34.88±10.62b
再生水	MT1	34.17±0.58d	733.33±29.01a	235.00±5.00e	93.21±7.29f	86.21±45.23bc	39.25±1.07bc	105.12±22.25a
淡水	MC1	47.67±1.15b	444.00±25.06c	43.67±1.04f	61.74±3.69g	126.47±12.7ab	45.86±3.97a	47.20±15.88b

注：表中同列数据后不同字母表示处理间在 0.05 水平上差异显著，下同。

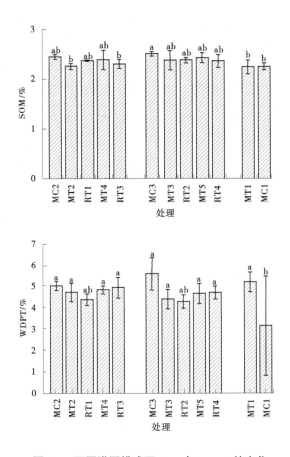

图 6-2　不同灌溉模式下 SOM 与 WDPT 的变化

（1）对于 SOM，MT1 处理与 MC1 处理间无显著性差异。其他条件一定时，"再生水-微咸水"轮灌处理 SOM 略高于 1:1 混灌处理，而"再生水（2 次）-微咸水"轮灌处理 SOM 则略低于 1:2 混灌处理，但处理间差异均不显著。此外，不论是轮灌还是混灌，SOM 均与微咸水灌溉处理间无显著性差异。

（2）对于 WDPT，MT1 处理土壤 WDPT 为 5.21 s，具有微弱斥水性，显著高于 MC1 处理。其他条件一定时，"再生水-微咸水"轮灌处理 WDPT 略低于 1:1 混灌处理，而"再生水（2 次）-微咸水"轮灌处理 WDPT 则略高于 1:2 混灌处理，但处理间差异均不显著。此外，不论是轮灌还是混灌，WDPT 均小于 5 s，未引发土壤斥水性，且均略低于微咸水灌溉处理，但未达到显著性差异。

6.1.2　土壤酶活性

不同微咸水与再生水组合灌溉模式下上海青收获后土壤碱性磷酸酶（AKP/ALP）、蔗糖酶（S-SC）和脲酶（S-UE）活性的变化如表 6-2 所示。

从表 6-2 可以看出，MT1 处理 S-AKP/ALP、S-SC、S-UE 活性较 MC1 处理提高了 16.49%、1.30%、8.88%。其他条件一定时，轮灌处理 S-AKP/ALP、S-UE 活性均低于混

灌处理,其中高微咸水矿化度(5 g/L)时 S-AKP/ALP 活性处理间差异达到了显著性水平,S-UE 活性在 RT2 处理与 MT3 处理间差异达到了显著性水平,低微咸水矿化度(3 g/L)时 S-UE 活性处理间差异达到了显著性水平;除 RT4 处理 S-SC 活性略低于 MT5处理外,轮灌处理 S-SC 活性较混灌处理有所提升,其中 RT2 与 MT3 处理间差异达到了显著性水平。此外,不论是轮灌还是混灌,AKP/ALP、S-UE、S-SC 活性均较微咸水灌溉有所提升(除 MT3 处理 S-SC 活性略有降低以外),其中 S-UE 活性提升效果显著,AKP/ALP 活性在高微咸水矿化度(5 g/L)时混灌处理提升效果显著,S-SC 在低微咸水矿化度(3 g/L)时 MT4 与 RT3 处理提升效果显著。

表 6-2　不同灌溉模式下土壤酶活性的变化

处理		AKP/ALP 活性/ (U · g^{-1})	S-SC 活性/ (mg · g^{-1} · 24 h^{-1})	S-UE 活性/ (mg · g^{-1} · 24 h^{-1})
低微咸水矿化 度(3 g/L)	MC2	2 105.95±344.81c	9.59±0.40c	0.39±0.01e
	MT2	2 951.79±442.46c	10.10±0.59bc	0.48±0.02b
	MT4	3 435.12±626.44bc	11.14±0.09ab	0.47±0.02b
	RT1	2 744.64±719.43c	10.73±0.26bc	0.42±0.01d
	RT3	2 623.81±837.16c	12.16±1.16a	0.44±0.01c
高微咸水矿 化度(5 g/L)	MC3	2 313.09±367.40c	10.43±0.55bc	0.39±0.01e
	MT3	4 885.12±868.60a	9.79±0.39c	0.49±0.01ab
	MT5	4 194.65±451.46ab	11.53±0.08ab	0.51±0.02a
	RT2	3 521.43±404.46bc	11.69±0.41ab	0.45±0.01c
	RT4	2 606.55±374.63bc	10.92±0.89bc	0.51±0.02a
再生水	MT1	3 901.19±528.96b	11.01±0.39b	0.45±0.02c
淡水	MC1	3 348.81±29.90bc	10.86±1.13bc	0.41±0.01de

6.1.3　土壤次生盐渍化风险

不同灌溉模式下上海青收获后土壤次生盐渍化指标(pH、交换性 K/Na、SAR、ESP)的变化如图 6-3 所示。

从图 6-3 可以看出:

(1)土壤 pH 值。MT1 处理土壤 pH 值为 7.91,较 MC1 处理提高了 1.54%,且差异显著。其他条件一定时,低微咸水矿化度(3 g/L)条件下轮灌处理土壤 pH 值低于混灌处理且差异显著,而高微咸水矿化度(5 g/L)条件下轮灌处理土壤 pH 值则略高于混灌处理,

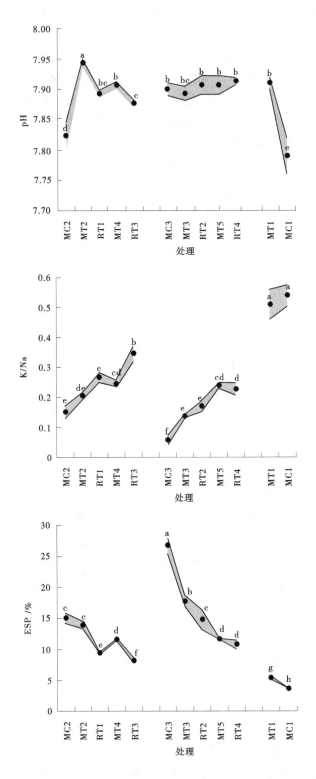

图 6-3 不同轮灌条件下土壤 pH 值、交换性 K/Na、ESP 和 SAR 的变化

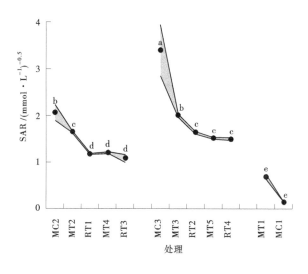

续图 6-3

但差异不显著。此外,低微咸水矿化度(3 g/L)条件下,不论是混灌还是轮灌处理,土壤 pH 值均高于微咸水灌溉且差异显著,而高微咸水矿化度(5 g/L)条件下,除 MT3 处理略低于 MC3 处理外,轮灌和混灌处理土壤 pH 值均高于微咸水灌溉,但差异显著。

(2)土壤交换性 K/Na。MT1 处理土壤交换性 K/Na 为 0.51,较 MC1 处理降低了 5.56%,但差异不显著。其他条件一定时,轮灌处理土壤交换性 K/Na 总体高于混灌处理(RT4 处理略低于 MET 处理除外),且在低微咸水矿化度(3 g/L)时差异达到显著性水平。此外,不论是轮灌还是混灌,土壤交换性 K/Na 均显著高于微咸水灌溉处理。

(3)土壤 ESP 和 SAR。MT1 处理土壤 ESP 和 SAR 分别为 5.42% 和 0.69,较 MC1 处理分别升高了 46.31% 和 362%,差异显著,但是 ESP 和 SAR 均远低于土壤盐渍化阈值范围(15% 和 13 (mmol/L)$^{1/2}$),不存在土壤盐渍化风险。其他条件一定时,轮灌处理 ESP 和 SAR 均低于混灌处理,其中"再生水-微咸水"轮灌处理与 1:1 混灌处理间 ESP 和 SAR 差异均达到了显著性水平,"再生水(2 次)-微咸水"轮灌处理 ESP 在低微咸水矿化度(3 g/L)时差异达到了显著性水平。此外,除 MT2 处理 ESP 略低于 MC2 处理外,不论是轮灌还是混灌,土壤 ESP 和 SAR 均显著低于微咸水灌溉。

此外,MC2、MC3、MT3 处理 ESP 大于 15%,存在一定碱化风险,而其他处理 ESP 则均未超过 15%,没有引起土壤碱化风险的可能性。各处理 SAR 均小于 13 (mmol/L)$^{1/2}$,不存在碱化风险,但由于本书 SAR 计算采用的是土水比 1:5 浸提液离子含量计算的,而非饱和泥浆浸提液,因此用 SAR 阈值 13 (mmol/L)$^{1/2}$ 是不合理的,需要进行换算。

6.1.4 微生物群落结构

6.1.4.1 稀释曲线

不同微咸水与再生水组合灌溉模式下上海青收获时土壤细菌稀释曲线如图 6-4 所示。从图 6-4 可以看出,不同组合灌溉模式下稀释曲线均趋近平缓,说明对环境样本微生物群落的检测比率接近饱和,目前的测序量能够覆盖样本中的绝大部分物种,满足测序要求。

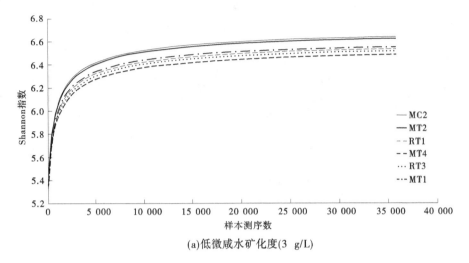

(a)低微咸水矿化度(3 g/L)

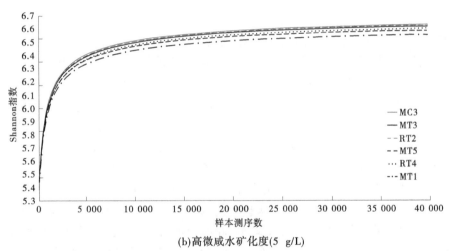

(b)高微咸水矿化度(5 g/L)

图 6-4　不同组合灌溉模式下上海青收获时土壤细菌稀释曲线

6.1.4.2　土壤细菌群落多样性分析

低微咸水矿化度(3 g/L)条件下,抽平后有效序列数为 35 850,OTUs 数为 6 467 个,门(Phylum)、纲(Class)、目(Order)、科(Family)、属(Genus)数目分别为 44 个、145 个、342 个、539 个、1 018 个;高微咸水矿化度(5 g/L)条件下,抽平后有效序列数为 39 822,OTUs 数为 6 596 个,门(Phylum)、纲(Class)、目(Order)、科(Family)、属(Genus)数目分别为 43 个、147 个、338 个、548 个、1 033 个。不同微咸水与再生水组合灌溉模式下上海青收获时土壤细菌群落 α 多样性指数如表 6-3 所示。从表 6-3 可以看出,各处理 Sobs 指数、Shannon 指数、Simpson 指数、Chao 指数均无显著性差异,说明土壤细菌群落多样性和丰富度不受灌溉模式的影响。此外,各处理 Ace 指数和覆盖度(Coverage)亦均无显著性差异,说明测序结果具有一致性和真实性,能够准确表征土壤细菌微生物群落信息。

表 6-3　不同灌溉方式下土壤细菌 α 多样性指数

处理		Sobs 指数	Shannon 指数	Simpson 指数	Ace 指数	Chao 指数	Coverage
低矿化度微咸水（3 g/L）	MC2	3 051.70±25.74a	6.64±0.02a	0.003 2±0.000 2a	4 262.10±102.40a	4 227.2±99.81a	0.970 2±0.001 0a
	MT2	3 021.00±16.52a	6.62±0.03a	0.003 5±0.000 2a	4 177.10±70.03a	4 107.00±104.20a	0.971 1±0.000 8a
	RT1	2 921.00±110.98a	6.53±0.05a	0.004 0±0.000 2a	4 091.10±137.95a	4 078.30±138.23a	0.971 4±0.001 0a
	MT4	2 920.30±32.75a	6.48±0.05a	0.004 7±0.000 4a	4 138.20±60.49a	4 141.50±96.76a	0.970 8±0.000 9a
	RT3	2 933.70±110.09a	6.51±0.07a	0.004 3±0.000 3a	4 087.60±205.33a	4 079.70±198.87a	0.971 4±0.001 8a
	MT1	2 922.30±45.72a	6.55±0.04a	0.003 6±0.000 1a	4 312.50±379.13a	4 054.30±73.18a	0.971 3±0.000 9a
高矿化度微咸水（5 g/L）	MC3	3 136.70±90.69a	6.63±0.05a	0.003 3±0.000 1a	4 318.50±95.71a	4 305.60±118.58a	0.973 2±0.000 6a
	MT3	3 132.30±14.57a	6.62±0.02a	0.003 5±0.000 2a	4 348.40±51.98a	4 347.60±54.32a	0.972 9±0.000 4a
	RT2	3 155.00±38.00a	6.62±0.01a	0.003 5±0.000 3a	4 370.60±98.16a	4 374.80±44.60a	0.972 7±0.000 6a
	MT5	3 092.70±61.65a	6.59±0.01a	0.003 7±0.000 3a	4 261.30±81.61a	4 241.10±146.72a	0.973 6±0.000 7a
	RT4	3 150.30±99.97a	6.60±0.02a	0.003 9±0.000 2a	4 388.30±135.92a	4401.00±49.97a	0.972 6±0.000 9a
	MT1	3 040.00±50.09a	6.55±0.04a	0.003 7±0.000 1a	4 249.80±108.88a	4 181.90±109.24a	0.973 6±0.000 9a

6.1.4.3 土壤细菌物种数量分析

不同微咸水与再生水组合灌溉模式下上海青收获时土壤细菌物种数量（OTUs 数）Venn 图分析结果如图 6-5 所示。

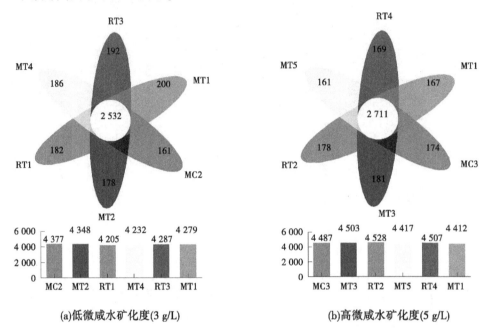

(a)低微咸水矿化度(3 g/L)　　　　　　(b)高微咸水矿化度(5 g/L)

图 6-5　不同灌溉模式下土壤细菌物种 Venn 图

从图 6-5 可以看出，低微咸水矿化度（3 g/L）条件下，MC2、MT2、RT1、MT4、RT3、MT1 处理 OTUs 数分别为 4 377、4 348、4 205、4 232、4 287、4 279，独有的 OTUs 数分别为 161、178、182、186、192、200，这 6 个处理共有 OTUs 数为 2 532。不同处理对 OTUs 数影响不明显。

高微咸水矿化度（5 g/L）条件下，MC3、MT3、RT2、MT5、RT4、MT1 处理 OTUs 数分别为 4 487、4 503、4 528、4 417、4 507、4 412，独有的 OTUs 数分别为 174、181、178、161、169、167，这 6 个处理共有 OTUs 数为 2 711。不同处理对 OTUs 数影响不明显。

6.1.4.4 土壤细菌群落组成分析

不同微咸水与再生水组合灌溉模式下上海青收获时土壤细菌在门、属水平上的物种成分信息分别如图 6-6、图 6-7 所示。从图 6-6 可以看出，门水平上，不同组合灌溉模式下土壤细菌优势类群依然放线菌门 Actinobacteriota、变形菌门 Proteobacteria、绿弯菌门 Chloroflexi、酸杆菌门 Acidobacteriota、厚壁菌门 Firmicutes、芽孢杆菌门 Gemmatimonadota、拟杆菌门 Bacteroidota、黏球菌门 Myxococcota 等 8 个，这 8 个菌门相对丰度占比在 90% 以上，尤其是放线菌门 Actinobacteria 和变形菌门 Proteobacteria 优势更为明显。当微咸水矿化度为 3 g/L 时，与混灌相比，轮灌提高了变形菌门 Proteobacteria、厚壁菌门 Firmicutes、芽孢杆菌门 Gemmatimonadota、黏球菌门 Myxococcota 的相对丰度，降低了绿弯菌门 Chloroflexi、酸杆菌门 Acidobacteriota 的相对丰度。当微咸水矿化度为 5 g/L 时，与混灌相比，轮灌提高了酸杆菌门 Acidobacteriota、芽孢杆菌门 Gemmatimonadota、拟杆菌门 Bacteroidota 的相对丰度,降低了放线菌门 Actinobacteriota、厚壁菌门 Firmicutes、黏球菌门 Myxococcota 的相对丰度。

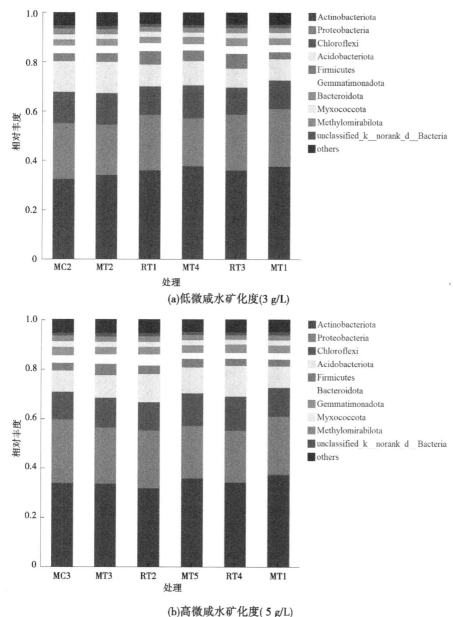

(a)低微咸水矿化度(3 g/L)

(b)高微咸水矿化度(5 g/L)

图 6-6 门水平上土壤细菌群落组成分析

从图 6-7 可以看出,属水平上,不同灌溉模式下土壤细菌丰度 Top28 优势属相对丰度之和均在 50%左右。低和高微咸水矿化度下各处理 Top10 的优势菌属均含有 norank_f__norank_o__Vicinamibacterales、norank_f__ JG30-KF-CM45、norank_f__ 67-14、norank_f__norank_o__norank_c__KD4-96、norank_f__norank_o__Gaiellales。

Top10 优势属中,纯微咸水矿化度为 3 g/L 时,与混灌相比,轮灌提高了 norank_f__67-14、

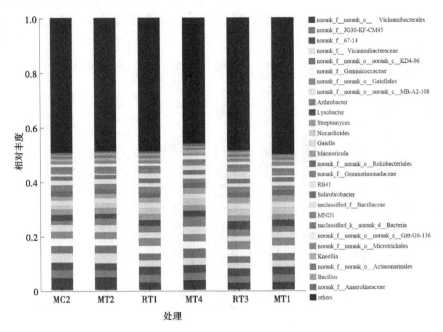

(a)低微咸水矿化度(3 g/L)

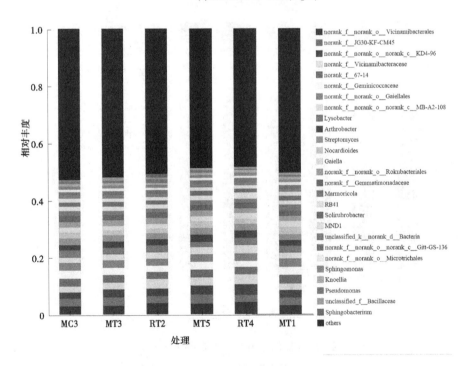

(b)高微咸水矿化度(5 g/L)

图 6-7　属水平上土壤细菌群落组成分析

norank_f__norank_o __ Gaiellales、Arthrobacter、Lysobacter 的相对丰度,降低了其他优势属的相对丰度;而微咸水矿化度为 5 g/L 时,与混灌相比,轮灌提高了 norank_f__norank_o__

Vicinamibacterales、norank_f__Vicinamibacteraceae、norank_f __ norank_o __ norank_c __ KD4-96、norank_f__norank_o __ norank_c __ MB-A2-108、Arthrobacter 的相对丰度,降低了其他优势属的相对丰度。

6.1.4.5　土壤细菌群落聚类特征

基于 Bray_Curtis 距离,利用主坐标分析 PCoA(principal co-ordinates analysis)研究不同微咸水与再生水组合灌溉模式下根际土壤细菌群落组成的聚类特征,结果如图 6-8 所示。

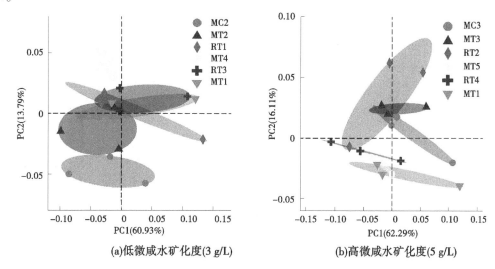

(a)低微咸水矿化度(3 g/L)　　　(b)高微咸水矿化度(5 g/L)

图 6-8　不同组合灌溉模式下根际土壤细菌群落结构 PCoA 分析图

分析图 6-8 可知,低微咸水矿化度(3 g/L)条件下 PC1 轴和 PC2 轴的解释度分别为 13.79%和 60.93%,高微咸水矿化度(5 g/L)条件下 PC1 轴和 PC2 轴的解释度分别为 16.11%和 62.29%。轮灌与混灌间土壤细菌群落组成差异明显,且均与微咸水灌溉间根际土壤细菌群落组成存在差异,说明不同灌溉模式影响根际土壤细菌群落结构。

6.1.4.6　土壤细菌群落结果与环境因子相关性分析

基于冗余 RDA 分析不同微咸水与再生水组合灌溉模式下根际土壤细菌属水平主要组成(Top5)与环境因子的相关性,结果如图 6-9 所示。

从图 6-9 可以看出,低微咸水矿化度(3 g/L)条件下 RDA1 轴和 RDA2 轴分别解释了细菌组成变化的 9.13%和 31.20%,CEC、EC 的影响最大;pH 与 norank_f_norank_o_Vicinamibacterales、norank_f_norank_o_norank_c_KD4-96 正相关、norank_f_Vicinamibacteraceae,交换性 K/Na 与 norank_f_67-14 正相关,含水率、EC、Na 含量、TN、SOM 和 CEC 与 norank_f_JG30-KF-CM45 正相关。高微咸水矿化度(5 g/L)条件下 RDA1 轴和 RDA2 轴分别解释了细菌组成变化的 5.52%和 44.94%,交换性 K/Na 的影响最大;pH 与 norank_f_norank_o_Vicinamibacterales、norank_f_norank_o_norank_c_KD4-96、norank_f_Vicinamibacteraceae 呈正相关,交换性 K/Na 与 norank_f_norank_o_Vicinamibacterales、norank_f_norank_o_norank_c_KD4-96、norank_f_67-14、norank_f_JG30-KF-CM45 呈正相关。

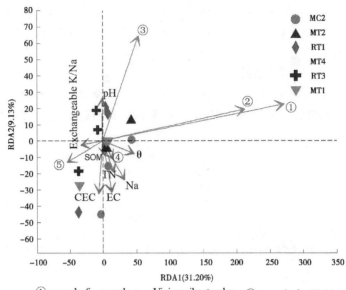

(a)低微咸水矿化度(3 g/L)

① norank_f__norank_o__ Vicinamibacterales　　⑤ norank_f__67-14
② norank_f__Vicinamibacteraceae
③ norank_f__norank_o__norank_c__KD4-96
④ norank_f__JG30-KF-CM45

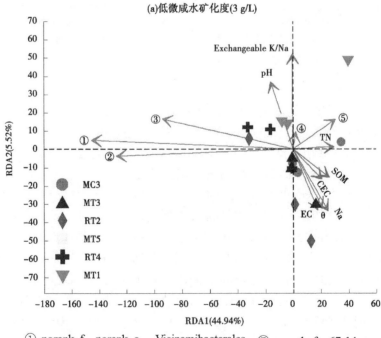

① norank_f__norank_o__ Vicinamibacterales　　⑤ norank_f__67-14
② norank_f__Vicinamibacteraceae
③ norank_f__norank_o__norank_c__KD4-96
④ norank_f__JG30-KF-CM45

(b)高微咸水矿化度(5 g/L)

图 6-9　根际土壤细菌群落主要组成与环境因子 RDA 分析

6.2　基于作物的灌溉方式对比分析

6.2.1　生长指标

不同微咸水与再生水组合灌溉模式下上海青地上部和地下部生物量(鲜重和干重)的变化如表6-4所示。

表 6-4　不同灌溉方式下上海青生物量的变化

处理		AFW/(g·株$^{-1}$)	ADW/(g·株$^{-1}$)	UFW/(g·株$^{-1}$)	UDW/(g·株$^{-1}$)
低微咸水矿化度(3 g/L)	MC2	34.73±4.6bc	3.25±0.55b	0.67±0.1bc	0.11±0.02ab
	MT2	37.96±0.32b	3.62±0.11b	0.83±0.09ab	0.12±0.02ab
	MT4	38.56±3.77ab	4.03±0.67ab	0.86±0.15ab	0.13±0.03a
	RT1	41.08±2.65ab	4.56±0.57a	0.9±0.06a	0.13±0.02a
	RT3	37.33±2.62b	4±0.18ab	0.75±0.12b	0.11±0.02ab
高微咸水矿化度(5 g/L)	MC3	29.07±2.59c	2.8±0.49b	0.59±0.05c	0.1±0.02b
	MT3	38.75±4.76ab	3.92±0.62ab	0.79±0.06ab	0.11±0.01ab
	MT5	40.22±4.68ab	4.41±0.53ab	0.89±0.1a	0.13±0a
	RT2	37.88±1.89b	4.02±0.35ab	0.83±0.04ab	0.11±0.01ab
	RT4	34.26±4.95bc	3.71±0.46ab	0.82±0.03ab	0.11±0.01ab
再生水	MT1	44.11±2.78a	4.28±0.59ab	0.87±0.01ab	0.13±0.01a
淡水	MC1	41.19±3.82ab	4.07±0.87ab	0.7±0.02bc	0.12±0.01ab

从表6-4可以看出,对于地上部而言,与MC1相比,MT1处理AFW和ADW分别提高了7.07%和5.25%,但差异不显著。其他条件一定时,轮灌处理AFW总体上较混灌处理有所降低(RT1处理略高于MT2处理除外),但差异不显著;ADW则表现为"再生水–微咸水"轮灌处理高于1:1混灌处理且在低微咸水矿化度(3 g/L)时差异达到显著性水平,而"再生水(2次)–微咸水"轮灌处理低于1:1混灌处理,但差异不显著。此外,不论是轮灌还是混灌,AFW、ADW均较微咸水灌溉有所提升,其中RT1处理显著高于MC2处理。

对于地下部而言,MT1处理UFW和UDW分别提高了24.29%和11.40%,但差异不显著。其他条件一定时,低微咸水矿化度(3 g/L)条件下,轮灌处理UFW和UDW均高于混灌处理,但差异不显著;而高微咸水矿化度(5 g/L)条件下,轮灌处理UFW和UDW均低于混灌处理,但差异不显著。此外,不论是轮灌还是混灌,UFW、UDW均较微咸水灌溉有所提升,其中 RT1 处理 UFW 和 UDW 均显著高于 MC2 处理,MT5 处理 UFW 显著高于 MC3 处理。

6.2.2　生理生化指标

6.2.2.1　叶绿素含量

不同微咸水与再生水组合灌溉模式下上海青叶片叶绿素 a、叶绿素 b 和叶绿素总量的变化情况如图 6-10 所示。

从图 6-10 可以看出,与 MC1 相比,MT1 处理叶绿素 a(Chlorophyll a)、叶绿素 b(Chlorophyll b)和总叶绿素(total Chlorophyll)含量分别降低了 12.43%、-7.26% 和 8.54%,但差异均不显著。其他条件一定时,轮灌处理叶绿素 a 和总叶绿素含量均轮高于混灌处理(RT3 处理低于 MT4 处理除外),但差异不显著;在低微咸水矿化度(3 g/L)时轮灌处理叶绿素 b 含量高于混灌处理,其中 RT3 处理显著高于 MT4 处理,而在高微咸水矿化度(5 g/L)时轮灌处理叶绿素 b 含量则低于混灌处理,但差异不显著。

此外,不论是轮灌还是混灌,叶绿素 a 和总叶绿素含量均较微咸水灌溉无显著性差异,叶绿素 b 含量在低微咸水矿化度(3 g/L)时表现为 RT3、RT2 处理显著高于 MC2 处理,而在高微咸水矿化度(5 g/L)时较微咸水灌溉处理差异不显著。

6.2.2.2　叶片酶活性

不同微咸水与再生水组合灌溉模式下上海青叶片抗氧化酶活性(SOD、POD、CAT)的变化情况如表 6-5 所示。

表 6-5　不同灌溉方式下上海青生物量的变化

处理		SOD/(U · g^{-1})	POD/(U · min^{-1} · g^{-1})	CAT/(U · min^{-1} · g^{-1})
低微咸水矿化度(3 g/L)	MC2	81.98±29.9e	1.65±0.33a	0.91±0.52ab
	MT2	232.15±15.17bc	0.77±0.23bc	0.80±0.29ab
	MT4	262.35±10.78ab	1.28±0.16ab	0.64±0.42ab
	RT1	215.75±25.15c	0.85±0.12bc	0.48±0.29b
	RT3	254.58±17.62b	0.69±0.20bc	0.83±0.36ab
高微咸水矿化度(5 g/L)	MC3	80.26±7.77e	1.47±0.28a	0.93±0.86ab
	MT3	290.83±24.06a	0.85±0.05bc	1.04±0.60ab
	MT5	236.46±25.54bc	1.01±0.24b	0.59±0.41ab
	RT2	182.96±17.62d	0.61±0.17c	0.51±0.05ab
	RT4	230.42±20.71bc	0.61±0.05c	0.53±0.09ab
再生水	MT1	272.70±1.50ab	1.01±0.20b	0.69±0.05ab
淡水	MC1	62.14±5.18e	1.31±0.38a	1.20±0.00a

从表 6-5 可以看出,与 MC1 相比,MT1 处理叶片 CAT、POD 活性分别降低了 42.23%、

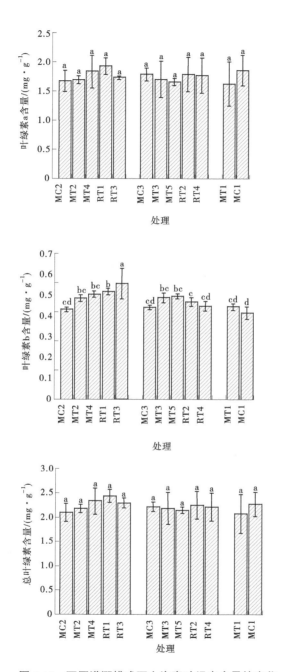

图 6-10 不同灌溉模式下上海青叶绿素含量的变化

22.45%,但差异不显著,而叶片 SOD 活性则显著提高了 3.39 倍。其他条件一定时,轮灌处理 CAT 活性略低于混灌处理(RT3 处理高于 MT4 处理除外),但差异不显著;轮灌处理 SOD 活性总体低于混灌处理,除 RT2 处理与 MT3 处理间差异达到显著性水平外,其他处理间差异均不显著;轮灌处理 POD 活性总体上低于混灌处理(RT1 处理高于 MT2 处理除外),除 RT4 处理与 MT5 处理间差异达到显著性水平外,其他处理间差异均不显著。

此外,与微咸水灌溉相比,不论是轮灌还是混灌,CAT 活性略微受到抑制,但差异不显著;SOD 活性则显著提升,POD 活性受到显著抑制(MT4 处理除外)。

6.2.2.3　MDA

不同灌溉模式下上海青 MDA 含量的变化情况如图 6-11 所示。MT1 处理 MDA 含量较 MC1 处理降低了 20.36%,但差异不显著。其他条件一定时,除 RT1 处理显著高于 MT2 处理外,轮灌处理与混灌处理间 MDA 含量无显著性差异。此外,不论是轮灌还是混灌,MDA 含量均较微咸水灌溉有所降低(RT1 处理高于 MC2 处理除外),但差异不显著。

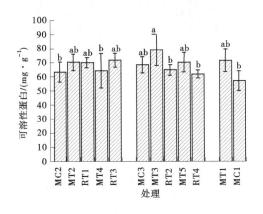

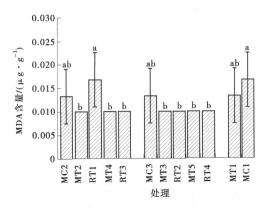

图 6-11　不同灌溉模式下上海青叶片 MDA 和可溶性蛋白含量的变化

6.2.2.4　可溶性蛋含量

不同灌溉模式下上海青可溶性蛋白含量的变化情况如图 6-11 所示。从图 6-11 可以看出,MT1 处理可溶性蛋白含量较 MC1 处理提高了 25.33%,但差异不显著。其他条件一定时,轮灌处理可溶性蛋白含量总体上低于混灌处理(RT3 处理高于 MT4 处理除外),但差异未达到显著性水平。此外,不论是轮灌还是混灌,可溶性蛋白含量与微咸水灌溉处理间均无显著性差异。

6.3　灌溉方式对氮素与 Na^+ 在土壤-作物系统中分布的影响

6.3.1　氮素在土壤-作物系统中的分布

不同微咸水与再生水组合灌溉模式下土壤和叶片 TN 含量的变化如表 6-6 所示。

表 6-6　不同灌溉方式下土壤和叶片 TN 含量的变化

处理		土壤 TN 含量/$(mg \cdot g^{-1})$	叶片 TN 含量/$(mg \cdot g^{-1})$
低微咸水矿化度(3 g/L)	MC2	0.80±0.01a	30.24±1.42ab
	MT2	0.75±0.02c	27.93±1.69b
	MT4	0.77±0.00b	31.53±1.44a
	RT1	0.78±0.01b	25.70±2.26bc
	RT3	0.74±0.01c	25.03±0.69c
高微咸水矿化度(5 g/L)	MC3	0.80±0.01ab	29.40±1.55ab
	MT3	0.80±0.01ab	26.43±0.63bc
	MT5	0.78±0.02ab	27.32±2.60bc
	RT2	0.76±0.01bc	24.22±0.58c
	RT4	0.73±0.03c	24.56±0.23c
再生水	MT1	0.24±0.005e	10.02±0.18e
淡水	MC1	0.04±0.001g	6.85±0.73f

从表 6-6 可以看,MT1 处理土壤 TN 含量与 MC1 处理间差异不显著。其他条件一定时,不同微咸水与再生水灌溉模式下,轮灌处理土壤 TN 含量与混灌处理间差异不显著,其中"再生水-微咸水"轮灌处理略高于 1:1 混灌处理,而"再生水(2 次)-微咸水"轮灌处理略高于 1:2 混灌处理。此外,不论是混灌还是轮灌处理,土壤 TN 含量均低于微咸水灌溉处理。

MT1 处理上海青叶片 TN 含量与 MC1 处理间差异不显著。其他条件一定时,不同微咸水与再生水灌溉模式下,轮灌处理上海青叶片 TN 含量略低于混灌处理,但差异不显著。此外,不论是混灌还是轮灌处理,上海青叶片 TN 含量均低于微咸水灌溉处理。

6.3.2　Na^+ 在土壤-作物系统中的分布

不同微咸水与再生水组合灌溉模式下土壤与叶片 Na^+ 含量的变化如表 6-7 所示。同时,计算土壤 Na^+ 累积量和作物 Na^+ 吸收效率,结果分别如图 6-12、图 6-13 所示。

表 6-7　不同组合灌溉模式下土壤和叶片 Na⁺ 含量的变化

处理		土壤 Na⁺含量/(mg·g⁻¹)	叶片 Na⁺含量/(mg·g⁻¹)
低微咸水矿化度(3 g/L)	MC2	0.68±0.068 3b	15.07±0.26b
	MT2	0.47±0.005c	14.46±1.18b
	MT4	0.36±0.002 9d	12.91±0.83c
	RT1	0.35±0.002 9d	12.36±0.33c
	RT3	0.34±0.023 1d	12.43±0.25c
高微咸水矿化度(5 g/L)	MC3	1.1±0.146 3a	17.85±1.26a
	MT3	0.62±0.011 5b	15.12±1.08b
	MT5	0.44±0cd	15.12±0.85b
	RT2	0.48±0.013 2c	14.34±1.06bc
	RT4	0.43±0.005cd	13.01±0.67c
再生水	MT1	0.24±0.005e	10.02±0.18d
淡水	MC1	0.04±0.001f	6.85±0.73e

从表 6-7 可以看出,再生水灌溉(MT1)处理土壤 Na⁺ 含量较清水灌溉(MC1)显著提高。其他条件一定时,与"微咸水–再生水"混灌处理相比,"微咸水–再生水"轮灌处理土壤 Na⁺ 含量呈降低趋势,但差异不显著(RT2 与 MT3 处理间差异显著除外)。此外,不论是混灌还是轮灌,土壤 Na⁺ 含量均较微咸水灌溉显著降低。

再生水灌溉(MT1)处理上海青叶片 Na⁺ 含量较清水灌溉(MC1)显著提高。其他条件一定时,与"微咸水–再生水"混灌处理相比,"微咸水–再生水"轮灌处理上海青叶片 Na⁺ 含量在低微咸水矿化度(3 g/L)时呈升高趋势,而在高微咸水矿化度(5 g/L)时呈降低趋势,其中 RT3 与 MT4 处理间差异不显著,其他处理间差异显著。此外,不论是混灌还是轮灌处理,叶片 Na⁺ 含量均显著低于微咸水灌溉处理。

从图 6-12 可以看出,MC1 处理土壤 Na⁺ 含量无累积现象。不同微咸水与再生水组合灌溉模式下土壤 Na⁺ 累积量的变化趋势与处理后土壤 Na⁺ 含量一致。

从图 6-13 可以看出,其他条件一定时,与"微咸水–再生水"混灌与轮灌处理间叶片 Na⁺ 吸收效率无显著性差异,1:1混灌处理略低于相应轮灌处理,而 1:2混灌处理则略高于相应轮灌处理。此外,较微咸水灌溉相比,不论是轮灌还是混灌处理叶片 Na⁺ 吸收效率均有所提高。可见,微咸水与再生水不同灌溉模式对叶片 Na⁺ 吸收效率无明显影响,但均高于微咸水灌溉。

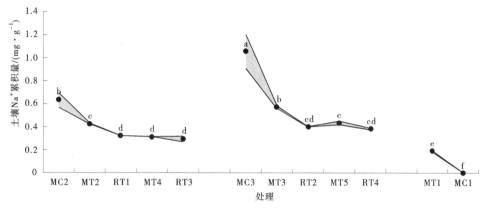

图 6-12　不同组合灌溉模式下土壤 Na⁺ 累积量的变化

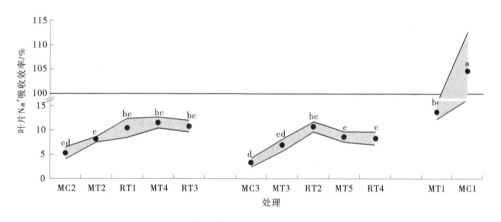

图 6-13　不同灌溉模式下叶片 Na⁺ 吸收效率的变化

6.4　基于 IBRv2 的微咸水与再生水组合灌溉效应评价

以 AFW 为目标,筛选出相关性较高的指标且去除重复影响的指标(θ、EC、水溶性 Cl⁻、水溶性 K⁺、水溶性 Na⁺、SOM、交换性 Na⁺、ESP)。然后基于这些指标和 AFW 为基础,以 CK 的指标测定值作为对照参考,计算不同处理 IBRv2 并绘制雷达图,如图 6-14 所示。分析可知,总体上,各处理对 θ、EC、Cl⁻、Na⁺、交换性 Na⁺、ESP 均具有激活作用,MC6 和 MT1 处理对 AFW 具有激活作用,其他处理则对 AFW 具有抑制作用,MC5、MC6、MC7 和 MT1 处理对水溶性 K⁺ 具有激活作用,而其他处理则有抑制作用。

微咸水矿化度为 3 g/L 时,"微咸水-淡水"混灌或轮灌处理 IBRv2 值低于"微咸水-再生水"混灌或轮灌,轮灌处理 IBRv2 值低于混灌处理,说明"微咸水-淡水"混灌或轮灌处理的偏差小于"微咸水-再生水"混灌或轮灌,轮灌处理偏差小于混灌处理;与微咸水灌溉相比,其他处理 IBRv2 值均较小,说明偏差较小。微咸水与再生水不同组合灌溉条件下,MT1 处理 IBRv2 最低(9.93),RT3 处理次之,因此在淡水资源不能满足时,可以优先考虑再生水灌溉,由于再生水日排放量有限以及再生水管网不健全等自身的约束性,可以

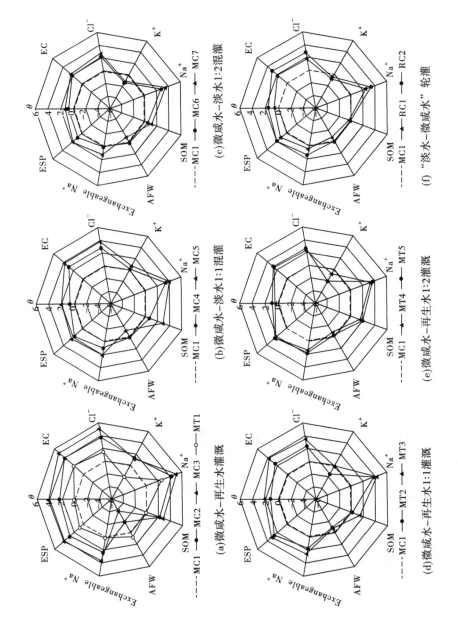

图 6-14　不同组合灌溉模式下 IBRv2 的分布及其雷达图

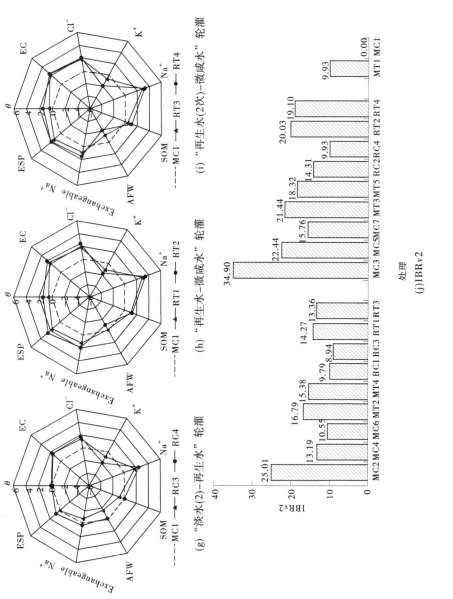

续图 6-14

考虑微咸水与再生水轮灌的方式,以"再生水(2 次)-微咸水"轮灌方式为宜。

微咸水矿化度为 5 g/L 时,"微咸水-淡水"混灌或轮灌处理 IBRv2 值总体上低于"微咸水-再生水"混灌或轮灌(MC5 处理高于 MT3 处理除外),轮灌处理 IBRv2 值低于混灌处理(RT4 处理高于 MT5 处理除外),说明"微咸水-淡水"混灌或轮灌处理的偏差小于"微咸水-再生水"混灌或轮灌,轮灌处理偏差小于混灌处理;与微咸水灌溉相比,其他处理 IBRv2 值均较小,说明偏差较小。微咸水与再生水不同组合灌溉条件下,MT1 处理 IBRv2 最低,MT5、RT4 处理次之,因此在淡水资源不能满足时,可以优先考虑再生水灌溉,由于再生水日排放量有限以及再生水管网不健全等自身的约束性,可以考虑微咸水与再生水 1:2混灌或"再生水(2 次)-微咸水"轮灌的方式。

6.5　讨　论

6.5.1　微咸水与再生水组合灌溉方式对土壤次生盐渍化的影响

土壤 pH 和 ESP 是国内外划分碱化土壤的两个通用指标之一(李小刚 等,2004),也是影响土壤分散性的主要因素(Zhang et al. , 2021)。一般认为碱土 pH> 8.5,ESP>15%。再生水的利用是可行的(Perulli et al. , 2021)Tahtouh et al. (2019)通过 15 年再生水灌溉试验发现,土壤理化性质没有受到明显影响,SAR、ESP 均在阈值范围内。本书试验结果表明,MT1 处理土壤 pH 值、ESP 和 SAR 较 MC1 处理均显著提高,但是 pH 小于 8.5,ESP 和 SAR 亦均远低于土壤盐渍化阈值范围[15% 和 13 (mmol/L)$^{1/2}$],因此短期再生水灌溉不会引发土壤次生盐渍化。Guedes et al. (2022)研究也发现,土壤的理化性质和功能不受短期再生水灌溉的影响。

灌溉水矿化度并不一定意味着形成土壤次生盐渍化,但是长期使用需要采取相应耕作措施进行预防(Yilmaz et al. , 2020)。本书试验结果表明,微咸水灌溉处理以及 5 g/L 微咸水与再生水 1:1混灌处理土壤 ESP 大于 15%,存在土壤盐渍化风险的可能性,但是其他微咸水与再生水或清水混灌或轮灌,土壤 ESP 均显著降低。此外,与"微咸水-淡水"混灌或轮灌处理相比,"微咸水-再生水"混灌或轮灌处理土壤 ESP 和 SAR 均显著升高,但 ESP 和 SAR 均在阈值范围内,说明短期"微咸水-再生水"混灌或轮灌和"微咸水-淡水"混灌或轮灌处理均不会引起土壤次生盐渍化,在淡水匮乏地区,可以只用再生水与微咸水组合利用,缓解直接利用微咸水灌溉的可能风险。

本研究结果表明,微咸水与再生水不同组合灌溉模式下,轮灌处理 ESP 和 SAR 均低于混灌处理,且 ESP 和 SAR 均小于 15% 和 13 (mmol/L)$^{1/2}$,在土壤次生盐渍化阈值范围内,同时显著低于微咸水灌溉。由于本书计算的 SAR 使用的是土水比 1:5浸提液离子含量计算的,不能完全按照国际通用的 SAR 进行判断是否发生碱化。根据 ESP 与 SAR 的相关关系(ESP = 7.643 3SAR+0.555 5,R^2 = 0.959 5),ESP 为 15% 时,相应的 SAR 为1.89。值得注意的是,不同地区不同土壤质地等条件下 ESP 与 SAR 的拟合关系相差较大,故此拟合关系式仅适用于试验中土壤类型。

6.5.2　微咸水与再生水组合灌溉方式对作物产量的影响

　　生物量是作物产量的重要指标之一。郭丽 等（2017）研究结果表明,较淡水灌溉相比,"微咸水-淡水"混灌处理略高于轮灌,二者显著高于纯微咸水灌溉。本试验结果与之相吻合,即微咸水与再生水组合灌溉条件下,总体上混灌处理地上部鲜重略高于轮灌处理,且二者均高于微咸水灌溉处理。微咸水与再生水混灌处理地上部鲜重之所以略高于轮灌处理,可能是因为土壤初始盐分较低,混灌后土壤盐分相对稳定且较纯微咸水低,而轮灌时微咸水灌溉带来的盐分相对较高,可能微咸水灌溉时的瞬时高盐分危害低于持续低盐度灌溉水的危害。此外,本试验结果表明再生水灌溉地上部鲜重高于淡水灌溉,这与吴文勇 等（2010）、王璐璐 等（2020）研究结果是一致的,区别在于差异是否显著,这一方面可能与作物生长过程的农业农艺措施等有关,另一方面也可能与不同地区再生水水质构成有关。

6.6　本章小结

　　通过盆栽上海青试验,针对壤土土壤质地,设置了不同微咸水矿化度、混灌比例和轮灌次序,系统分析了微咸水与再生水不同组合灌溉模式对土壤作物-作物系统的影响,得到的结论如下:

　　(1)土壤含水率与含盐量。再生水灌溉(MT1)土壤含水率和 EC 均高于清水灌溉(MC1),但差异不显著。"再生水-微咸水"轮灌处理土壤含水率略低于 1∶1 混灌处理,而"再生水(2 次)-微咸水"轮灌处理土壤含水率则略高于 1∶2 混灌处理,但处理间无显著性差异;低微咸水矿化度(3 g/L)时,轮灌处理土壤 EC 略高于混灌处理,但处理间无显著性差异,而高微咸水矿化度(5 g/L)时,轮灌处理土壤 EC 低于混灌处理,其中 RT2 处理显著低于 MT3 处理;此外,不论是轮灌还是混灌,土壤含水率和 EC 均显著低于微咸水灌溉处理。

　　(2)土壤 Na^+、Cl^- 含量。MT1 处理均高于 MC1 处理且差异显著。其他条件一定时,轮灌处理土壤 Na^+、Cl^- 含量低于混灌处理,其中"再生水-微咸水"轮灌处理与 1∶1 混灌处理间土壤 Na^+ 含量差异达到显著性水平,高微咸水矿化度(5 g/L)时轮灌处理与混灌处理间土壤 Cl^- 含量差异达到显著性水平。此外,不论是轮灌还是混灌,土壤 Na^+、Cl^- 含量均显著低于微咸水灌溉。

　　(3)SOM 与 WDPT。MT1 处理与 MC1 处理间 SOM 无显著性差异。不论是轮灌还是混灌,SOM 均与微咸水灌溉处理间无显著性差异。MT1 处理土壤 WDPT 为 5.21 s,具有微弱斥水性,显著高于 MC1 处理;不论是轮灌还是混灌,WDPT 均小于 5 s,未引发土壤斥水性,且均略低于微咸水灌溉处理,但未达到显著性差异。

　　(4)土壤酶活性。MT1 处理 S-AKP/ALP、S-SC、S-UE 活性较 MC1 处理提高了16.49%、1.30%、8.88%。其他条件一定时,轮灌处理 S-AKP/ALP、S-UE 活性均低于混灌处理;除 RT4 处理 S-SC 活性略低于 MT5 处理外,轮灌处理 S-SC 活性较混灌处理有所提升。此外,不论是轮灌还是混灌,AKP/ALP、S-UE、S-SC 活性均较微咸水灌溉有所提升（除 MT3 处理 S–SC 活性略有降低外）。

（5）土壤盐渍化风险。MT1 处理土壤 ESP 和 SAR 较 MC1 处理显著升高，但是 ESP 和 SAR 均远低于土壤盐渍化阈值范围［15% 和 13（mmol/L）$^{1/2}$］，不存在土壤盐渍化风险。其他条件一定时，轮灌处理 ESP 和 SAR 均低于混灌处理。除 MT2 处理 ESP 略低于 MC2 处理外，不论是轮灌还是混灌，土壤 ESP 和 SAR 均显著低于微咸水灌溉。此外，MC2、MC3、MT3 处理 ESP 大于 15%，存在一定碱化风险，而其他处理 ESP 则均未超过了 15%，没有引起土壤碱化风险的可能性。各处理 SAR 均小于 13（mmol/L）$^{1/2}$，不存在碱化风险。

（6）微生物群落结构。各处理 Sobs 指数、Shannon 指数、Simpson 指数、Chao 指数均无显著性差异，说明土壤细菌群落多样性和丰富度不受灌溉模式的影响。门水平上，不同组合灌溉模式下土壤细菌优势类群为放线菌门 Actinobacteriota、变形菌门 Proteobacteria、绿弯菌门 Chloroflexi、酸杆菌门 Acidobacteriota、厚壁菌门 Firmicutes、芽孢杆菌门 Gemmatimonadota、拟杆菌门 Bacteroidota、黏球菌门 Myxococcota 等 8 个；属水平上，各处理 Top10 的优势菌属均含有 norank_f__JG30-KF-CM45、norank_f__norank_o__Vicinamibacterales、norank_f__67-14、norank_f__norank_o__Gaiellales、norank_f__norank_o__norank_c__KD4-96。

基于 Bray_Curtis 距离的 PCoA 分析可知，轮灌与混灌间土壤细菌群落组成差异明显，且均与微咸水灌溉间根际土壤细菌群落组成存在差异，说明不同灌溉模式影响根际土壤细菌群落结构。基于冗余 RDA 分析可知，低微咸水矿化度（3 g/L）条件下 CEC、EC 的影响最大，高微咸水矿化度（5 g/L）条件下交换性 K/Na 的影响最大。

（7）作物产量。与 MC1 相比，MT1 处理 AFW 和 ADW 均有所提高。其他条件一定时，轮灌处理 AFW 总体上较混灌处理有所降低（RT1 处理略高于 MT2 处理除外），但差异不显著；ADW 则表现为"再生水–微咸水"轮灌处理高于 1∶1 混灌处理，而"再生水（2 次）–微咸水"轮灌处理低于 1∶1 混灌处理。此外，不论是轮灌还是混灌，AFW、ADW 均较微咸水灌溉有所提升。

（8）叶片酶活性。与 MC1 相比，MT1 处理叶片 CAT、POD 活性有所降低，而叶片 SOD 活性则显著提高。其他条件一定时，轮灌处理 CAT 活性略低于混灌处理（RT3 处理高于 MT4 处理除外），SOD 活性总体低于混灌处理，POD 活性总体上低于混灌处理（RT1 处理高于 MT2 处理除外）。此外，与微咸水灌溉相比，不论是轮灌还是混灌，CAT 活性略微受到抑制，SOD 活性则显著提升，POD 活性受到显著抑制（MT4 处理除外）。

（9）MT1 处理 MDA 含量较 MC1 处理有所降低，而可溶性蛋白含量则显著提高。其他条件一定时，总体上，轮灌处理与混灌处理间 MDA 和可溶性蛋白含量无显著性差异。

（10）基于 IBRv2，总体上，各处理对 θ、EC、Cl$^-$、Na$^+$、交换性 Na$^+$、ESP 均具有激活作用，MC6 和 MT1 处理对 AFW 具有激活作用，其他处理则对 AFW 具有抑制作用，MC5、MC6、MC7 和 MT1 处理对水溶性 K$^+$ 具有激活作用，而其他处理则有抑制作用。微咸水矿化度为 3 g/L 时，微咸水与再生水不同组合灌溉条件下，MT1 处理 IBRv2 最低（9.93），RT3、RT4 处理次之；微咸水矿化度为 5 g/L 时，微咸水与再生水不同组合灌溉条件下，

MT1 处理 IBRv2 最低,MT3、RT4 处理次之。因此,在淡水资源不能满足时,可以优先考虑纯再生水灌溉,由于再生水日排放量有限以及再生水管网不健全等自身的约束性,可以考虑微咸水与再生水 1:2 混灌或"再生水(2 次)–微咸水"轮灌的方式。

第7章 再生水与微咸水组合灌溉下硅对土壤–作物的调控

7.1 混灌条件下外源硅对土壤–作物的调控

7.1.1 混灌下外源硅对土壤环境的调控

7.1.1.1 土壤理化性质

1. 土壤含水率与含盐量

混灌条件下不同硅肥喷施周期时上海青收获后土壤含水率和 EC 的变化如图 7-1 所示。

表 7-1 混灌条件下硅对土壤水盐变化的影响

处理	含水率/%	电导率/(μS·cm^{-1})
FB1	22.84±1.93a	889.33±2.31a
FB2	22.34±1.77a	856.67±2.08b
FB3	22.16±2.08a	856.33±6.03b
M1	17.8±0.2b	767±3.61c
M2	16.73±0.31b	762.33±4.04c
M3	17.82±1.06b	741.33±5.69d
FR1	12.44±0.66c	567±2.65f
FR2	12.89±0.25c	590±2.65e
FR3	12.9±0.67c	551.67±3.21g

注:表中同列数据后不同字母表示处理间在 0.05 水平上差异显著,下同。

从表 7-1 可以看出:

(1)对于土壤含水率而言,微咸水与再生水混灌条件下,随着硅肥喷施周期的延长,微咸水灌溉土壤含水率呈下降趋势,但处理间差异不显著,再生水灌溉土壤含水率呈上升趋势,1:1"微咸水–再生水"混灌土壤含水率以 M2 处理最低,但处理间差异均不显著;此外,硅肥喷施周期一定时,随着混合液中再生水比重的提升,土壤含水率显著降低。

(2)对于土壤含盐量而言,微咸水与再生水混灌条件下,随着硅肥配施周期的延长,微咸水灌溉、1:1混灌土壤 EC 呈下降趋势,而再生水灌溉土壤 EC 表现:与 FR1 处理相比,FR2 处理显著升高,而 FR3 处理则显著降低;此外,硅肥喷施周期一定时,随着混合液中再生水比重的提升,土壤 EC 显著降低。

2. 土壤水溶性离子含量

混灌条件下不同硅肥喷施周期时上海青收获后土壤水溶性离子含量的变化如图 7-1 所示。

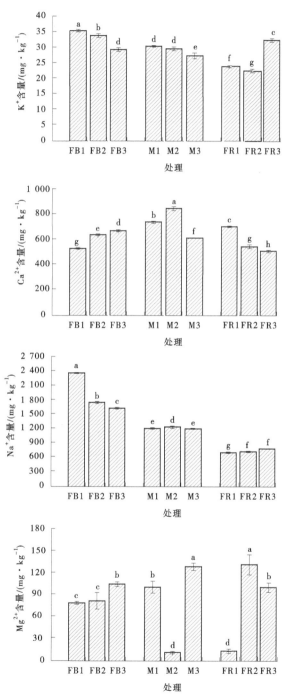

图 7-1　混灌条件下硅对土壤水溶性离子含量的变化的影响

注:图中不同字母表示处理间在 0.05 水平上差异显著,下同。

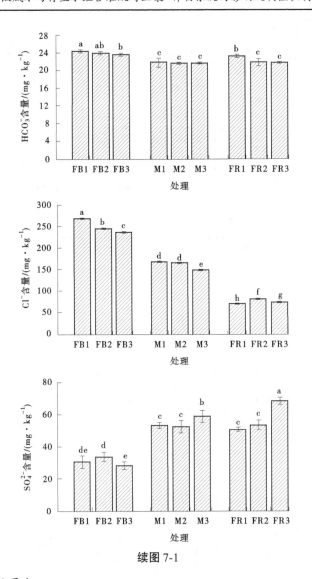

续图 7-1

从图 7-1 可以看出:

(1) 对于土壤 K^+ 含量而言,微咸水与再生水混灌条件下,随着硅肥喷施周期的延长,微咸水灌溉、1:1 "微咸水-再生水" 混灌土壤 K^+ 含量呈下降趋势,再生水灌溉土壤 K^+ 含量则先下降后上升。

(2) 对于土壤 Ca^{2+} 含量而言,微咸水与再生水混灌条件下,随着硅肥喷施周期的延长,微咸水灌溉土壤 Ca^{2+} 含量逐渐显著增加,再生水灌溉土壤 Ca^{2+} 含量逐渐显著降低,1:1 混灌土壤 Ca^{2+} 含量则以 M2 处理(硅肥喷施周期为 2 d)最高。

(3) 对于土壤 Na^+、Cl^- 含量而言,微咸水与再生水混灌条件下,随着硅肥喷施周期的延长,微咸水灌溉土壤 Na^+、Cl^- 含量均显著降低,1:1 混灌处理土壤 Na^+、Cl^- 含量以 M3 处理最低(硅肥喷施周期为 4 d),而喷施硅肥下再生水灌溉土壤 Na^+、Cl^- 含量均高于喷施硅肥处理。

(4) 对于土壤 Mg^{2+} 含量而言,微咸水与再生水混灌条件下,随着硅肥喷施周期的延长,微咸水灌溉、1:1混灌土壤 Mg^{2+} 含量均以喷施周期 4 d 时达到最高,而再生水灌溉则在喷施周期 2 d 时达到最大值。

（5）对于土壤 HCO_3^- 含量而言,微咸水与再生水混灌条件下,随着硅肥喷施周期的延长,微咸水灌溉、1:1混灌、再生水灌溉土壤 HCO_3^- 含量均逐渐降低,其中再生水灌溉喷施硅肥处理较不喷硅肥处理降低显著。

（6）对于土壤 SO_4^{2-} 含量而言,微咸水与再生水混灌条件下,随着硅肥喷施周期的延长,微咸水灌溉土壤 SO_4^{2-} 含量以喷施周期 4 d 时最低,1:1混灌土壤 SO_4^{2-} 含量以喷施周期 2 d 时最低,而再生水灌溉土壤 SO_4^{2-} 含量则以不喷施硅肥处理最低。

3. 土壤有机质含量与 WDPT

混灌条件下不同硅肥喷施周期时上海青收获后土壤有机质含量（SOM）与 WDPT 的变化如图 7-2 所示。

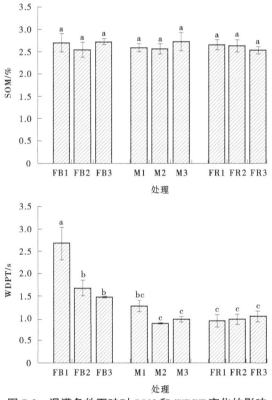

图 7-2　混灌条件下硅对 SOM 和 WDPT 变化的影响

从图 7-2 可以看出,对于 SOM,微咸水与再生水混灌条件下,随着硅肥喷施周期的延长,处理间 SOM 均无显著性差异。对于 WDPT,微咸水灌溉条件下,随着硅肥喷施周期的延长,WDPT 逐渐降低,且较不喷施硅肥处理间差异达到了显著性水平;1:1混灌条件下,随着硅肥喷施周期的延长,处理间差异不显著,但喷施硅肥处理 WDPT 略低于不喷施硅肥处理;再生水灌溉条件下,不同硅肥处理间 WDPT 无显著性差异。此外,不同处理 WDPT 均小于 5 s,不会引发土壤斥水性。

7.1.1.2 土壤酶活性

混灌条件下不同硅肥喷施周期时上海青收获后土壤碱性磷酸酶(AKP/ALP)、蔗糖酶(S-SC)和脲酶(S-UE)活性的变化如表7-2所示。

表7-2　混灌条件下硅对土壤酶活性变化的影响

处理	AKP/ALP 活性/ (U·g^{-1})	S-SC 活性/ (mg·g^{-1}·24 h^{-1})	S-UE 活性/ (mg·g^{-1}·24 h^{-1})
FB1	1 492.64±184.67bc	8.10±0.24b	0.50±0.00a
FB2	3 625.00±384.41a	8.26±0.14b	0.48±0.01b
FB3	2 345.59±533.09b	8.42±0.55b	0.50±0.01ab
M1	3 376.22±651.44ab	9.08±0.31a	0.49±0.01ab
M2	2 238.97±106.62b	8.87±0.16ab	0.50±0.00a
M3	3 731.62±1082.05a	8.77±0.31ab	0.49±0.02ab
FR1	924.02±246.22c	8.82±0.24ab	0.51±0.01a
FR2	2 416.67±709.90b	8.67±0.08ab	0.51±0.03a
FR3	3 162.99±221.94ab	8.73±0.33ab	0.52±0.02a

从表7-2可以看出,对于S-SC和S-UE活性,总体上喷施硅肥与不喷施硅肥处理间差异不显著。对于AKP/ALP酶活性,微咸水灌溉条件下,喷施硅肥处理AKP/ALP活性高于不喷施硅肥处理,其中喷施周期2 d时差异达到了显著性水平;微咸水与再生水1:1混灌条件下,较不喷施处理相比,喷施周期4 d处理AKP/ALP活性有所提升,但差异不显著;再生水灌溉条件下,随着硅肥喷施周期的延长,土壤AKP/ALP活性逐渐升高,且喷施硅肥处理较不喷施硅肥处理提升显著。

7.1.1.3 土壤次生盐渍化风险

混灌条件下不同硅肥喷施周期时上海青收获后土壤次生盐渍化指标(pH、交换性K/Na、SAR、ESP)的变化如图7-3所示。

从图7-3可以看出:

(1)土壤pH值。与不喷施硅肥相比,喷施硅肥条件下不同微咸水与再生水混灌处理土壤pH值有所升高,增幅为0.17%~0.70%,但所有处理pH值在7.95~8.10,均小于8.5,不存在碱土的风险。

(2)土壤交换性K/Na。与不喷施硅肥相比,喷施硅肥条件下不同微咸水与再生水混灌处理土壤交换性K/Na有所升高,但差异未达到显著性水平。总体上,喷施硅肥对提高土壤交换性K/Na具有正面效应。

(3)土壤ESP和SAR。微咸水灌溉条件下,喷施硅肥处理土壤ESP和SAR较不喷施硅肥处理显著降低,且随着硅肥喷施周期的延长而逐渐显著降低,ESP从22.43%降低到15.72%,接近土壤盐渍化阈值范围(15%),SAR从8.03 (mmol/L)$^{1/2}$ 降低到4.91 (mmol/L)$^{1/2}$,远低于阈值范围[13 (mmol/L)$^{1/2}$];微咸水与再生水1:1混灌条件下,喷施硅肥处理土壤ESP和SAR较不喷施硅肥处理总体上均有所升高,但是ESP和SAR均远低于土壤盐渍化阈值范围[15%和13 (mmol/L)$^{1/2}$],不存在土壤盐渍化风险。总体上,喷施硅肥对降低微咸水灌溉土壤ESP和SAR效果显著,对1:1混灌和再生水灌溉土壤ESP

和 SAR 具有提升作用,但未超过土壤盐渍化阈值范围。

7.1.2　混灌下外源硅对作物的调控

7.1.2.1　作物生长指标

混灌条件下不同硅肥喷施周期时上海青地上部和地下部生物量(鲜重和干重)的变化如图 7-4 所示。

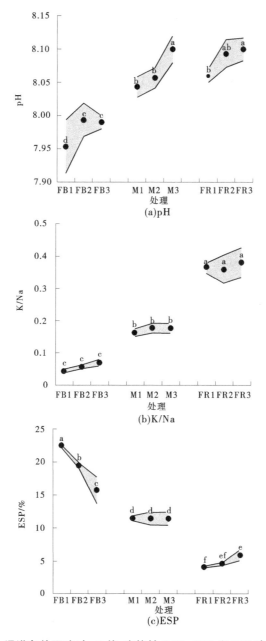

图 7-3　混灌条件下硅对 pH 值、交换性 K/Na、ESP 和 SAR 变化的影响

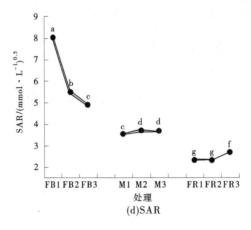

(d)SAR

续图 7-3

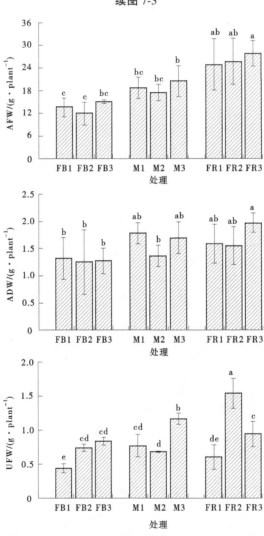

图 7-4　混灌条件下硅对上海青生物量变化的影响

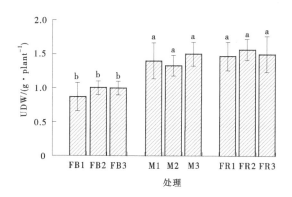

续图 7-4

　　从图 7-4 可以看出,对于地上部而言,不同微咸水与再生水混灌处理条件下喷施处理 AFW 和 ADW 与不喷施硅肥处理间差异均不显著,其中 AFW 均以硅肥喷施周期 4 d 时最高,较不喷施硅肥处理增幅为 9.40% ~11.83%。可见,适当增施硅肥,对上海青产量(地下部鲜重)具有一定的提升效果。

　　对于地下部而言,不同微咸水与再生水混灌处理条件下,喷施硅肥处理 UDW 与不喷施硅肥处理间差异均不显著,但均以硅肥喷施周期 4 d 时最高;不同微咸水与再生水混灌处理条件下,喷施硅肥处理 UFW 较不喷施硅肥处理总体上显著提高(除 M2 处理略低于 M1 处理外)。可见,适当增施硅肥,对上海青地下部生物量具有一定的提升效果。

　　综上,就生物量而言,硅肥喷施周期以 4 d 为宜。

7.1.2.2　作物生理生化指标

1. 叶绿素含量

　　混灌条件下不同硅肥喷施周期时上海青叶片叶绿素 a、叶绿素 b 和总叶绿素含量的变化情况如图 7-5 所示。

　　从图 7-5 可以看出,微咸水灌溉条件下,喷施硅肥处理叶绿素 a、叶绿素 b 和总叶绿素含量均较不喷施硅肥处理有所提高,但差异不显著;微咸水与再生水 1:1 混灌和再生水灌溉条件下,较不喷施硅肥处理相比,硅肥喷施周期 4 d 处理叶绿素 a、叶绿素 b 和总叶绿素含量均有所提高且 FR3 处理显著高于 FR1 处理,而硅肥喷施周期 2 d 处理叶绿素 a、叶绿素 b 和总叶绿素含量均显著降低。可见,硅肥喷施周期 4 d 对叶绿素含量的提升效果较好。

2. 叶片酶活性

　　混灌条件下不同硅肥喷施周期时上海青叶片抗氧化酶活性(SOD、POD、CAT)的变化情况如表 7-3 所示。

　　从表 7-3 可以看出,微咸水灌溉条件下,与不喷施硅肥处理相比,随着喷施周期的延长,CAT 活性逐渐显著降低,而 SOD 和 POD 活性则有所提升,其中 FB3 处理 SOD 活性提升效果显著。微咸水与再生水 1:1 混灌和再生水灌溉条件下,喷施硅肥处理 CAT、SOD 和 POD 活性均高于不喷施硅肥处理,其中 FR2 处理 CAT、POD 活性显著高于 FR1 处理,FR3

处理 SOD 活性显著高于 FR1 处理, M2 处理 SOD 活性显著高于 M1 处理。可见, 适当增施硅肥对叶片酶活性总体上是有提升效果的。

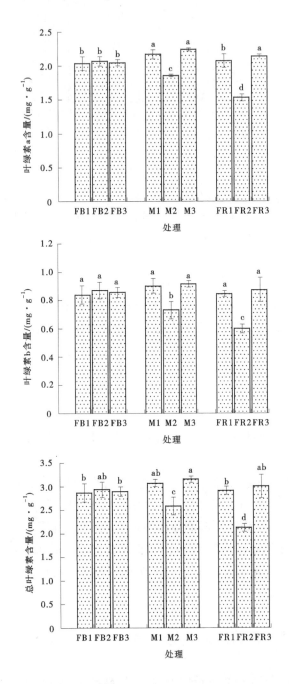

图 7-5　混灌条件下硅对上海青叶绿素含量变化的影响

3. MDA

混灌条件下不同硅肥喷施周期时上海青 MDA 含量的变化情况如图 7-6 所示。从

图7-6可以看出,微咸水灌溉和再生水灌溉条件下,喷施硅肥处理MDA含量高于不喷施硅肥处理,其中微咸水灌溉时差异达到了显著性水平。微咸水与再生水1:1混灌条件下,与不喷施硅肥相比,硅肥喷施周期2d处理MDA含量降低,而硅肥喷施周期4d处理MDA含量则升高。

表7-3 混灌条件下硅对上海青叶片酶活性变化的影响

处理	SOD/(U·g^{-1})	POD/(U·min^{-1}·g^{-1})	CAT/(U·min^{-1}·g^{-1})
FB1	141.61±28.26bc	4.53±0.23c	1.07±0.05a
FB2	203.6±64.96b	5.06±0.93c	0.99±0.05b
FB3	274.38±59.06a	6.66±1.01c	0.91±0.05c
M1	31.86±15.67d	5.2±1.38c	0.93±0.05bc
M2	130.47±11.99c	6.92±0.61c	1.01±0.05ab
M3	75.74±16.41cd	5.73±1.00c	0.99±0.05b
FR1	36.02±12.43d	9.45±0.62b	0.88±0c
FR2	79.49±62.80cd	14.94±0.83a	1.01±0.05ab
FR3	133.79±53.78c	11.2±1.06b	0.96±0bc

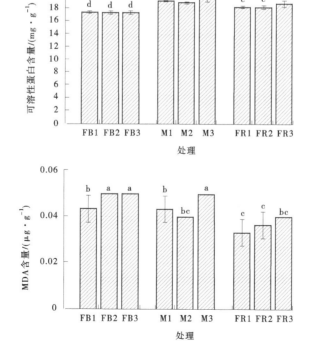

图7-6 混灌条件下硅对上海青叶片MDA和可溶性蛋白含量变化的影响

4. 可溶性蛋白含量

混灌条件下不同硅肥喷施周期时上海青可溶性蛋白含量的变化情况如图 7-6 所示。从图 7-6 可以看出,与不喷施硅肥相比,不同微咸水与再生水混灌条件下硅肥喷施周期 4 d 时叶片可溶性蛋白含量最高,其中再生水灌溉时提升效果显著。

7.1.3　混灌下硅在作物-土壤系统中的分布

7.1.3.1　土壤含硅量

混灌条件下不同硅肥喷施周期时土壤含硅量的变化情况如图 7-7 所示。从图 7-7 可以看出,与不喷施硅肥相比,喷施硅肥处理土壤含硅量在微咸水灌溉和再生水灌溉条件下有所降低,而在微咸水与再生水 1:1 混灌条件下则有所升高,但处理间差异均不显著。可见,作物叶面喷施硅肥对土壤含硅量无显著性影响。

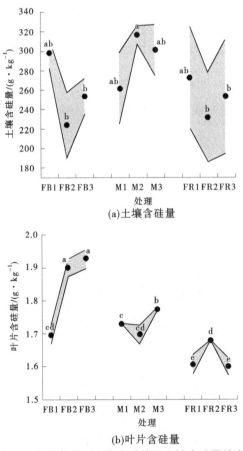

图 7-7　混灌条件下上海青叶片和土壤含硅量的变化

7.1.3.2　作物含硅量

混灌条件下不同硅肥喷施周期时上海青叶片含硅量的变化情况如图 7-7 所示。从图 7-7 可以看出,与不喷施硅肥相比,微咸水灌溉条件下喷施硅肥处理叶片含硅量显著升高,微咸水与再生水 1:1 混灌条件下硅肥喷施周期 4 d 处理叶片含硅量显著升高,再生水灌溉条件下硅肥喷施周期 2 d 处理叶片含硅量显著升高。可见,适当叶面喷施硅肥对植物含硅量的提升具有一定作用。

7.2　轮灌条件下外源硅对作物-作物的调控

7.2.1　轮灌下外源硅对土壤环境的调控

7.2.1.1　土壤理化性质

1. 土壤含水率与含盐量

轮灌条件下不同硅肥喷施周期时上海青收获后土壤含水率和 EC 的变化如表 7-4 所示。

表 7-4　轮灌条件下硅对土壤水盐变化的影响

处理	含水率/%	电导率/(μS·cm^{-1})
R1	16.46±0.71a	747.67±1.53b
R2	16.21±0.40ab	789.00±5.29a
R3	16.46±0.14a	786.00±2.65a
R4	14.94±1.03b	702.33±2.52d
R5	15.03±0.25b	720.67±1.53c
R6	15.08±0.12b	692.67±0.58e

从表 7-4 可以看出:

(1)对于土壤含水率而言,微咸水与再生水轮灌条件下,随着硅肥喷施周期的延长,土壤含水率处理间差异不显著;此外,硅肥喷施周期一定时,随着再生水轮灌次数的增加,土壤含水率呈降低趋势,其中喷施周期 2 d 时处理间差异不显著。

(2)对于土壤含盐量而言,轮灌所有处理土壤 EC 在 692.67~789 μS/cm 变化。“再生水-微咸水”轮灌条件下喷施硅肥处理土壤 EC 较不喷施处理显著提高,增幅为 5.13%~5.53%,而“再生水(2 次)-微咸水”轮灌条件下硅肥喷施周期 4 d 处理土壤 EC 较不喷施处理显著降低,降低了 1.38%;此外,硅肥喷施周期一定时,随着混合液中再生水比重的提升,土壤 EC 显著降低。

2. 土壤水溶性离子含量

轮灌条件下不同硅肥喷施周期时上海青收获后土壤水溶性离子含量的变化如图 7-8 所示。

从图 7-8 可以看出:

(1)对于土壤 K$^+$ 含量而言,与不喷施硅肥相比,土壤 K$^+$ 含量均以硅肥喷施周期 4 d 处理最高,其中“再生水-微咸水”轮灌处理差异达到显著性水平。

(2)对于土壤 Ca^{2+} 含量而言,与不喷施硅肥相比,土壤 Ca^{2+} 含量均以硅肥喷施周期 2 d 处理最高,且差异达到显著性水平。

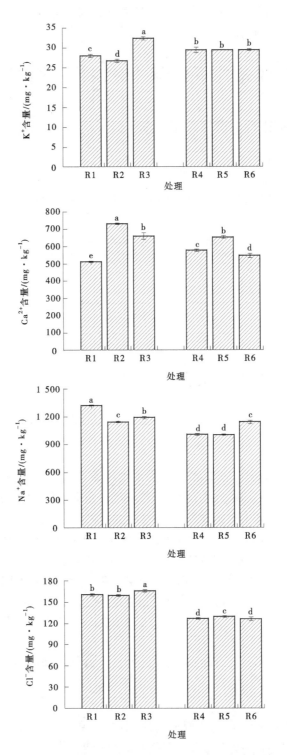

图 7-8　轮灌条件下硅对土壤水溶性离子含量变化的影响

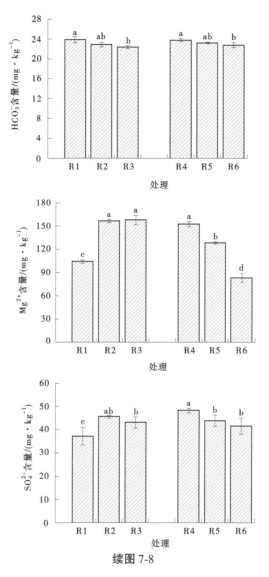

续图7-8

（3）对于土壤 Na^+、Cl^- 含量而言，与不喷施硅肥相比，土壤 Na^+ 含量均以硅肥喷施周期2 d 处理最低，其中"微咸水-再生水（1）"轮灌处理差异达到了显著性水平，而土壤 Cl^- 含量在"再生水-微咸水"轮灌条件下以硅肥喷施周期2 d 处理最低，在"再生水（2次）-微咸水"轮灌条件下以硅肥喷施周期4 d 处理最低，但差异未达到显著性水平。

（4）对于土壤 Mg^{2+} 含量而言，与不喷施硅肥相比，土壤 Mg^{2+} 含量在"再生水-微咸水"轮灌条件下以硅肥处理显著升高而在"再生水（2次）-微咸水"轮灌条件下则显著降低。

（5）对于土壤 HCO_3^- 含量而言，与不喷施硅肥相比，喷施硅肥处理土壤 HCO_3^- 含量呈逐渐降低趋势，其中硅肥喷施周期4 d 时差异达到显著性水平。

（6）对于土壤 SO_4^{2-} 含量而言，其变化趋势与土壤 Mg^{2+} 含量变化趋势一致。

3. 土壤有机质含量与 WDPT

轮灌条件下不同硅肥喷施周期时上海青收获后土壤有机质含量（SOM）与 WDPT 的

变化如图7-9所示。

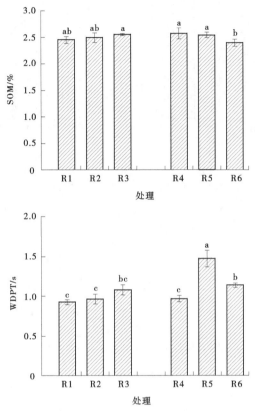

图7-9 轮灌条件下硅对 SOM 和 WDPT 变化的影响

从图7-9可以看出,对于SOM,与不喷施硅肥相比,SOM 在"再生水-微咸水"轮灌条件下以硅肥处理呈升高趋势,但处理间差异不显著,而在"再生水(2次)-微咸水"轮灌条件下则呈降低趋势,其中 R4 与 R5 处理间差异不显著。对于 WDPT,各处理土壤 WDPT 远小于 5 s,不会产生土壤斥水性。

7.2.1.2 土壤酶活性

轮灌条件下不同硅肥喷施周期时上海青收获后土壤碱性磷酸酶(AKP/ALP)、蔗糖酶(S-SC)和脲酶(S-UE)活性的变化如表7-5所示。

表7-5 轮灌条件下硅对土壤酶活性变化的影响

处理	AKP/ALP 活性/(U·g^{-1})	S-SC 活性/(mg·g^{-1}·24 h^{-1})	S-UE 活性/(mg·g^{-1}·24 h^{-1})
R1	3 056.37±1 271.98ab	8.6±0.08ab	0.54±0a
R2	3 091.91±1 537.66ab	8.24±0.19b	0.52±0.01b
R3	2 096.81±162.86b	8.54±0.14ab	0.53±0a
R4	1 030.64±123.11b	8.66±0.09a	0.54±0a
R5	2 416.67±123.11b	8.34±0.44ab	0.52±0.01b
R6	4 122.55±325.72a	8.41±0.09ab	0.54±0.01a

从表 7-5 可以看出,对于 AKP/ALP 酶活性,不同轮灌条件下硅肥喷施 2 d 处理 AKP/ALP 活性均高于不喷施硅肥处理,但差异不显著;对于 S-SC 活性,不同轮灌条件下,喷施硅肥处理与不喷施硅肥处理间差异均不显著;对于 S-UE 活性,与不喷施硅肥处理相比,喷施周期 4 d 处理 S-UE 活性无显著性差异,而喷施硅肥 2 d 处理则显著降低。

7.2.1.3　土壤次生盐渍化风险

轮灌条件下不同硅肥喷施周期时上海青收获后土壤次生盐渍化指标(pH、交换性 K/Na、SAR、ESP)的变化如图 7-10 所示。

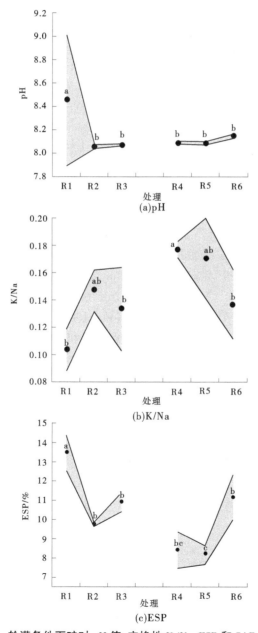

图 7-10　轮灌条件下硅对 pH 值、交换性 K/Na、ESP 和 SAR 变化的影响

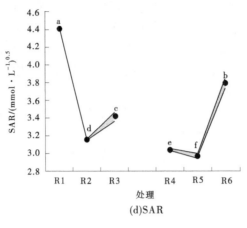

(d)SAR

续图 7-10

从图 7-10 可以看出：

（1）土壤 pH 值。所有处理 pH 值在 7.95~8.10，均小于 8.5，不存在碱土的风险。与不喷施硅肥相比，"再生水-微咸水"轮灌条件下喷施硅肥处理土壤 pH 值显著降低，"再生水（2 次）-微咸水"轮灌条件下喷施硅肥处理土壤 pH 值无显著性变化，其中硅肥喷施周期 2 d 时 pH 值略低。

（2）土壤交换性 K/Na。与不喷施硅肥相比，"再生水-微咸水"轮灌条件下喷施硅肥处理土壤 K/Na 略有升高，但差异不显著，而"再生水（2 次）-微咸水"轮灌条件下喷施硅肥处理土壤 K/Na 有所降低，其中硅肥喷施周期 2 d 时差异未达到显著性水平。可见，适当增施硅肥对"再生水-微咸水"轮灌模式下土壤 K/Na 具有正效应。

（3）土壤 ESP 和 SAR。土壤 ESP 和 SAR 分别在 8.16%~13.47% 和 2.97~4.40 $(mmol/L)^{1/2}$ 变化，远低于阈值范围[15% 和 13 $(mmol/L)^{1/2}$]，不存在土壤盐渍化风险。"再生水-微咸水"轮灌条件下，喷施硅肥处理土壤 ESP 和 SAR 均显著低于不喷施硅肥处理，降幅分别为 18.98%~27.58% 和 22.41%~28.31%；"再生水（2 次）-微咸水"轮灌条件下，硅肥喷施周期 2 d 处理土壤 ESP 和 SAR 均低于不喷施硅肥处理，分别降低了 3.09% 和 2.30%。可见，土壤 ESP 和 SAR 变化趋势一致，均随着硅肥喷施周期的延长而呈先降低后升高的趋势，均在硅肥喷施周期 2 d 时达到最低值。

7.2.2　轮灌条件下外源硅对作物的调控

7.2.2.1　作物生长指标

轮灌条件下不同硅肥喷施周期时上海青地上部和地下部生物量（鲜重和干重）的变化如图 7-11 所示。

从图 7-11 可以看出，对于地上部而言，"再生水-微咸水"轮灌条件下喷施处理 AFW 和 ADW 较不喷施硅肥处理有所降低，且均在硅肥喷施周期 4 d 时差异达到显著性水平，而"再生水（2 次）-微咸水"轮灌条件下喷施处理 AFW 和 ADW 与不喷施硅肥处理间差异不显著，其中硅肥喷施周期 2 d 时 AWF 略有升高。可见，适当增施硅肥，对上海青产量（地上部鲜重）具有一定的提升效果。

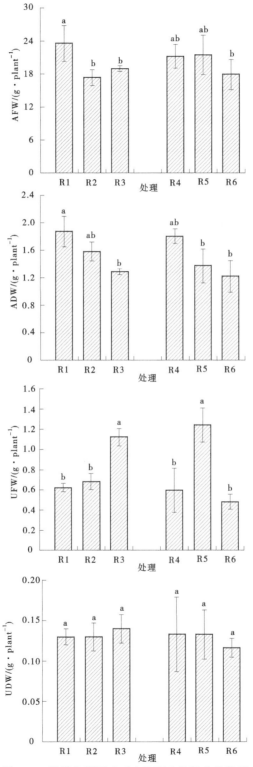

图 7-11　轮灌条件下硅对上海青生物量变化的影响

对于地下部而言,"再生水-微咸水"轮灌条件下喷施处理 UFW 和 UDW 较不喷施硅肥处理有所升高,且均在硅肥喷施周期 4 d 时最高,而"再生水(2 次)-微咸水"轮灌条件下喷施处理 UFW 和 UDW 总体上均以硅肥喷施周期 2 d 最高。可见,适当增施硅肥,对上海青地下部生物量具有一定的提升效果。

7.2.2.2 作物生理生化指标

1. 叶绿素含量

轮灌条件下不同硅肥喷施周期时上海青叶片叶绿素 a、叶绿素 b 和总叶绿素含量的变化情况如图 7-12 所示。

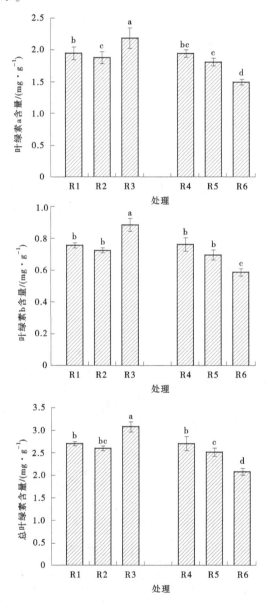

图 7-12 轮灌条件下硅对上海青叶绿素含量变化的影响

从图 7-12 可以看出,叶绿素 a、叶绿素 b 和总叶绿素含量变化趋势均一致。"再生水–微咸水"轮灌条件下叶绿素 a、叶绿素 b 和总叶绿素含量均随着硅肥喷施周期的延长而先降低后升高,且均在硅肥喷施周期 4 d 时最高,显著高于其他处理,而"再生水(2 次)–微咸水"轮灌条件下叶绿素 a、叶绿素 b 和总叶绿素含量则随着硅肥喷施周期的延长而逐渐降低,且在硅肥喷施周期 4 d 时差异达到了显著性水平。可见,硅肥喷施周期 4 d 对"再生水–微咸水"轮灌条件下叶绿素含量的提升效果较好。

2. 叶片酶活性

轮灌条件下不同硅肥喷施周期时上海青叶片抗氧化酶活性(SOD、POD、CAT)的变化情况如图 7-13 所示。从图 7-13 可以看出,"再生水–微咸水"轮灌条件下,喷施硅肥处理叶片 CAT、SOD 活性均随硅肥喷施周期的延长而升高,且均在硅肥喷施周期 4 d 时差异达到显著性水平,而"再生水(2 次)–微咸水"轮灌条件下叶片 CAT、SOD 活性则随着硅肥喷施周期的延长而先升高后降低,且在硅肥喷施周期 2 d 时达到最高值。叶片 POD 活性则随着硅肥喷施周期的延长而先升高后降低,且在硅肥喷施周期 2 d 时达到最高值,较不喷施硅肥处理差异达到显著性水平。可见,适当增施硅肥对叶片酶活性总体上是有提升效果的。

3. MDA

轮灌条件下不同硅肥喷施周期时上海青 MDA 含量的变化情况如图 7-14 所示。从图 7-14 可以看出,"再生水–微咸水"轮灌条件下,喷施硅肥处理叶片 MDA 含量均随硅肥喷施周期的延长而逐渐降低,且均在硅肥喷施周期 4 d 时差异达到显著性水平,而"再生水(2 次)–微咸水"轮灌条件下叶片 MDA 含量则随着硅肥喷施周期的延长而先升高后降低,在硅肥喷施周期 2 d 时达到最高值。

4. 可溶性蛋白含量

轮灌条件下不同硅肥喷施周期时上海青可溶性蛋白含量的变化情况如图 7-14 所示。从图 7-14 可以看出,不同轮灌条件下,喷施硅肥处理叶片可溶性蛋白含量与不喷施硅肥处理间差异均不显著,其中"再生水–微咸水"轮灌条件下硅肥喷施周期 4 d 时可溶性蛋白含量略高于不喷施硅肥处理,而"再生水(2 次)–微咸水"轮灌条件下喷施硅肥处理叶片可溶性蛋白含量均高于不喷施硅肥处理。可见,适当增施硅肥可以在一定程度上提高叶片可溶性蛋白含量。

7.2.3　轮灌下硅在作物–土壤系统中的分布

7.2.3.1　土壤含硅量

轮灌条件下不同硅肥喷施周期时土壤含硅量的变化情况如图 7-15 所示。从图 7-15 可以看出,与不喷施硅肥相比,不同轮灌条件下喷施硅肥处理土壤含硅量均有所提高,增幅 5.64%~5.87% 和 8.39%~13.68%,但处理间差异均不显著。可见,作物叶面喷施硅肥对土壤含硅量无显著性影响。

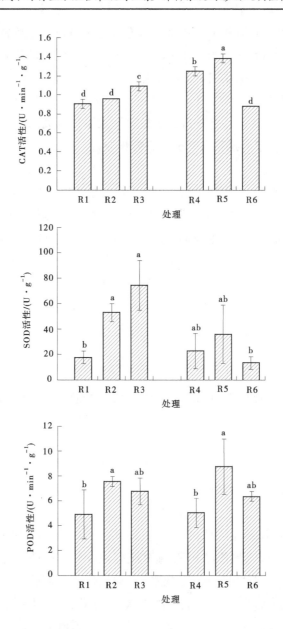

图 7-13　轮灌条件下硅对上海青叶片酶活性变化的影响

7.2.3.2　作物含硅量

　　轮灌条件下不同硅肥喷施周期时上海青叶片含硅量的变化情况如图 7-15 所示。从图 7-15 可以看出,与不喷施硅肥相比,"再生水–微咸水"轮灌条件下喷施硅肥处理叶片含硅量显著升高,且在硅肥喷施周期 2 d 处理叶片含硅量达到最高值,而"再生水(2 次)–微咸水"轮灌条件下随着硅肥喷施周期的延长,叶片含硅量逐渐升高,且喷施硅肥处理显著高于不喷施硅肥处理。可见,适当叶面喷施硅肥对植物含硅量的提升具有正效应。

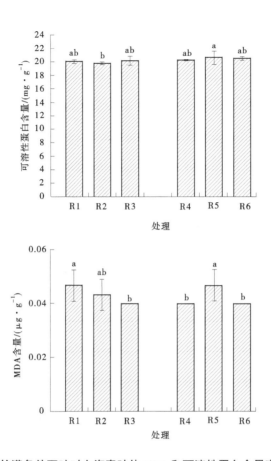

图 7-14 轮灌条件下硅对上海青叶片 MDA 和可溶性蛋白含量变化的影响

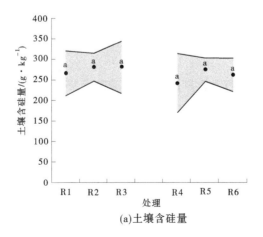

(a)土壤含硅量

图 7-15 轮灌条件下上海青叶片和土壤含硅量的变化

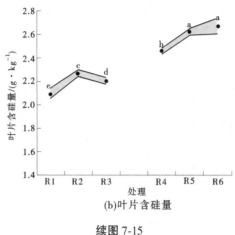

(b)叶片含硅量

续图 7-15

7.3　不同组合灌溉模式下外源硅对土壤-作物的调控

7.3.1　土壤环境

7.3.1.1　土壤理化性质

1.土壤含水率与含盐量

喷施硅肥条件下,不同微咸水与再生水组合灌溉模式土壤含水率和 EC 的变化如图 7-16 所示。

从图 7-16 可以看出,不论是否喷施硅肥,与混灌相比,轮灌土壤含水率均降低,其中在硅肥喷施周期 2 d 时差异未达到显著性水平。对于土壤 EC,不喷施硅肥时,轮灌处理土壤 EC 显著低于混灌,而喷施硅肥时轮灌处理则显著高于混灌。

2.土壤水溶性离子含量

喷施硅肥条件下,不同微咸水与再生水组合灌溉模式土壤水溶性离子含量的变化如图 7-17 所示。

从图 7-17 可以看出:

(1)对于土壤 K^+、Ca^{2+} 和 Cl^- 含量而言,不喷施硅肥和喷施硅肥周期 2 d 时,轮灌土壤 K^+、Ca^{2+} 和 Cl^- 含量均显著低于混灌,而硅肥喷施周期 4 d 时,轮灌土壤 K^+、Ca^{2+} 和 Cl^- 含量显著高于混灌。

(2)对于土壤 Na^+ 含量而言,喷施硅肥条件下,轮灌土壤 Na^+ 含量均显著低于混灌处理。但是,不喷施硅肥时,轮灌土壤 Na^+ 含量则显著高于混灌处理。

(3)对于土壤 Mg^{2+} 和 HCO_3^- 含量而言,不同硅肥处理条件下,轮灌土壤 Mg^{2+} 和 HCO_3^- 含量均高于混灌,其中喷施硅肥时轮灌与混灌处理间土壤 Mg^{2+} 含量差异达到了显著性水平,硅肥喷施周期 4 d 时轮灌与混灌处理间土壤 HCO_3^- 含量差异未达到显著性水平。

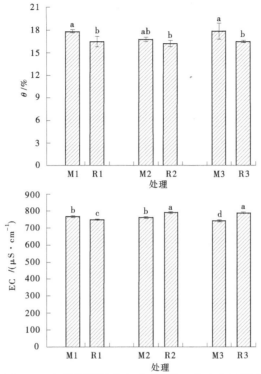

图 7-16　不同灌溉模式下硅对土壤水盐变化的影响

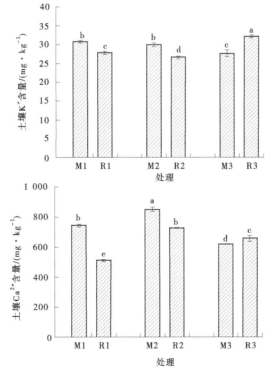

图 7-17　不同灌溉模式下硅对土壤水溶性离子含量变化的影响

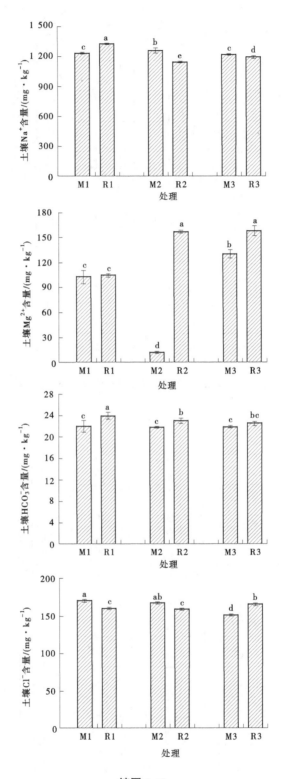

续图 7-17

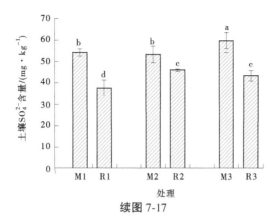

续图 7-17

(4)对于土壤 SO_4^{2-} 含量而言,不同硅肥处理条件下轮灌土壤 SO_4^{2-} 含量均显著低于混灌处理。

3. 土壤有机质含量与 WDPT

喷施硅肥条件下,不同微咸水与再生水组合灌溉模式土壤有机质含量(SOM)与 WDPT 的变化如图 7-18 所示。

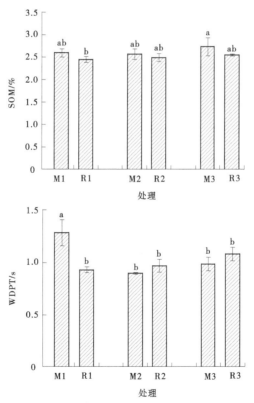

图 7-18 不同灌溉模式下硅对 SOM 和 WDPT 变化的影响

从图 7-18 可以看出,对于 SOM,不同硅肥处理条件,与混灌相比,轮灌处理 SOM 均略有降低,但差异未达到显著性差异。对于 WDPT,不喷施硅肥条件下,轮灌土壤 WDPT 显著低于混灌,而喷施硅肥条件下轮灌土壤 WDPT 略高于混灌,然而各处理土壤 WDPT 均远小于 5 s,不会产生土壤斥水性。

7.3.1.2 土壤酶活性

喷施硅肥条件下,不同微咸水与再生水组合灌溉模式土壤碱性磷酸酶(AKP/ALP)、蔗糖酶(S-SC)和脲酶(S-UE)活性的变化如图 7-19 所示。

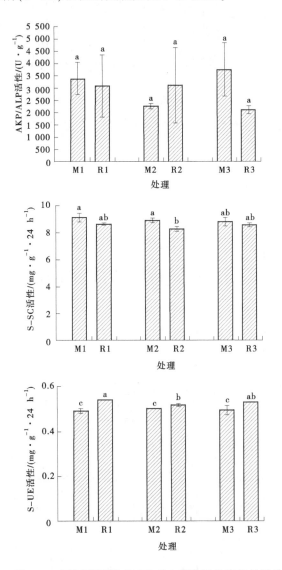

图 7-19 不同灌溉模式下硅对土壤酶活性变化的影响

从图 7-19 可以看出,不同硅肥处理条件下,轮灌土壤 AKP/ALP 活性与混灌处理间差异不显著,S-UE 活性表现为轮灌处理高于混灌处理且差异达到了显著性水平,轮灌处理 S-SC 活性较混灌处理总体上略有降低,其中硅肥喷施周期 2 d 时差异达到了显著性水平。

7.3.1.3　土壤次生盐渍化风险

喷施硅肥条件下,不同微咸水与再生水组合灌溉模式土壤次生盐渍化指标(pH、交换性 K/Na、SAR、ESP)的变化如图 7-20 所示。

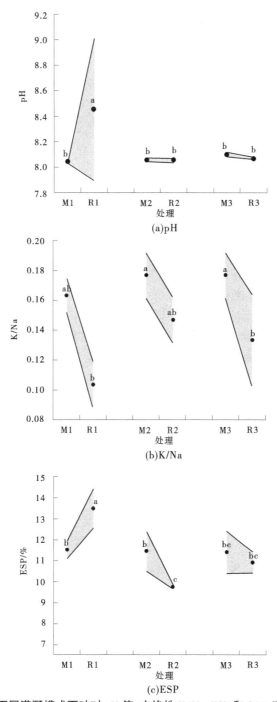

(a)pH

(b)K/Na

(c)ESP

图 7-20　不同灌溉模式下硅对 pH 值、交换性 K/Na、ESP 和 SAR 变化的影响

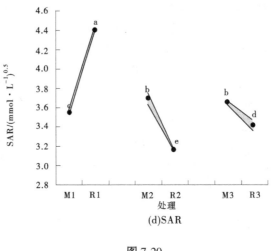

图 7-20

从图 7-20 可以看出:

(1) 土壤 pH 值。所有处理 pH 值在 8.04~8.45,均小于 8.5,不存在碱土的风险。不喷施硅肥条件下,轮灌土壤 pH 值显著高于混灌,而喷施硅肥条件下轮灌土壤 pH 值均略低于混灌,但差异未达到显著性水平。

(2) 土壤交换性 K/Na。不同硅肥处理条件下,轮灌土壤交换性 K/Na 均低于混灌,其中硅肥喷施周期 4 d 时差异达到显著性水平,而其他情况下差异不显著。

(3) 土壤 ESP 和 SAR。土壤 ESP 和 SAR 分别在 9.76%~13.47% 和 3.16~4.40 $(mmol/L)^{1/2}$ 变化,远低于阈值范围 [15% 和 13 $(mmol/L)^{1/2}$],不存在土壤盐渍化风险。土壤 ESP 和 SAR 变化趋势一致:不喷施硅肥条件下轮灌处理土壤 ESP 和 SAR 显著高于混灌处理,而喷施硅肥条件下轮灌土壤 ESP 和 SAR 则显著低于混灌处理。

7.3.2　作物

7.3.2.1　作物生长指标

喷施硅肥条件下,不同微咸水与再生水组合灌溉模式上海青地上部和地下部生物量(鲜重和干重)的变化如图 7-21 所示。

从图 7-21 可以看出,对于地上部而言,不论是否喷施硅肥,轮灌与混灌处理间 AFW 和 ADW 均无显著性差异。可见,增施硅肥对微咸水与再生水不同灌溉模式下上海青产量(地上部鲜重)无明显效果。

对于地下部而言,不论是否喷施硅肥,轮灌处理 UFW 和 UDW 较混灌有所降低,但差异均未达到显著性水平。可见,增施硅肥对微咸水与再生水不同灌溉模式下上海青地下部生物量无明显效果。

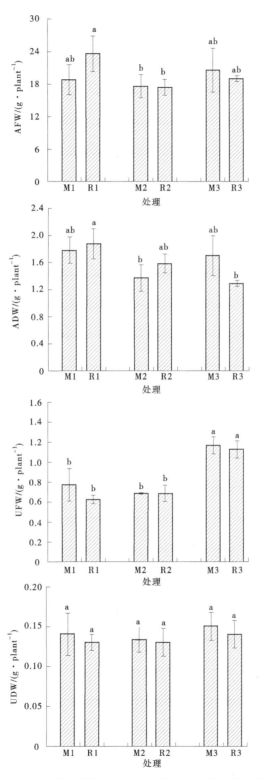

图 7-21　不同灌溉模式下硅对上海青生物量变化的影响

7.3.2.2　作物生理生化指标

1.叶绿素含量

喷施硅肥条件下,不同微咸水与再生水组合灌溉模式上海青叶片叶绿素 a、叶绿素 b 和总叶绿素含量的变化情况如图 7-22 所示。

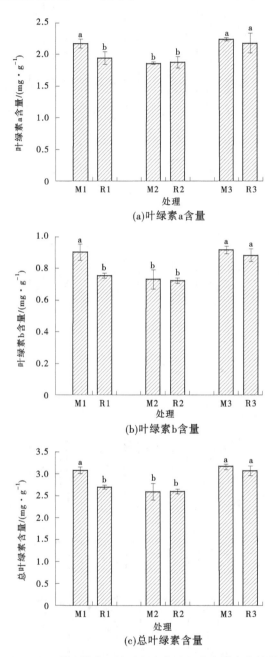

(a)叶绿素a含量

(b)叶绿素b含量

(c)总叶绿素含量

图 7-22　不同灌溉模式下硅对上海青叶绿素含量变化的影响

从图 7-22 可以看出,叶绿素 a、叶绿素 b 和总叶绿素含量变化趋势均一致。总体上,轮灌条件下叶绿素 a、叶绿素 b 和总叶绿素含量均低于混灌处理,其中不喷施硅肥时差异达到了显著性水平,而喷施硅肥时差异不显著。可见,增施硅肥对微咸水与再生水不同灌溉模式下,上海青叶片叶绿素含量无明显效果。

2. 叶片酶活性

喷施硅肥条件下,不同微咸水与再生水组合灌溉模式上海青叶片抗氧化酶活性(SOD、POD、CAT)的变化情况如图 7-23 所示。

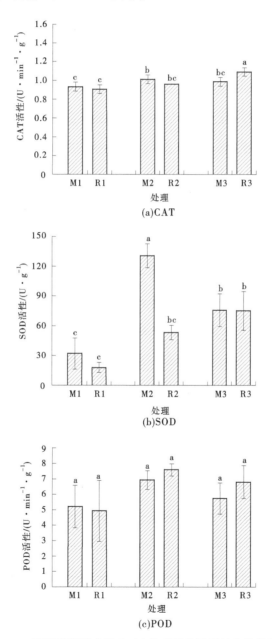

图 7-23　不同灌溉模式下硅对上海青叶片酶活性变化的影响

从图 7-23 可以看出,不喷施硅肥条件下,轮灌处理叶片 CAT、SOD 和 POD 活性均略低于混灌处理,但无显著性差异。硅肥喷施周期 2 d 时,与混灌相比,轮灌处理叶片 CAT 活性略有降低但差异不显著,SOD 活性显著降低,POD 活性稍有升高且差异亦不显著;硅肥喷施周期 4 d 时,与混灌处理相比,轮灌处理叶片 CAT 活性显著升高,POD 活性略有升高但差异不显著,SOD 活性略有降低且差异亦不显著。

3. MDA

喷施硅肥条件下,不同微咸水与再生水组合灌溉模式上海青叶片 MDA 含量的变化情况如图 7-24 所示。从图 7-24 可以看出,硅肥喷施周期 4 d 时,轮灌处理叶片 MDA 含量较混灌处理显著降低,而其他情况下轮灌处理叶片 MDA 含量略高于混灌处理,但差异未达到显著性水平。

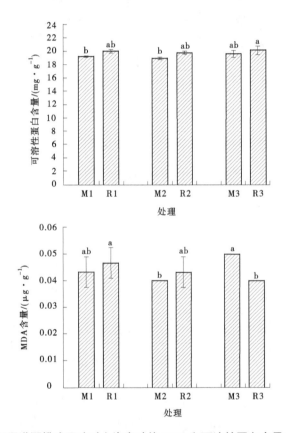

图 7-24 不同灌溉模式下硅对上海青叶片 MDA 和可溶性蛋白含量变化的影响

4. 可溶性蛋白含量

喷施硅肥条件下,不同微咸水与再生水组合灌溉模式上海青可溶性蛋白含量的变化情况如图 7-24 所示。从图 7-24 可以看出,不论是否喷施硅肥,轮灌处理叶片可溶性蛋白含量均高于混灌处理,但差异均未达到显著性水平。

7.3.3 硅在作物–土壤系统中的分布

7.3.3.1 土壤含硅量

喷施硅肥条件下,不同微咸水与再生水组合灌溉模式土壤含硅量的变化情况如图 7-25 所示。从图 7-25 可以看出,不论是否喷施硅肥,轮灌处理土壤含硅量与混灌处理间无显著性差异。可见,作物叶面喷施硅肥对土壤含硅量无显著性影响。

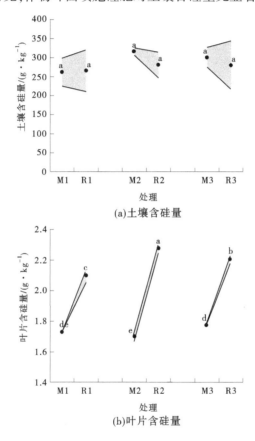

(a)土壤含硅量

(b)叶片含硅量

图 7-25 不同灌溉模式下上海青叶片和土壤含硅量的变化

7.3.3.2 作物含硅量

喷施硅肥条件下,不同微咸水与再生水组合灌溉模式上海青叶片含硅量的变化情况如图 7-25 所示。从图 7-25 可以看出,不论是否喷施硅肥,轮灌处理叶片含硅量均较混灌处理显著提高,增幅为 21.20%~33.98%。可见,适当叶面喷施硅肥对植物含硅量的提升具有正效应。

7.4 本章小结

通过盆栽上海青试验,针对壤土土壤质地,研究了微咸水与再生水不同组合灌溉模式下外源硅肥对土壤–系统的调控效应,得到的结论如下:

（1）微咸水与再生水混灌条件下：

①土壤含水率和 EC。微咸水与再生水混灌条件下，随着硅肥喷施周期的延长，微咸水灌溉土壤含水率和 EC 均呈下降趋势，再生水灌溉土壤含水率呈上升趋势，1∶1"微咸水–再生水"混灌土壤含水率以 M2 处理最低而 EC 呈下降趋势。

②土壤 Na+、Cl- 含量。微咸水与再生水混灌条件下，随着硅肥喷施周期的延长，微咸水灌溉土壤 Na+、Cl- 含量均显著降低，1∶1 混灌处理土壤 Na+、Cl- 含量以 M3 处理最低（硅肥喷施周期为 4 d），而喷施硅肥下再生水灌溉土壤 Na+、Cl- 含量均高于喷施硅肥处理。

③土壤酶活性。微咸水与再生水混灌条件下，总体上喷施硅肥与不喷施硅肥处理间 S-SC 和 S-UE 活性差异不显著，喷施周期 4 d 处理 AKP/ALP 活性较不喷施硅肥处理有所提升。

④土壤次生盐渍化风险。微咸水与再生水混灌条件下，所有处理 pH 值在 7.95～8.10，均小于 8.5，不存在碱土的风险；喷施硅肥对提高土壤交换性 K/Na 具有正效应。总体上，喷施硅肥对降低微咸水灌溉土壤 ESP 和 SAR 效果显著，对 1∶1 混灌和再生水灌溉土壤 ESP 和 SAR 具有提升作用，但未超过土壤盐渍化阈值范围。

⑤上海青生物量。不同微咸水与再生水混灌条件下，喷施处理 AFW、ADW、UDW 与不喷施硅肥处理间差异均不显著，UDW 总体上显著提高，其中 AFW 均以硅肥喷施周期 4 d 时最高。可见，适当增施硅肥，对上海青生物量具有一定的提升效果，硅肥喷施周期以 4 d 为宜。

⑥作物叶面喷施硅肥对土壤含硅量无显著性影响，适当叶面喷施硅肥对植物含硅量的提升具有一定作用。与不喷施硅肥相比，微咸水灌溉条件下喷施硅肥处理叶片含硅量显著升高，微咸水与再生水 1∶1 混灌条件下硅肥喷施周期 4 d 处理叶片含硅量显著升高，再生水灌溉条件下硅肥喷施周期 2 d 处理叶片含硅量显著升高。

（2）微咸水与再生水轮灌条件下：

①土壤含水率和 EC。微咸水与再生水轮灌条件下，随着硅肥喷施周期的延长，土壤含水率处理间差异不显著；"再生水–微咸水"轮灌条件下喷施硅肥处理土壤 EC 较不喷施处理显著提高，而"再生水（2 次）–微咸水"轮灌条件下硅肥喷施周期 4 d 处理土壤 EC 较不喷施处理显著降低。

②土壤 Na+、Cl- 含量。与不喷施硅肥相比，土壤 Na+ 含量均以硅肥喷施周期 2 d 处理最低，而土壤 Cl- 含量在"再生水–微咸水"轮灌条件下以硅肥喷施周期 2 d 处理最低，在"再生水（2 次）–微咸水"轮灌条件下以硅肥喷施周期 4 d 处理最低，但差异未达到显著性水平。

③土壤酶活性。硅肥喷施 2 d 处理 AKP/ALP 活性均高于不喷施硅肥处理，S-SC 活性在喷施硅肥处理与不喷施硅肥处理间差异不显著，与不喷施硅肥处理相比，喷施周期 4 d 处理 S-UE 活性无显著性差异，而喷施硅肥 2 d 处理则显著降低。

④土壤次生盐渍化风险。各处理 pH 值在 7.95～8.10，均小于 8.5，不存在碱土的风险。适当增施硅肥对"再生水–微咸水"轮灌模式下土壤 K/Na 具有正效应。土壤 ESP 和 SAR 分别在 8.16%～13.47% 和 2.97～4.40(mmol/L)$^{1/2}$ 变化，远低于阈值范围[15% 和 13(mmol/L)$^{1/2}$]，不存在土壤盐渍化风险。喷施硅肥处理土壤 ESP 和 SAR 均低于不喷施硅

肥处理。土壤 ESP 和 SAR 均在硅肥喷施周期 2 d 时达到最低值。

⑤上海青生物量。适当增施硅肥,对上海青产量(地上部鲜重)具有一定的提升效果,"再生水(2 次)-微咸水"轮灌条件下喷施处理 AFW 和 ADW 与不喷施硅肥处理间差异不显著,其中硅肥喷施周期 2 d 时 AWF 略有升高。适当增施硅肥,对上海青地下部生物量也具有一定的提升效果。

⑥作物叶面喷施硅肥对土壤含硅量无显著性影响,适当叶面喷施硅肥对植物含硅量的提升具有正效应。

(3)不同微咸水与再生水组合灌溉模式下:

①土壤含水率和 EC。不论是否喷施硅肥,与混灌相比,轮灌土壤含水率均降低,其中在硅肥喷施周期 2 d 时差异未达到显著性水平。对于土壤 EC,不喷施硅肥时,轮灌处理土壤 EC 显著低于混灌,而喷施硅肥时轮灌处理则显著高于混灌。

②土壤 Na$^+$、Cl$^-$ 含量。不喷施硅肥和喷施硅肥周期 2 d 时,轮灌土壤 Cl$^-$ 含量均显著低于混灌,而硅肥喷施周期 4 d 时,轮灌土壤 Cl$^-$ 含量显著高于混灌。喷施硅肥条件下,轮灌土壤 Na$^+$ 含量均显著低于混灌处理。但是,不喷施硅肥时,轮灌土壤 Na$^+$ 含量则显著高于混灌处理。

③土壤酶活性。不同硅肥处理条件下,轮灌与混灌处理间土壤 AKP/ALP 活性差异不显著,S-UE 活性表现为轮灌处理显著高于混灌处理,轮灌处理 S-SC 活性较混灌处理总体上略有降低。

④土壤次生盐渍化风险。所有处理 pH 值在 8.04~8.45,均小于 8.5,不存在碱土的风险。不喷施硅肥条件下,轮灌土壤 pH 值显著高于混灌,而喷施硅肥条件下轮灌土壤 pH 值均略低于混灌。不喷施硅肥条件下轮灌处理土壤 ESP 和 SAR 显著高于混灌处理,而喷施硅肥条件下轮灌土壤 ESP 和 SAR 则显著低于混灌处理,但是土壤 ESP 和 SAR 分别在 9.76%~13.47% 和 3.16~4.40（mmol/L）$^{1/2}$ 变化,远低于阈值范围［15% 和 13（mmol/L）$^{1/2}$］,不存在土壤盐渍化风险。

⑤上海青生物量。不论是否喷施硅肥,轮灌与混灌处理间上海青生物量均无显著性差异。可见,增施硅肥对微咸水与再生水不同灌溉模式下上海青生物量无明显效果。

⑥作物叶面喷施硅肥对土壤含硅量无显著性影响,适当叶面喷施硅肥对植物含硅量的提升具有正效应。不论是否喷施硅肥,轮灌处理叶片含硅量均较混灌处理显著提高,增幅为 21.20%~33.98%。

第8章　结论与展望

8.1　结　论

　　本研究针对解决淡水资源不足地区微咸水的安全利用问题,以上海青为研究对象,通过土柱模拟试验,分析了微咸水与再生水不同组合灌溉模式下土壤水盐运移;采用不同土质盆栽上海青试验,研究了不同微咸水与再生水组合灌溉模式对土壤理化、次生盐渍化风险、作物生长生理的影响以及氮素和 Na^+ 在土壤–作物系统中的分布;添加外源硅后,分析了硅对微咸水与再生水组合灌溉模式下土壤次生盐渍化风险以及作物生长生理的影响,以及硅在土壤–作物系统中的分布,以期明确微咸水与再生水组合灌溉对土壤–作物的影响,阐明外源硅对微咸水与再生水组合灌溉模式下土壤–作物的调控机制,得出主要结论如下。

8.1.1　微咸水与再生水多年组合模拟灌溉对土壤水盐运移的影响

　　(1)微咸水与再生水混灌条件下,微咸水矿化度一定时,随着混合液中再生水比重的提升,模拟第 1 年 0~20 cm、20~40 cm、40~60 cm 土层土壤含水率处理间无显著变化;模拟第 2 年微咸水矿化度为 3 g/L 时 0~20 cm 土层含水率先显著降低再显著升高,20~40 cm、40~60 cm 土层含水率无显著性变化,而微咸水矿化度为 5 g/L 时 0~20 cm、20~40 cm、40~60 cm 土层含水率先升高后降低;模拟第 3 年 0~20 cm、20~40 cm、40~60 cm 土层土壤含水率总体上呈先降低后升高趋势。不同模拟年份,随着混合液中再生水比重的提升,各土层土壤 EC 逐渐降低。

　　(2)微咸水与再生水轮灌条件下,随着再生水轮灌次数的增加,模拟第 1 年、第 3 年 0~20 cm、20~40 cm、40~60 cm 土层土壤含水率处理间无显著变化,模拟第 2 年各土层含水率在低矿化度(3 g/L)时呈先升高后降低趋势而在高矿化度(5 g/L)时呈下降趋势。随着再生水轮灌次数的增加,模拟第 1 年 0~20 cm、40~60 cm 土层土壤 EC 逐渐降低,20~40 cm 土层土壤 EC 较微咸水灌溉显著降低,模拟第 2 年 20~60 cm 土层 EC 呈降低趋势,0~20 cm 土层 EC 较微咸水灌溉显著降低,模拟第 3 年各土层 EC 均逐渐显著降低。

　　(3)微咸水与再生水不同组合灌溉模式下,模拟第 1 年各土层含水率在混灌和轮灌处理间总体上无显著性差异,0~20 cm、40~60 cm 土层 EC 表现为轮灌低于混灌,20~40 cm 土层 EC 表现为轮灌高于混灌(低矿化度时"微咸水–再生水"轮灌低于 1:1 混灌除外);模拟第 2 年,各土层含水率在低矿化度(3 g/L)时表现为轮灌高于混灌,而在高矿化度(5 g/L)时则表现为轮灌低于混灌,0~20 cm 土层 EC 表现 1:1 混灌处理高于相应轮灌处理,1:2 混灌处理低于相应轮灌处理,20~40 cm 土层 EC 表现为 1:2 混灌处理高于相应轮灌处理,40~60 cm 土层 EC 总体表现为轮灌低于混灌;模拟第 3 年,各土层含水率总体表现为轮灌高于混灌,0~20 cm、40~60 cm 土层 EC 总体表现为 1:1 轮灌低于 1:1 混灌,

20~40 cm 土层 EC 表现为 1:2 轮灌高于 1:2 混灌。

8.1.2 微咸水与再生水混灌对土壤-作物系统的影响

(1)微咸水矿化度一定时,随着微咸水与再生水混合液中再生水比重的提升,土壤含水率和含盐量越低,土壤阳离子从 Na^+ 向 Ca^{2+} 转变,阴离子从 Cl^- 向 SO_4^{2-} 转变。

(2)短期微咸水与再生水混灌总体上不会引起土壤次生盐渍化。各处理土壤 pH 值均未超过 8.5,没有碱化风险。MC2、MC3、MT3 处理 ESP 大于 15%,存在一定碱化风险,而其他处理 ESP 则均未超过了 15%,没有引起土壤碱化风险的可能性。各处理 SAR 均小于 13 $(mmol/L)^{1/2}$,不存在碱化风险。

(3)微咸水与再生水混灌对上海青地上部鲜重有一定影响,且微咸水矿化度越高差异越明显。随着混合液中再生水比重的升高,作物地上部鲜重呈升高趋势。

8.1.3 微咸水与再生水轮灌对土壤-作物系统的影响

(1)随着再生水轮灌次数的增加,土壤含水率和含盐量总体呈越低趋势,土壤阳离子从 Na^+ 向 Ca^{2+} 转变,阴离子从 Cl^- 向 SO_4^{2-} 转变。

(2)不同微咸水-再生水轮灌处理对土壤酶活性的影响不同。随着再生水轮灌次数的增加,其中 S-SC 活性差异达到显著性水平;微咸水与再生水轮灌次序一定时,随着微咸水矿化度的升高,S-AKP/ALP、S-SC、S-UE 活性总体呈升高趋势。

(3)土壤盐渍化风险。各处理土壤 pH 值均未超过 8.5,没有碱化风险。MC2、MC3 处理 ESP 大于 15%,存在一定碱化风险,而其他处理 ESP 则均未超过了 15%,没有引起土壤碱化风险的可能性。各处理 SAR 均小于 13 $(mmol/L)^{1/2}$,不存在碱化风险。

(4)微咸水与再生水轮灌处理较纯微咸水灌溉有利于提高地上部生物量。

8.1.4 微咸水与再生水组合灌溉模式对土壤-作物系统的影响

(1)不论是轮灌还是混灌,土壤 EC 均显著低于微咸水灌溉处理。低微咸水矿化度(3 g/L)时,轮灌处理土壤 EC 略高于混灌处理,但处理间无显著性差异,而高微咸水矿化度(5 g/L)时,轮灌处理土壤 EC 低于混灌处理,其中 RT2 处理显著低于 MT3 处理。

(2)土壤盐渍化风险。轮灌处理 ESP 和 SAR 均低于混灌处理。除 MT2 处理 ESP 略低于 MC2 处理外,不论是轮灌还是混灌,土壤 ESP 和 SAR 均显著低于微咸水灌溉。此外,MC2、MC3、MT3 处理 ESP 大于 15%,存在一定碱化风险,而其他处理 ESP 则均未超过 15%,没有引起土壤碱化风险的可能性。各处理 SAR 均小于 13 $(mmol/L)^{1/2}$,不存在碱化风险。

(3)不论是轮灌还是混灌,AFW、ADW 均较微咸水灌溉有所提升。轮灌处理 AFW 总体上较混灌处理有所降低,但差异不显著;ADW 则表现为“再生水-微咸水”轮灌处理高于 1:1 混灌处理,而“再生水(2 次)-微咸水”轮灌处理低于 1:1 混灌处理。

(4)基于 IBRv2,微咸水矿化度为 3 g/L 时,微咸水与再生水不同组合灌溉条件下,MT1 处理 IBRv2 最低(9.93),RT3、RT4 处理次之,因此在淡水资源不能满足时,可以优先考虑再生水灌溉,由于再生水日排放量有限以及再生水管网不健全等自身的约束性,可以考虑微咸水与再生水轮灌的方式,以“再生水(2 次)-微咸水”轮灌方式为宜;微咸水矿化度为 5 g/L 时,微咸水与再生水不同组合灌溉条件下,MT1 处理 IBRv2 最低,MT3、RT4 处理次之,因此在淡水资源不能满足时,可以优先考虑再生水灌溉,由于再生水日排放量有限以及再生水管网不健全等自身的约束性,可以考虑微咸水与再生水 1:2 混灌或"再生水(2 次)-微咸水"轮灌的方式。

8.1.5 微咸水与再生水组合灌溉模式下氮素与 Na^+ 在土壤-作物系统的分布与累积

(1)微咸水与再生水混灌条件下,随着混合液中再生水比重的提高,土壤 TN 含量总体上呈降低趋势,叶片 TN 含量总体上呈"降低—升高—降低"趋势(微咸水矿化度 3 g/L)和"降低—升高"趋势(微咸水矿化度 5 g/L)。

"微咸水—再生水"混灌对土壤 Na^+ 含量叶片 Na^+ 含量影响明显,对叶片 Na^+ 吸收效率具有促进作用,较微咸水灌溉降低效果显著。随着混合液中再生水比重的提高,土壤 Na^+ 含量和叶片 Na^+ 含量总体上均呈降低趋势,叶片 Na^+ 吸收效率总体上呈升高趋势。

(2)微咸水与再生水轮灌条件下,微咸水与再生水轮灌土壤 TN 含量较微咸水灌溉降低效果明显,不利于作物对氮素的吸收。随着再生水轮灌次数的增加,土壤 TN 含量和叶片 TN 含量总体上呈逐渐降低,至再生水灌溉时有所回升。

较微咸水灌溉相比,微咸水与再生水轮灌可以显著降低叶片对 Na^+ 含量的吸收,再生水轮灌次数的增加对叶片 Na^+ 吸收效率具有促进作用。随着再生水轮灌次数的增加,土壤 Na^+ 含量、叶片 Na^+ 均呈降低趋势,叶片 Na^+ 吸收效率总体上呈升高趋势。

(3)不同微咸水与再生水组合灌溉模式下,轮灌处理土壤 TN 含量和叶片 TN 含量较混灌处理间差异不显著,且均低于微咸水灌溉处理。

与"微咸水-再生水"混灌处理相比,"微咸水-再生水"轮灌处理土壤 Na^+ 含量呈降低趋势,但差异不显著(RT2 与 MT3 处理间差异显著除外),叶片 Na^+ 含量在低微咸水矿化度(3 g/L)时呈升高趋势而在高微咸水矿化度(5 g/L)时呈降低趋势,叶片 Na^+ 吸收效率无显著性差异。此外,不论是混灌还是轮灌,土壤 Na^+ 含量和叶片 Na^+ 含量均较微咸水灌溉显著降低,叶片 Na^+ 吸收效率均有所提高。

8.1.6 微咸水与再生水组合灌溉模式下外源硅对土壤-作物系统的调控

(1)微咸水与再生水混灌条件下,随着硅肥喷施周期的延长,1:1"微咸水-再生水"混灌土壤 EC 呈下降趋势。所有处理 pH 值在 7.95~8.10,均小于 8.5,不存在碱土的风险;喷施硅肥对提高土壤交换性 K/Na 具有正效应;喷施硅肥对降低微咸水灌溉土壤 ESP 和 SAR 效果显著,对 1:1 混灌和再生水灌溉土壤 ESP 和 SAR 具有提升作用,但未超过土壤盐渍化阈值范围。

适当增施硅肥对土壤含硅量无显著性影响,对植物含硅量的提升具有一定作用,对上海青生物量具有一定的提升效果,硅肥喷施周期以 4 d 为宜。

(2)微咸水与再生水轮灌条件下,随着硅肥喷施周期的延长,"再生水-微咸水"轮灌条件下喷施硅肥处理土壤 EC 较不喷施处理显著提高,而"再生水(2 次)-微咸水"轮灌条件下硅肥喷施周期 4 d 处理土壤 EC 较不喷施处理显著降低。

适当增施硅肥对"再生水-微咸水"轮灌模式下土壤 K/Na 具有正效应,pH 值均小于 8.5,不存在碱土的风险。喷施硅肥处理土壤 ESP 和 SAR 均低于不喷施硅肥处理且远低于阈值范围[15% 和 13（mmol/L）$^{1/2}$],不存在土壤盐渍化风险。土壤 ESP 和 SAR 均在硅肥喷施周期 2 d 时达到最低值。

适当增施硅肥,对上海青生物量具有一定的提升效果,对土壤含硅量无显著性影响,对植物含硅量的提升具有正效应。

（3）不同微咸水与再生水组合灌溉模式下,喷施硅肥时轮灌处理土层 EC 则显著高于混灌。

各处理 pH 值在 8.04~8.45,均小于 8.5,不存在碱土的风险。喷施硅肥条件下轮灌土壤 pH 值均略低于混灌,ESP 和 SAR 则显著低于混灌处理,且远低于阈值范围[15% 和 13（mmol/L）$^{1/2}$],不存在土壤盐渍化风险。

增施硅肥对微咸水与再生水不同灌溉模式下上海青生物量、土壤含硅量无明显效果,适当叶面喷施硅肥对植物含硅量的提升具有正效应。不论是否喷施硅肥,轮灌处理叶片含硅量均较混灌处理显著提高,增幅为 21.20%~33.98%。

8.2　主要创新点

（1）淡水资源的匮乏限制了微咸水灌溉地区咸淡混灌或轮灌的应用。为解决微咸水安全利用问题,本书探索了不同非常规水源的组合利用新模式,探明了微咸水与再生水混灌和轮灌次生土壤盐渍化和作物产量的影响,对比了微咸水与再生水混灌和轮灌的差异性,提出了适宜的微咸水与再生水组合灌溉模式。

（2）逆境条件下,硅肥主要有抗寒性、抗病害性、抗盐碱性、抗旱性和抗重金属性等五大主要功效。然而,硅肥对微咸水与再生水组合利用下土壤和作物盐碱胁迫的调控尚无试验验证。为此,引入外源硅肥,分析了硅在土壤-作物系统的迁移与分布,研究了硅肥对微咸水与再生水组合灌溉下土壤-作物盐碱胁迫的调控机制,为微咸水与再生水的安全组合利用提供了保障。

8.3　问题与展望

（1）本书采用的是盆栽试验,由于盆的高度有限,无法体现土壤盐分的剖面分布,无法进行长期试验研究,后期有待进行田间试验研究。

（2）本研究参照已有研究成果,选定硅肥种类与浓度,但其他硅肥以及浓度的组合对微咸水与再生水组合灌溉下土壤-作物的调控机制,需要进一步深入研究,以寻求适宜微咸水与再生水组合灌溉的硅肥品种与浓度。

（3）本研究采用第二代综合生物响应指数（integrated biological response version 2,IBRv2）对不同灌溉模式效应进行了评价。该方法是以清洁站点为基准,计算其他站点的偏差,偏差越小越好。本研究中对有益指标和有害指标均采用了一样的处理方法,计算方法有待进一步优化。

参 考 文 献

[1] 曹彩云,李科江,马俊永,等. 2007. 河北低平原浅层咸水的利用现状与开发潜力[J]. 安徽农学通报 (18):66-68. DOI:10.3969/j.issn.1007-7731.2007.18.034.

[2] 陈黛慈,王继华,关健飞,等. 2014. 再生水灌溉对土壤理化性质和可培养微生物群落的影响[J]. 生态学杂志, 33(5):1304-1311. DOI:10.13292/j.1000-4890.20140326.001.

[3] 陈海燕. 2018. 外源硅对低温胁迫下苗期水稻生理生化特性的影响[D]. 哈尔滨:东北农业大学.

[4] 陈蕊. 2018. 硅离子对水稻镉吸收转运特性的影响[D]. 北京:中国农业科学院.

[5] 迟雁冰,任树梅,杨培岭,等. 2017. 再生水配以不同氮肥对冬小麦土壤温室气体排放的影响[J]. 中国农业大学学报, 22(1):94-101. DOI:10.11841/j.issn.1007-4333.2017.01.12.

[6] 仇振杰. 2017. 再生水地下滴灌对土壤酶活性和大肠杆菌(Escherichia coli)迁移的影响[D]. 北京:中国水利水电科学研究院.

[7] 仇振杰,李久生,赵伟霞. 2016. 再生水地下滴灌对玉米生育期土壤脲酶活性和硝态氮的影响[J]. 节水灌溉,(8):1-6. DOI:10.3969/j.issn.1007-4929.2016.08.002.

[8] 崔丙健,高峰,胡超,等. 2019a. 非常规水资源农业利用现状及研究进展[J]. 灌溉排水学报, 38 (7):60-68. DOI:10.13522/j.cnki.ggps.20180686.

[9] 崔丙健,高峰,胡超,等. 2019b. 不同再生水灌溉方式对土壤–辣椒系统中细菌群落多样性及病原菌丰度的影响[J]. 环境科学, 40(11):5151-5163. DOI:10.13227/j.hjkx.201904269.

[10] 戴青云,刘代欢,王德新,等. 2020. 硅对水稻生长的影响及其缓解镉毒害机理研究进展[J]. 中国农学通报, 36(5):86-92.

[11] 邓晓霞,黎其万,李茂萱,等. 2018. 土壤调控剂与硅肥配施对镉污染土壤的改良效果及水稻吸收镉的影响[J]. 西南农业学报, 31(6):1221-1226. DOI:10.16213/j.cnki.scjas.2018.6.020.

[12] 方至萍. 2019. 硅对长江中下游双季稻区化肥农药协同增效减施技术的研究[D]. 杭州:浙江大学.

[13] 冯棣,张俊鹏,孙池涛,等. 2014. 长期咸水灌溉对土壤理化性质和土壤酶活性的影响[J]. 水土保持学报, 28(3):171-176. DOI:10.13870/j.cnki.stbcxb.2014.03.032.

[14] 冯棣,朱玉宁,周婷,等. 2020. 咸水灌溉对基质栽培甜脆豌豆生长及营养品质的影响[J]. 灌溉排水学报, 39(2):27-31. DOI:10.13522/j.cnki.ggps.2019125.

[15] 冯绍元,邵洪波,黄冠华. 2002. 重金属在小麦作物体中残留特征的田间试验研究[J]. 农业工程学报, 18(4):113-115. DOI:10.3321/j.issn:1002-6819.2002.04.028.

[16] 付洁, 2019. 施硅量对水稻吸收、转运和累积砷的影响研究[D]. 保定:河北农业大学.

[17] 龚束芳,刘阳,速馨逸,等. 2018. 纳米硅肥对远东芨芨草幼苗模拟抗旱的影响[J]. 草业科学, 35 (12):2924-2930. DOI:10.11829/j.issn.1001-0629.2018-0109.

[18] 龚雨田. 2017. 不同矿化度微咸水灌溉对冬小麦农艺性状及产量的影响研究[D]. 天津:天津农学院.

[19] 顾明华,黎晓峰. 2002. 硅对减轻水稻的铝胁迫效应及其机理研究[J]. 植物营养与肥料学报, 8 (3):360-366. DOI:10.3321/j.issn:1008-505X.2002.03.019.

[20] 顾跃, 赵云,姬承东. 2019. 硅肥对盐胁迫下狗牙根生理生化特征的影响[J]. 中国草地学报, 41 (3):30-37. DOI:10.16742/j.zgcdxb.20180185.

[21] 关松荫. 1986. 土壤酶及其研究法[M]. 北京:中国农业出版社.

[22] 郭俊霞,吴萍,李青苗,等. 2019. 生石灰和硅肥处理对川芎生长发育的影响及其栽培土壤、植株的降镉效应[J]. 贵州农业科学, 47(5): 20-23.

[23] 郭丽,郑春莲,曹彩云,等. 2017. 长期咸水灌溉对小麦光合特性与土壤盐分的影响[J]. 农业机械学报, 48(1):183-190. DOI: 10.6041/j. issn. 1000-1298. 2017. 01. 024.

[24] 郭利君,李久生,栗岩峰. 2016. 再生水水质对滴灌玉米生长和氮肥吸收的影响[J]. 节水灌溉, (8): 127-130. DOI: 10.3969/j. issn. 1007-4929. 2016. 08. 030.

[25] 郭魏,齐学斌,李平,等. 2017. 不同施氮水平下再生水灌溉对土壤细菌群落结构影响研究[J]. 环境科学学报, 37(1): 280-287. DOI: 10.13671/j. hjkxxb. 2016. 0189.

[26] 郭魏,齐学斌,李中阳,等. 2015. 不同施氮水平下再生水灌溉对土壤微环境的影响[J]. 水土保持学报, 29:311-315,319. DOI:10.13870/j. cnki. stbcxb. 2015. 03. 056.

[27] 郭晓明,马腾,崔亚辉,等. 2012. 污灌时间对土壤肥力及土壤酶活性的影响[J]. 农业环境科学学报,31(4):750-756.

[28] 郭永辰,陈秀玲,高巍. 1992. 咸水与淡水联合运用的策略[J]. 农田水利与小水电, (6):15-18.

[29] 郭玉蓉,陈德蓉,毕阳,等. 2005. 硅化物处理对甜瓜白粉病的抑制效果[J]. 果树学报,22(1): 35-39. DOI:10.13925/j. cnki. gsxb. 2005. 01. 009.

[30] 韩合忠. 2012. 鲁北地区粮食作物咸水补灌技术研究[D]. 济南:山东大学.

[31] 韩洋,李平,齐学斌,等. 2018a. 再生水不同灌水水平对土壤酶活性及耐热大肠菌群分布的影响[J]. 环境科学, 39(9):4366-4374. DOI: 10.13227/j. hjkx. 201801126.

[32] 韩洋,李平,齐学斌,等. 2019. 再生水灌水水平对土壤重金属及致病菌分布的影响[J]. 中国环境科学, 39(2):723-731. DOI:; 10. 19674/j. cnki. issn1000-6923. 2019. 0089.

[33] 韩洋,齐学斌,李平,等. 2018b. 再生水和清水不同灌水水平对土壤理化性质及病原菌分布的影响[J]. 灌溉排水学报, 37(8): 32-38. DOI: 10.13522/j. cnki. ggps. 2017. 0677.

[34] 贺月. 2019. 硅对桃苗盐胁迫的缓解作用及桃园施硅效果评价[D]. 泰安:山东农业大学.

[35] 胡超,李平,樊向阳,等. 2013. 减量追氮对再生水灌溉设施番茄产量及品质的影响[J]. 灌溉排水学报,32(5):104-106. DOI:10.7631/j. issn. 1672-3317. 2013. 05. 025.

[36] 胡敏, 向永生,鲁剑巍. 2017. 不同调理剂对酸性土壤降酸效果及大麦幼苗生长的影响[J]. 中国土壤与肥料,(3): 118-124. DOI: 10. 11838 /sfsc. 20170320.

[37] 胡瑞芝,方水娇,陈桂秋. 2001. 硅对杂交水稻生理指标及产量的影响[J]. 湖南农业大学学报(自然科学版), 27(5):335-338. DOI:10. 3321/j. issn:1007-1032. 2001. 05. 003.

[38] 胡廷飞,王辉,胡传旺,等. 2018. 灌溉水质和灌水方式对红壤斥水性及其理化性质的影响[J]. 排灌机械工程学报, 36(8): 651-655,661. DOI: 10.3969/j. issn. 1674-8530. 18. 1167.

[39] 胡雅琪,吴文勇. 2018. 中国农业非常规水资源灌溉现状与发展策略[J]. 中国工程科学, 20(5): 69-76. DOI: 10.15302/J-SSCAE-2018.05.011.

[40] 黄占斌,苗战霞,侯利伟,等. 2007. 再生水灌溉时期和方式对作物生长及品质的影响[J]. 农业环境科学学报, 26(6):2257-2261. DOI: 10.3321/j. issn:1672-2043. 2007. 06. 045.

[41] 解学敏,郭维华,潘小保,等. 2018. 咸淡水交替隔沟灌溉对土壤盐分及夏玉米产量的影响[J]. 水资源与水工程学报, 29(6): 234-239. DOI: 10.11705/j. issn. 1672643X. 2018. 06. 36.

[42] 康金虎. 2005. 宁夏引黄灌区微咸水灌溉技术试验研究[D]. 银川:宁夏大学.

[43] 兰倩. 2018. 低温胁迫下硅对土壤养分有效性和水稻养分吸收的影响[D]. 哈尔滨:东北农业大学.

[44] 雷琼,李辉. 2020. 城市二级污水灌溉对3种草坪草生理特性及土壤性状的影响[J]. 西南农业学报,33(11):2545-2551. DOI:10.16213/j. cnki. scjas. 2020. 11. 020.

［45］李丹, 万书勤, 康跃虎, 等. 2020. 滨海盐碱地微咸水滴灌水盐调控对番茄生长及品质的影响［J］. 灌溉排水学报, 39(7): 39-50. DOI: 10. 13522/j. cnki. ggps. 2019408.

［46］李嘉琳, 梁金明, 陈波华, 等. 2019. 叶面肥与不同类型钝化材料组合施用对水稻累积镉效应研究［J］. 农业环境科学学报, 38(10): 2338-2345. DOI: 10. 11654/jaes. 2019-0306.

［47］李平, 樊向阳, 齐学斌, 等. 2013. 加氯再生水交替灌溉对土壤氮素残留和马铃薯大肠菌群影响［J］. 中国农学通报, 29(7): 82-87. DOI: 10. 3969/j. issn. 1000-6850. 2013. 07. 016.

［48］李强, 王秀萍, 刘雅辉, 等. 2016. 微咸水灌溉对油葵生长和生理生化特性的影响［J］. 河北农业科学, 20(1): 30-33. DOI: 10. 16318/j. cnki. hbnykx. 2016. 01. 009.

［49］李尚霞, 杨吉顺, 张智猛, 等. 2012. 硅肥对花生生理特性和产量的影响［J］. 花生学报, 41(3): 37-40. DOI: 10. 3969/j. issn. 1002-4093. 2012. 03. 008.

［50］李祥, 张昊, 陈楠, 等. 2020. 不同土壤改良剂对镉污染稻田安全生产的影响［J］. 安徽农业科学, 48(5): 71-74. DOI: 10. 3969/j. issn. 0517-6611. 2020. 05. 019.

［51］李小刚, 曹靖, 李凤民. 2004. 盐化及钠质化对土壤物理性质的影响［J］. 土壤通报, 35(1): 64-72. DOI: 10. 3321/j. issn: 0564-3945. 2004. 01. 016.

［52］李鑫. 2019. 低温胁迫下硅对水稻叶片生理特性及土壤硅素形态的影响［D］. 哈尔滨: 东北农业大学.

［53］李园星露, 叶长城, 刘玉玲, 等. 2018. 硅肥耦合水分管理对复合污染稻田土壤 As-Cd 生物有效性及稻米累积阻控［J］. 环境科学, 39(2): 944-952. DOI: 10. 13227/j. hjkx. 201707011.

［54］李中阳, 樊向阳, 齐学斌, 等. 2014. 再生水灌溉对不同类型土壤磷形态变化的影响［J］. 水土保持学报, 28(3): 232-235, 258. DOI: 10. 13870/j. cnki. stbcxb. 2014. 03. 042.

［55］李中阳, 齐学斌, 樊向阳, 等. 2013. 再生水灌溉对 4 类土壤 Cd 生物有效性的影响［J］. 植物营养与肥料学报, 19(4): 980-987. DOI: 10. 11674/zwyf. 2013. 0426.

［56］林少雯, 刘树堂, 隋凯强, 等. 2018. 水分胁迫下硅素对玉米苗期生理生化性状的影响［J］. 华北农学报, 33(1): 160-167. DOI: 10. 7668/hbnxb. 2018. 01. 024.

［57］刘春成, 李毅, 郭丽俊, 等. 2011. 微咸水灌溉对斥水土壤水盐运移的影响［J］. 农业工程学报, 27(8): 39-45. DOI: 10. 3969/j. issn. 1002-6819. 2011. 08. 007.

［58］刘春成, 李中阳, 胡超, 等. 2021. 逆境条件下硅肥调控效应研究进展［J］. 中国土壤与肥料, (4): 337-346. DOI: 10. 11838/sfsc. 1673-6257. 20194.

［59］刘红芳, 宋阿琳, 范分良, 等. 2018. 高供氮水平下不同硅肥对水稻茎秆特征的影响［J］. 植物营养与肥料学报, 24(3): 758-768. DOI: 10. 11674/zwyf. 17485.

［60］刘洪禄, 马福生, 许翠平, 等. 2010. 再生水灌溉对冬小麦和夏玉米产量及品质的影响［J］. 农业工程学报, 26(3): 82-86. DOI: 10. 3969/j. issn. 1002-6819. 2010. 03. 014.

［61］刘洪禄, 吴文勇. 2009. 再生水灌溉技术研究［M］. 北京: 中国水利水电出版社.

［62］刘静, 高占义. 2012. 中国利用微咸水灌溉研究与实践进展［J］. 水利水电技术, 43(1): 101-104. DOI: 10. 13928/j. cnki. wrahe. 2012. 01. 011.

［63］刘小媛, 高佩玲, 杨大明, 等. 2017. 咸淡水间歇组合灌溉对盐碱耕地土壤水盐运移特性的影响［J］. 土壤学报, 54(6): 1404-1413. DOI: 10. 11766/trxb201705090207.

［64］刘源, 崔二苹, 李中阳, 等. 2017. 生物质炭和果胶对再生水灌溉下玉米生长及养分、重金属迁移的影响［J］. 水土保持学报, 31(6): 242-248, 271. DOI: 10. 13870/j. cnki. stbcxb. 2017. 06. 038.

［65］马超, 胡浩云. 2017. 膜孔灌微咸水矿化度对棉花苗期生长影响［J］. 人民珠江, 38(12): 77-81. DOI: 11. 3969/j. issn. 1001-9235. 2017. 12. 018.

［66］马中昇, 谭军利, 魏童. 2019. 中国微咸水利用的地区和作物适应性研究进展［J］. 灌溉排水学报,

38(3):70-75. DOI:10.13522/j. cnki. ggps. 20180085.

[67] 梅鑫. 2018. 硅对大蒜铅镉胁迫的缓解效应[D]. 泰安:山东农业大学.

[68] 闵勇,朱成立,舒慕晨,等. 2018. 微咸水-淡水交替灌溉对夏玉米光合日变化的影响[J]. 灌溉排水学报,37(3):9-17. DOI:10.13522/j. cnki. ggps. 2017.0473.

[69] 牟静,宾振钧,李秋霞,等. 2019. 氮硅添加对青藏高原高寒草甸土壤氮矿化的影响[J]. 植物生态学报,43(1):77-84. DOI:10.17521/cjpe.2018.0218.

[70] 潘能,侯振安,陈卫平,等. 2012. 绿地再生水灌溉土壤微生物量碳及酶活性效应研究[J]. 环境科学,33(12):4081-4087. DOI:10.13227/j. hjkx.2012.12.004.

[71] 裴亮,廖晓勇. 2018. 再生水滴灌土壤中砷(As)时空分布规律试验研究[J]. 水资源与水工程学报,29(2):236-239. DOI:10.11705/j. issn. 1672-643X.2018.02.39.

[72] 裴亮,廖晓勇,孙莉英. 2018. 再生水滴灌土壤和植物中重金属积累分布研究[J]. 节水灌溉,(3):42-45. DOI:10.3969/j. issn. 1007-4929.2018.03.011.

[73] 裴亮,张体彬,陈永莲,等. 2012. 农村生活污水再生水滴灌对根际土壤特性的影响研究[J]. 灌溉排水学报,31(4):42-45. DOI:10.13522/j. cnki. ggps.2012.04.004.

[74] 彭鸥,刘玉玲,铁柏清,等. 2019. 施硅对镉胁迫下水稻镉吸收和转运的调控效应[J]. 生态学杂志,38(4):1049-1056. DOI:10.13292/j.1000-4890.201904.005.

[75] 彭鸥,刘玉玲,铁柏清,等. 2020. 调理剂及农艺措施对污染稻田中水稻吸收镉的影响[J]. 中国农业科学,53(3):574-584. DOI:10.3864/j. issn. 0578-1752.2020.03.010.

[76] 齐学斌,李平,樊向阳,等. 2008. 再生水灌溉方式对重金属在土壤中残留累积的影响[J]. 中国生态农业学报,16(4):839-842. DOI:10.3724/SP. J.1011.2008.00839.

[77] 乔冬梅,齐学斌,樊向阳,等. 2009. 再生水分根交替滴灌对马铃薯根-土系统环境因子的影响研究[J]. 农业环境科学学报,28(11):2359-2367. DOI:10.3321/j. issn:1672-2043.2009.11.027.

[78] 任海,付立东,王宇,等. 2019. 硅肥与基本苗配置对水稻生长发育、产量及品质的影响[J]. 中国土壤与肥料,(1):108-116. DOI:10.11838/sfsc.1673-6257.18112.

[79] 任长江,赵勇,龚家国,等. 2017. 妫水河流域土壤斥水性分布与影响因素研究[J]. 农业机械学报,48(10):237-244. DOI:10.6041/j. issn.1000-1298.2017.10.029.

[80] 商艳玲,李毅,朱德兰. 2012. 再生水灌溉对土壤斥水性的影响[J]. 农业工程学报,28(21):89-97. DOI:10.3969/j. issn.1002-6819.2012.21.013.

[81] 宋先松,石培基,金蓉. 2005. 中国水资源空间分布不均引发的供需矛盾分析[J]. 干旱区研究,22(2):162-166. DOI:10.13866/j. azr.2005.02.005.

[82] 孙爱华,蔡焕杰,陈新明,等. 2007. 污水灌溉对番茄生长与品质的影响研究[J]. 灌溉排水学报,26(2):37-40. DOI:10.3969/j. issn.1672-3317.2007.02.009.

[83] 孙红星,赵全勇,王勇. 2018. 再生水及土壤类型对绿化树种耗水和生长的影响[J]. 灌溉排水学报,37(10):55-62. DOI:10.13522/j. cnki. ggps. 20170053.

[84] 万跃明,王美玲,严宠红,等. 2019. 糯稻抗病能力、产量及经济效益对硅肥的响应特征[J]. 广东农业科学,46(8):65-70. DOI:10.16768/j. issn.1004-874X.2019.08.009.

[85] 汪洋,田军仓,高艳明,等. 2014. 非耕地温室番茄微咸水灌溉试验研究[J]. 灌溉排水学报,33(1):12-16. DOI:10.7631/j. issn.1672-3317.2014.01.003.

[86] 王广帅. 2016. 灌溉模式对华北平原冬小麦农田温室气体排放和土壤微生物群落的影响[D]. 北京:中国农业科学院.

[87] 王昊,张悦,王欣,等. 2019. 硅酸盐调控抑制水稻对富硒水稻土中Cd吸收[J]. 农业工程学报,35(22):225-233. DOI:10.11975/j. issn.1002-6819.2019.22.027.

[88] 王璐璐,田军仓,徐桂红,等.2020.再生水滴灌对黄瓜叶绿素、光合、产量及品质的影响[J].灌溉排水学报,39(5):18-25.DOI:10.13522/j.cnki.ggps.20190263.

[89] 王诗景,黄冠华,杨建国,等.2010.微咸水灌溉对土壤水盐动态与春小麦产量的影响[J].农业工程学报,26(5):27-33.DOI:10.3969/j.issn.1002-6819.2010.05.005.

[90] 王显,张国良,霍中洋,等.2010.氮硅配施对水稻叶片光合作用和氮代谢酶活性的影响[J].扬州大学学报(农业与生命科学版),31(3):44-49.DOI:10.16872/j.cnki.1671-4652.2010.03.010.

[91] 王宇先,崔蕾,宋北光,等.2019.硅肥浓度对玉米产量和品质的影响[J].黑龙江农业科学,(11):45-48.DOI:10.11942/j.issn1002-2767.2019.11.0045.

[92] 王肇庆,尹淑霞.2014.外施硅肥与灌溉方式对草地早熟禾白粉病病情的影响[J].中国农学通报,30(10):316-320.

[93] 魏国强,朱祝军,钱琼秋,等.2004.硅对黄瓜白粉病抗性的影响及其生理机制[J].植物营养与肥料学报,10(2):202-205.DOI:10.3321/j.issn:1008-505X.2004.02.018.

[94] 魏晓,张鹏博,赵丹丹.等.2018.水稻土施硅对土壤-水稻系统中镉的降低效果[J].生态学报,38(5):1600-1606.DOI:10.5846/stxb201701170144.

[95] 魏益华.2009.再生水灌溉对蔬菜品质和土壤特性的影响研究[D].北京:中国农业科学院.

[96] 吴淼,刘信宝,丁立人,等.2017.PEG模拟干旱胁迫下硅对紫花苜蓿萌发及生理特性的影响[J].草地学报,25(6):1258-1264.DOI:10.11733/j.issn.1007-0435.2017.06.015.

[97] 吴文勇,刘洪禄,郝仲勇,等.2008.再生水灌溉技术研究现状与展望[J].农业工程学报,24(5):302-306.DOI:10.3321/j.issn:1002-6819.2008.05.068.

[98] 吴文勇,许翠平,刘洪禄,等.2010.再生水灌溉对果菜类蔬菜产量及品质的影响[J].农业工程学报,26(1):36-40.DOI:10.3321/j.issn:1002-6819.2008.05.068.

[99] 熊丽萍,蔡佳佩,朱坚,等.2019.硅肥对水稻-田面水-土壤氮磷含量的影响[J].应用生态学报,30(4):1127-1134.DOI:10.13287/j.1001-9332.201904.032.

[100] 徐宁,张方园,曹娜,等.2018.硅叶面肥对小麦-玉米种植体系根际土壤微生态的影响[J].安徽农业大学学报,45(2):363-366.DOI:10.13610/j.cnki.1672-352x.20180427.025.

[101] 徐宁,张方园,曹娜,等.2019.硅叶面肥对夏玉米生长发育、产量和品质的影响[J].江苏农业科学,47(14):74-77.DOI:10.15889/j.issn.1002-1302.2019.14.017.

[102] 徐小元,孙维红,吴文勇,等.2010.再生水灌溉对典型土壤盐分和离子浓度的影响[J].农业工程学报,26(5):34-39.DOI:10.3969/j.issn.1002-6819.2010.05.006.

[103] 许建新,孙文彦,李燕青,等.2012.秸秆还田对微咸水补灌的土壤盐分抑制及作物产量的影响[J].中国土壤与肥料,(6):29-33.DOI:10.11838/sfsc.20120606.

[104] 鄢建宾,余忠建,鄢庆新.2007.不同单体微量元素肥料在水稻上的应用效果[J].现代化农业,(8):16-17.DOI:10.3969/j.issn.1001-0254.2007.08.016.

[105] 闫利军,米福贵,郭郁频,等.2014.草地早熟禾幼苗对矿井再生水灌溉的生理响应[J].草地学报,22(5):1031-1037.DOI:10.11733/j.issn.1007-0435.2014.05.018.

[106] 杨邦杰,BLACKWELL P S,NICHOLSON D F.1994.土壤斥水性引起的土地退化、调查方法与改良措施研究[J].环境科学,15(4):88-90.DOI:10.13227/j/hjkx.1994.04.025.

[107] 杨克泽,马金慧,吴之涛,等.2019.硅肥与18%吡唑醚菌酯SC混喷对玉米茎基腐病及产量的影响[J].农药,58(7):527-531.DOI:10.16820/j.cnki.1006-0413.2019.07.015.

[108] 杨培岭,王瑜,任树梅,等.2020.咸淡水交替灌溉下土壤水盐分布与玉米吸水规律研究[J].农业机械学报,51(6):273-281.DOI:10.6041/j.issn.1000-1298.2020.06.029.

[109] 杨艳芳,梁永超,娄运生,等.2003.硅对小麦过氧化物酶、超氧化物歧化酶和木质素的影响及与抗

白粉病的关系[J]. 中国农业科学, 36(7):813-817. DOI:10.3321/j. issn:0578-1752.2003. 07.014.

[110] 张冰, 吴云艳.2019. DA-6与硅肥对水稻苗期根系形态和生理特性的影响[J].辽东学院学报(自然科学版), 26(4):270-273. DOI:10.14168 /j. issn.1673-4939.2019.04.09

[111] 张国良, 戴其根, 张洪程.2006.施硅增强水稻对纹枯病的抗性[J]. 植物生理与分子生物学学报, 32(5): 600-606. DOI:10.3321/j. issn:1671-3877.2006.05.015.

[112] 张继峯, 王振华, 张金珠, 等.2020.滴灌下氮盐交互对加工番茄荧光特性及产量品质的影响[J]. 中国农业科学, 53(5): 990-1003. DOI:10.3864/j. issn.0578-1752.2020.05.011.

[113] 张珂萌, 牛文全, 汪有科, 等.2017. 微咸水微润灌溉下土壤水盐运移特性研究[J].农业机械学报, 48(1):175-182. DOI:10.6041/j. issn.1000-1298.2017.01.023.

[114] 张梅, 褚贵新.2018.鲜食葡萄的硅肥施用效应及其安全评价[J].中国土壤与肥料, (4):126-132. DOI:10.11838/sfsc.20180420.

[115] 张世杰, 孙洪欣, 薛培英, 等.2018. 叶面施硅时期对冬小麦镉铅砷累积的阻控效应研究[J]. 河北农业大学学报, 41(3):1-6,36. DOI:10.13320/j. cnki. jauh.2018.0047.

[116] 张舒, 胡时友, 郑在武, 等.2019.不同硅肥施用量对水稻纹枯病发生及产量的影响[J].江西农业学报, 31(10): 99-101. DOI:10.19386/j. cnki. jxnyxb.2019.10.17.

[117] 张彦, 张惠文, 苏振成, 等.2006.污水灌溉对土壤重金属含量、酶活性和微生物类群分布的影响[J]. 安全与环境学报,6(6):44-50. DOI:10.3969/j. issn.1009-6094.2006.06.013.

[118] 张佑宏, 张国斌, 王治虎, 等.2018.施用硅肥锌肥作基肥对稻瘟病发生的影响[J].中国农学通报,34(8):90-94.

[119] 张准, 杨仁仙.2019.水稻施用生物硅肥试验总结[J].农家参谋,(22):71.

[120] 郑杰伟.2019.硅与Cd(II)和细胞壁组分相互作用的模拟研究[D]. 广州:华南理工大学.

[121] 郑君玉, 朱成立, 翟亚明, 等.2017. 微咸水-淡水交替灌溉对玉米生长指标及产量的影响[J]. 灌溉排水学报,36(4):37-41. DOI:10.13522/j. cnki. ggps.2017.04.007.

[122] 郑顺安, 陈春, 郑向群, 等.2012.再生水灌溉对土壤团聚体中有机碳、氮和磷的形态及分布的影响[J].中国环境科学,32(11):2053-2059. DOI:10.3969/j. issn.1000-6362.2018.06.004.

[123] 郑泽华, 娄运生, 左慧婷, 等.2018.施硅对夜间增温条件下水稻生长和产量的影响[J].中国农业气象, 39(6):390-397. DOI:10.3969/j. issn.1000-6362.2018.06.004.

[124] 周丹.2015.1961~2013年华北地区气象干旱时空变化及其成因分析[D]. 兰州:西北师范大学.

[125] 朱成立, 吕雯, 黄明逸, 等.2019.生物炭对咸淡轮灌下盐渍土盐分分布和玉米生长的影响[J].农业机械学报,50(1):226-234. DOI:10.6041/j. issn.1000-1298.2019.01.025.

[126] 朱从桦, 李其勇, 程明军, 等.2018. 氮磷钾减量配施硅肥对玉米养分吸收、利用及产量的影响[J].中国土壤与肥料, (1):56-63. DOI:10.11838 /sfsc.20180110.

[127] 朱瑾.2018.有机硅提高草地早熟禾苗期耐水分胁迫的效应研究[D]. 兰州:兰州大学.

[128] 朱薇, 全坚宇, 陈豪, 等.2019.叶面喷施水溶性硅肥对水稻产量及其物质生产的影响[J].农业开发与装备,(3):108-109.

[129] 朱伟, 李中阳, 高峰.2015.再生水灌溉对不同类型土壤的小白菜水分利用效率及品质的影响[J]. 河南农业大学学报, 49(2):199-202. DOI:10.16445/j. cnki. 1000-2340.2015.02.012.

[130] ABOU LILA T S, BERNDTSSON R, PERSSON M, et al. 2013. Numerical evaluation of subsurface trickle irrigation with brackish water[J]. Irrigation Science, 31(5): 1125-1137. DOI:10.1007/s00271-012-0393-6.

[131] AGOSTINHO F B, TUBANA B S, MARTINS M S, et al. 2017. Effect of Different Silicon Sources on

Yield and Silicon Uptake of Rice Grown under Varying Phosphorus Rates[J]. Plants, 6 (3): e6030035. DOI:10. 3390/plants6030035.

[132] AL-LAHHAM O, ASSI N M E, FAYYAD M. 2003. Impact of treated wastewater irrigation on quality attributes and contamination of tomato fruit[J]. Agricultural Water Management, 61 (1):51-62. DOI: 10. 1016/S0378-3774(02)00173-7.

[133] ÁLVAREZ-GARCíA M, URRESTARAZU M,GUIL-GUERRERO J L,et al. 2019. Effect of fertigation using fish production wastewater on Pelargonium x zonale growth and nutrient content[J]. Agricultural Water Management, 223: 105726. DOI: https://doi. org/10. 1016/j. agwat. 2019. 105726.

[134] ANONYMOUS. California Water Planning 2009[M]. 2009.

[135] ASHFAQUE F, INAM A, INAM A,et al. 2017. Response of silicon on metal accumulation, photosynthetic inhibition and oxidative stress in chromium-induced mustard (Brassica juncea L.)[J]. South African Journal of Botany, 111:153-160. DOI:https://doi. org/10. 1016/j. sajb. 2017. 03. 002.

[136] ASSOULINE S, RUSSO D, SILBER A,et al. 2015. Balancing water scarcity and quality forsustainable irrigated agriculture[J]. Water Resources Research,51(5):3419-3436. DOI:10. 1002/2015WR017071.

[137] BASILE-DOELSCH I. 2005. Si stable isotopes in the Earth's surface: A review[J]. Journal of Geochemical Exploration,88:252-256. DOI:10. 1016/j. gexplo. 2005. 08. 050.

[138] BHATTACHARYYA P, TRIPATHY S, CHAKRABARTI K,et al. 2008. Fractionation and bioavailability of metals and their impacts on microbial properties in sewage irrigated soil[J]. Chemosphere,72(4): 543-550.

[139] BOUKSILA F, BAHRI A, BERNDTSSON R,et al. 2013. Assessment of soil salinization risks under irrigation with brackish water in semiarid Tunisia[J]. Environmental and Experimental Botany, 92:176-185. DOI: 10. 1016/j. chemosphere. 2008. 03. 035.

[140] BUSTAN A, COHEN S, MALACH Y D,et al. 2005. Effects of timing and duration of brackish irrigation water on fruit yield and quality of late summer melons[J]. Agricultural Water Management,74(2): 123-134. DOI: 10. 1016/j. agwat. 2004. 11. 009.

[141] CHEN W, JIN M, FERRé T P A,et al. 2018. Spatial distribution of soil moisture, soil salinity, and root density beneath a cotton field under mulched drip irrigation with brackish and fresh water[J]. Field Crops Research,215:207-221. DOI:10. 016/j. fcr. 2017. 10. 019.

[142] CHI Y,YANG P,REN S,et al. 2020. Effects of fertilizer types and water quality on carbon dioxide emissions from soil in wheat-maize rotations[J]. Science of The Total Environment, 698: 134010. DOI:https://doi. org/10. 1016/j. scitotenv. 2019. 134010.

[143] CHRISTOU A, AGüERA A, BAYONA J M, et al. 2017. The potential implications of reclaimed wastewater reuse for irrigation on the agricultural environment: The knowns and unknowns of the fate of antibiotics and antibiotic resistant bacteria and resistance genes: A review[J]. Water Research, 123: 448-467. DOI:https://doi. org/10. 1016/j. watres. 2017. 07. 004.

[144] COVA A M W, DE FREITAS F T O, VIANA P C,et al. 2017. Content of inorganic solutes in lettuce grown with brackish water in different hydroponic systems[J]. Rev. bras. eng. agríc. ambient,21(3): 150-155. DOI: http://dx. doi. org/10. 1590/1807-1929/agriambi. v21n3p150-155.

[145] CUCCI G, LACOLLA G, BOARI F,et al. 2019. Effect of water salinity and irrigation regime on maize (Zea mays L.) cultivated on clay loam soil and irrigated by furrow in Southern Italy[J]. Agricultural Water Management, 222: 118-124. DOI: 10. 1016/j. agwat. 2019. 05. 033.

[146] DE JESUS L R, BATISTA B L, DA SILVA LOBATO A K. 2017. Silicon reduces aluminum accumula-

tion and mitigates toxic effects in cowpea plants[J]. Acta Physiologiae Plantarum, 39(6): e138. DOI: 10. 1007/s11738-017-2435-4.

[147] DEKKER L W, JUNGERIUS P D. 1990. Water repellency in the dunes with special reference to the Netherlands[J]. CATENA,18:173-183.

[148] DURáN-ALVAREZ J C, BECERRIL-BRAVO E, SILVACASTRO V, et al. 2009. The analysis of a group of acidic pharmaceuticals, carbamazepine, and potential endocrine disrupting compounds in wastewater irrigated soils by gas chromatography-mass spectrometry[J]. Talanta,78(3):1159-1166. DOI:10. 1016/j. talanta. 2009. 01. 035.

[149] ENEJI A E, INANAGA S, MURANAKA S,et al. 2008. Growth and Nutrient Use in Four Grasses Under Drought Stress as Mediated by Silicon Fertilizers[J]. Journal of Plant Nutrition, 31(2):355-365. DOI: 10. 1080/01904160801894913.

[150] GAO M, ZHOU J, LIU H,et al. 2018. Foliar spraying with silicon and selenium reduces cadmium uptake and mitigates cadmium toxicity in rice[J]. Science of The Total Environment, 631/632:1100-1108. DOI: https://doi. org/10. 1016/j. scitotenv. 2018. 03. 047.

[151] GIBSON R, DURáN-ÁLVAREZ J C, ESTRADA K L,et al. 2010. Accumulation and leaching potential of some pharmaceuticals and potential endocrine disruptors in soils irrigated with wastewater in the Tula Valley, Mexico[J]. Chemosphere,81(11):1437-1445. DOI:10. 1016/j. chemosphere. 2010. 09. 006.

[152] GOLDSTEIN M, SHENKER M, CHEFETZ B. 2014. Insights into the Uptake Processes of Wastewater-Borne Pharmaceuticals by Vegetables[J]. Environmental Science & Technology,48(10):5593-5600. DOI:10. 1021/es5008615.

[153] GONG H J, RANDALL D P, FLOWERS T J. 2006. Silicon deposition in the root reduces sodium uptake in rice (Oryza sativa L.) seedlings by reducing bypass flow[J]. Plant, Cell & Environment,29: 1970-1979. DOI:10. 1111/j. 1365-3040. 2006. 01572. x.

[154] GUEDES P, MARTINS C, COUTO N,et al. 2022. Irrigation of soil with reclaimed wastewater acts as a buffer of microbial taxonomic and functional biodiversity[J]. Science of The Total Environment, 802. DOI:10. 1016/j. scitotenv. 2021. 149671.

[155] HASSANLI A M, EBRAHIMIZADEH M A, BEECHAM S. 2008. The effects of irrigation methods with effluent and irrigation scheduling on water use efficiency and corn yields in an arid region[J]. Agricultural Water Management, 96(1): 93-99. DOI:10. 1016/j. agwat. 2008. 07. 004.

[156] HORGAN F G, PALENZUELA A N, STUART A M,et al. 2017. Effects of silicon soil amendments and nitrogen fertilizer on apple snail (Ampullariidae) damage to rice seedlings[J]. Crop Protection,91: 123-131. DOI:http://dx. doi. org/10. 1016/j. cropro. 2016. 10. 006.

[157] HOUBEN D, SONNET P,CORNELIS J-T. 2014. Biochar from Miscanthus : a potential silicon fertilizer [J]. Plant And Soil,374:871-882. DOI:10. 1007/s11104-013-1885-8.

[158] HUANG C, WANG L, GONG X,et al. 2020. Silicon fertilizer and biochar effects on plant and soil PhytOC concentration and soil PhytOC stability and fractionation in subtropical bamboo plantations[J]. Science of The Total Environment, 715: e136846. DOI: https://doi. org/10. 1016/j. scitotenv. 2020. 136846.

[159] HUANG H, RIZWAN M, LI M,et al. 2019a. Comparative efficacy of organic and inorganic silicon fertilizers on antioxidant response,Cd/Pb accumulation and health risk assessment in wheat (Triticum aestivum L.)[J]. Environmental Pollution, 255(Pt 1):113146. DOI:https://doi. org/10. 1016/j. envpol. 2019. 113146.

[160] HUANG M, ZHANG Z, SHENG Z, et al. 2019b. Effect on Soil Properties and Maize Growth by Alternate Irrigation with Brackish Water[J]. Transactions Of the Asabe, 62(2):485-493. DOI: 10. 13031/trans. 13046.

[161] INTRIAGO J C, LóPEZ-GáLVEZ F, ALLENDE A, et al. 2018. Agricultural reuse of municipal wastewater through an integral water reclamation management[J]. Journal of Environmental Management, 213:135-141. DOI:10. 1016/j. jenvman. 2018. 02. 011.

[162] JI X, LIU S, JUAN H, et al. 2017. Effect of silicon fertilizers on cadmium in rice (Oryza sativa) tissue at tillering stage[J]. Environmental science and pollution research international, 24(11): 10740-10748. DOI:10. 1007/s11356-017-8730-1.

[163] KALTEH M, ALIPOUR Z T, ASHRAF S, et al. 2014. Effect of silica Nanoparticles on Basil (Ocimum basilicum) Under Salinity Stress[J]. Journal of Chemical Health Risks, 4(3):49-55. DOI:10. 22034/JCHR. 2018. 544075.

[164] KEEPING M G, MEYER J H. 2006. Silicon-mediated resistance of sugarcane to Eldana saccharina Walker(Lepidoptera: Pyralidae): effects of silicon source and cultivar[J]. Journal of Applied Entomology, 130(8):410-420. DOI:10. 1111/j. 1439-0418. 2006. 01081. x.

[165] KUMAR V, KUMAR P, KHAN A. 2020. Optimization of PGPR and silicon fertilization using response surface methodology for enhanced growth, yield and biochemical parameters of French bean (Phaseolus vulgaris L.) under saline stress[J]. Biocatalysis and Agricultural Biotechnology, 23:e101463. DOI: https://doi. org/10. 1016/j. bcab. 2019. 101463.

[166] LAîNé P, HADDAD C, ARKOUN M, et al. 2019. Silicon Promotes Agronomic Performance in Brassica napus Cultivated under Field Conditions with Two Nitrogen Fertilizer Inputs[J]. Plants (Basel, Switzerland), 8(5):e8050137. DOI:10. 3390/plants8050137.

[167] LEE C-H, HUANG H-H, SYU C-H, et al. 2014. Increase of As release and phytotoxicity to rice seedlings in As-contaminated paddy soils by Si fertilizer application[J]. Journal of Hazardous Materials, 276:253-261. DOI:http://dx. doi. org/10. 1016/j. jhazmat. 2014. 05. 046.

[168] LESSER L E, MORA A, MOREAU C, et al. 2018. Survey of 218 organic contaminants in groundwater derived from the world's largest untreated wastewater irrigation system: Mezquital Valley, Mexico[J]. Chemosphere, 198:510-521. DOI:https://doi. org/10. 1016/j. chemosphere. 2018. 01. 154.

[169] LI L, AI S, LI Y, et al. 2018. Exogenous Silicon Mediates Alleviation of Cadmium Stress by Promoting Photosynthetic Activity and Activities of Antioxidative Enzymes in Rice[J]. Journal of Plant Growth Regulation, 37(2):602-611. DOI:10. 1007/s00344-017-9758-7.

[170] LI Z, SONG Z, LI B. 2013. The production and accumulation of phytolith-occluded carbon in Baiyangdian reed wetland of China[J]. Applied Geochemistry, 37: 117-124. DOI: 10. 1016/j. apgeochem. 2013. 07. 012.

[171] LIU B, WANG S, KONG X, et al. 2019. Modeling and assessing feasibility of long-term brackish water irrigation in vertically homogeneous and heterogeneous cultivated lowland in the North China Plain[J]. Agricultural Water Management, 211:98-110. DOI:10. 1016/j. agwat. 2018. 09. 030.

[172] LIU C, WEI L, ZHANG S, et al. 2014. Effects of nanoscale silica sol foliar application on arsenic uptake, distribution and oxidative damage defense in rice (Oryza sativa L.) under arsenic stress[J]. Rsc Advances, 4(100):57227-57234. DOI: 10. 1039/c4ra08496a.

[173] LOPEZ-GALVEZ F, ALLENDE A, PEDRERO-SALCEDO F, et al. 2014. Safety assessment of greenhouse hydroponic tomatoes irrigated with reclaimed and surface water[J]. International Journal of Food

Microbiology,191:97-102. DOI:10. 1016/j. ijfoodmicro. 2014. 09. 004

[174] LOY S,ASSI A T, MOHTAR R H,et al. 2018. The effect of municipal treated wastewater on the water holding properties of a clayey, calcareous soil[J]. Science of The Total Environment,643:807-818. DOI:https://doi. org/10. 1016/j. scitotenv. 2018. 06. 104.

[175] LU S, XIE F,ZHANG X,et al. 2020. Health evaluation on migration and distribution of heavy metal Cd after reclaimed water drip irrigation[J]. Environmental geochemistry and health, 42(3):841-848. DOI:10. 1007/s10653-019-00311-9.

[176] LU S, ZHANG X,LIANG P. 2016. Influence of drip irrigation by reclaimed water on the dynamic change of the nitrogen element in soil and tomato yield and quality[J]. Journal of Cleaner Production, 139:561-566. DOI:10. 1016/j. jclepro. 2016. 08. 013.

[177] LUCAS R W, KLAMINDER J, FUTTER M N,et al. 2016. A meta-analysis of the effects of nitrogen additions on base cations: Implications for plants, soils, and streams[J]. Forest Ecology & Management, 262(2):95-104. DOI: 10. 1016/j. foreco. 2011. 03. 018.

[178] MA J, YAMAJI N. 2006. Silicon uptake and accumulation in higher plants[J]. Trends in Plant Science,11(8):392-397.

[179] MARIA I M,MIRIAM B, BIKASH B,et al. 2017. Silicon and Nitrate Differentially Modulate the Symbiotic Performances of Healthy and Virus-Infected Bradyrhizobium-nodulated Cowpea (Vigna unguiculata), Yardlong Bean (V. unguiculata subsp. sesquipedalis) and Mung Bean (V. radiata)[J]. Plants, 6(4):e6030040. DOI:10. 3390/plants6030040.

[180] MATICHENKOV V, BOCHARNIKOVA E, CAMPBELL J. 2020. Reduction in nutrient leaching from sandy soils by Si-rich materials: Laboratory, greenhouse and filed studies[J]. Soil & Tillage Research, 196: e104450. DOI: https://doi. org/10. 1016/j. still. 2019. 104450.

[181] MEUNIER J D, GUNTZER F, KIRMAN S,et al. 2008. Terrestrial plant-Si and environmental changes [J]. Mineralogical Magazine,72: 263-267. DOI:10. 1180/minmag. 2008. 072. 1. 263.

[182] MILLER E L, NASON S L, KARTHIKEYAN K G,et al. 2015. Root Uptake of Pharmaceutical and Personal Care Product Ingredients[J]. Environmental Science & Technology,50(2):525-541. DOI:10. 1021/acs. est. 5b01546.

[183] MORALES V L, PARLANGE J-Y, STEENHUIS T S. 2010. Are preferential flow paths perpetuated by microbial activity in the soil matrix? A review[J]. Journal of Hydrology, 393(1/2): 29-36. DOI: 10. 1016/j. jhydrol. 2009. 12. 048.

[184] NAJAFI P, MOUSAVI S F, FEIZI M. 2003. Effects of using treated municipal wastewater in irrigation of tomato//proceedings of the Consensus to Resolve Irrigation & Water Use Conflicts in the Euromediterranean Region Icid European Regional Conference, F, 2003[C]. Montpellier.

[185] NDOUR N Y B, BAUDOIN E, GUISSé A,et al. 2008. Impact of irrigation water quality on soil nitrifying and total bacterial communities[J]. Biology & Fertility of Soils, 44(5):797-803. DOI:10. 1007/s00374-008-0285-3.

[186] NEUMANN D, NIEDEN U z,SCHWIEGER W,et al. 1997. Heavy metal tolerance of Minuartia verna [J]. Journal of Plant Physiology,151(1):101-108.

[187] NING D, LIANG Y, LIU Z,et al. 2016a. Impacts of Steel-Slag-Based Silicate Fertilizer on Soil Acidity and Silicon Availability and Metals-Immobilization in a Paddy Soil[J]. PLoS ONE,11(12):e0168163. DOI:10. 1371/journal. pone. 0168163.

[188] NING D, LIANG Y,SONG A,et al. 2016b. In situ stabilization of heavy metals in multiple-metal con-

taminated paddy soil using different steel slag-based silicon fertilizer[J]. Environmental Science and Pollution Research,23(23):23638-23647. DOI:10. 1007/s11356-016-7588-y.

[189] PAN D, LIU C, YU H,et al. 2019. A paddy field study of arsenic and cadmium pollution control by using iron-modified biochar and silica sol together[J]. Environmental science and pollution research international,26(24):24979-24987. DOI:https://doi. org/10. 1007/s11356-019-05381-x.

[190] PARR J F, SULLIVAN L A. 2011. Phytolith occluded carbon and silica variability in wheat cultivars [J]. Plant & Soil, 342(1/2):165-171. DOI:10. 1007/s11104-010-0680-z.

[191] PATI S, PAL B, BADOLE S,et al. 2016. Effect of Silicon Fertilization on Growth, Yield, and Nutrient Uptake of Rice[J]. Communications in Soil Science and Plant Analysis, 47(3):284-290. DOI:10. 1080/00103624. 2015. 1122797.

[192] PEDRERO F, CAMPOSEO S, PACE B,et al. 2018. Use of reclaimed wastewater on fruit quality of nectarine in Southern Italy[J]. Agricultural Water Management, 203:186-192. DOI:https://doi. org/ 10. 1016/j. agwat. 2018. 01. 029.

[193] PERULLI G D, BRESILLA K, MANFRINI L, et al. 2019. Beneficial effect of secondary treated wastewater irrigation on nectarine tree physiology[J]. Agricultural Water Management,221:120-130. DOI: https://doi. org/10. 1016/j. agwat. 2019. 03. 007.

[194] PERULLI G D,GAGGIA F, SORRENTI G,et al. 2021. Treated wastewater as irrigation source: a microbiological and chemical evaluation in apple and nectarine trees[J]. Agricultural Water Management, 244:106403. DOI:10. 1016/j. agwat. 2020. 106403.

[195] PETOUSI I, DASKALAKIS G, FOUNTOULAKIS M S,et al. 2019. Effects of treated wastewater irrigation on the establishment of young grapevines[J]. Science of The Total Environment,658:485-492. DOI: https://doi. org/10. 1016/j. scitotenv. 2018. 12. 065.

[196] QIAN Z, ZHUANG S, LI Q,et al. 2019. Soil Silicon Amendment Increases Phyllostachys praecox Cold Tolerance in a Pot Experiment[J]. Forests, 10(5): f10050405. DOI: 10. 3390/f10050405.

[197] REHMAN M Z U, RIZWAN M, RAUF A,et al. 2019. Split application of silicon in cadmium (Cd) spiked alkaline soil plays a vital role indecreasing Cd accumulation in rice (Oryza sativa L.) grains [J]. Chemosphere,226:454-462. DOI: https://doi. org/10. 1016/j. chemosphere. 2019. 03. 182.

[198] RIZWAN M, MEUNIER J D, DAVIDIAN J C,et al. 2016. Silicon alleviates Cd stress of wheat seedlings (Triticum turgidum L. cv. Claudio) grown in hydroponics[J]. Environmental science and pollution research international,23:1414-1427. DOI:10. 1007/s11356-015-5351-4.

[199] SAVANT N K, KORNDORFER G H, DATNOFF L E,et al. 1999. Silicon nutrition and sugarcane production: A review[J].Journal of Plant Nutrition,22(12):1853-1903. DOI:10. 1080/01904169909365761.

[200] SIEMENS J, HUSCHEK G, SIEBE C,et al. 2008. Concentrations and mobility of human pharmaceuticals in the world's largest wastewater irrigation system, Mexico City-Mezquital Valley [J]. Water Research,42(8/9):2124-2134. DOI: https://doi. org/10. 1016/j. watres. 2007. 11. 019.

[201] SONG A, FAN F, YIN C,et al. 2017. The effects of silicon fertilizer on denitrification potential and associated genes abundance in paddy soil[J]. Biology and Fertility of Soils,53(6):627-638. DOI:10. 1007/s00374-017-1206-0.

[202] SONG A,LI P,LI Z,et al. 2011. The alleviation of zinc toxicity by silicon is related to zinc transport and antioxidative reactions in rice[J]. Plant And Soil, 344:319-333. DOI:10. 1007/s11104-011-0749-3.

[203] SONG Z,MCGROUTHER K, WANG H. 2016. Occurrence, turnover and carbon sequestration potential of phytoliths in terrestrial ecosystems[J]. Earth-Science Reviews, 158:19-30. DOI:10. 1016/j. earsci-

rev. 2016. 04. 007.

[204] SONG Z, WANG H, STRONG P J, et al. 2014. Phytolith carbon sequestration in China's croplands [J]. European Journal of Agronomy, 53: 10-15. DOI: 10. 1016/j. eja. 2013. 11. 004.

[205] STAFF U S S L. 1954. Diagnosis and Improvement of Saline and Alkali Soils [M]. ed. Washington D. C: U. S. Gov. Print Office.

[206] STRAWN D G, BOHN H L, O'CONNOR G A. 2016. Soil Chemistry, 4th Edition [M]. ed. Oxford: John Wiley & Sons Inc.

[207] STRUYF E, CONLEY D J. 2009. Silica: an essential nutrient in wetland biogeochemistry [J]. Frontiers in Ecology and the Environment, 7: 88-94. DOI: 10. 1890/070126.

[208] SUN X, LIU Q, TANG T, et al. 2019. Silicon Fertilizer Application Promotes Phytolith Accumulation in Rice Plants [J]. Frontiers in Plant Science, 10: e00425. DOI: 10. 3389/fpls. 2019. 00425.

[209] TAHTOUH J, MOHTAR R, ASSI A, et al. 2019. Impact of brackish groundwater and treated wastewater on soil chemical and mineralogical properties [J]. Science of The Total Environment, 647: 99-109. DOI: 10. 1016/j. scitotenv. 2018. 07. 200.

[210] TUBANA B S, BABU T, DATNOFF L E. 2016. A Review of Silicon in Soils and Plants and It's Role in US Agriculture [J]. Soil Science, 181(9/10): 1-19. DOI: 10. 1097/SS. 0000000000000179.

[211] UNEP. 2015. Good practices for regulating wastewater treatment: legislation, policies and standards Number [R].

[212] VILLEGAS J M, WAY M O, PEARSON R A, et al. 2017. Integrating Soil Silicon Amendment into Management Programs for Insect Pests of Drill-Seeded Rice [J]. Plants (Basel, Switzerland), 6(3): e6030033. DOI: 10. 3390/plants6030033.

[213] WALSH O S, SHAFIAN S, MCCLINTICK-CHESS J R, et al. 2018. Potential of Silicon Amendment for Improved Wheat Production [J]. Plants, 7(2): e7020026. DOI: 10. 3390/plants7020026.

[214] WANG H, WEN S, CHEN P, et al. 2016. Mitigation of cadmium and arsenic in rice grain by applying different silicon fertilizers in contaminated fields [J]. Environmental Science and Pollution Research, 23 (4): 3781-3788. DOI: 10. 1007/s11356-015-5638-5.

[215] WANG M, WANG J J, TAFTI N D, et al. 2019. Effect of alkali-enhanced biochar on silicon uptake and suppression of gray leaf spot development in perennial ryegrass [J]. Crop Protection, 119: 9-16. DOI: 10. 1016/j. cropro. 2019. 01. 013.

[216] WANG S, WANG F, GAO S. 2015. Foliar application with nano-silicon alleviates Cd toxicity in rice seedlings [J]. Environmental science and pollution research international, 22(4): 2837-2845. DOI: 10. 1007/s11356-014-3525-0.

[217] XIE Z, SONG F, XU H, et al. 2014. Effects of Silicon on Photosynthetic Characteristics of Maize (Zea mays L.) on Alluvial Soil [J]. The Scientific World Journal, 2014: e718716. DOI: 10. 1155/2014/718716.

[218] XIE Z, SONG R, SHAO H, et al. 2015. Silicon Improves Maize Photosynthesis in Saline-Alkaline Soils [J]. The Scientific World Journal, 2015: E245072. DOI: 10. 1155/2015/245072.

[219] YANG G, LIU S, YAN K, et al. 2020. Effect of Drip Irrigation with Brackish Water on the Soil Chemical Properties for a Typical Desert Plant (Haloxylon Ammodendron) in the Manas River Basin [J]. Irrigation and Drainage, 69(3): 460-471. DOI: 10. 1002/ird. 2419.

[220] YEO A R, FLOWERS S A, RAO G, et al. 1999. Silicon reduces sodium uptake in rice (Oryza sativa L.) in saline conditions and this is accounted for by a reduction in the transpirational bypass flow [J].

Plant, Cell & Environment,22:559-565. DOI: 10. 1046/j. 1365-3040. 1999. 00418. x.

[221] YILMAZ A M, ALPOZEN C M, KAPLAN G. 2020. Irrigation water quality assessments for irrigated lands of Konya-Sarayonugozlu Agricultural Enterprise[J]. Selcuk Journal of Agriculture and Food Sciences,34(1):31-41. DOI:10. 15316/sjafs. 2020. 192.

[222] YU T, PENG Y,LIN C,et al. 2016. Application of iron and silicon fertilizers reduces arsenic accumulation by two Ipomoea aquatica varities[J]. Journal of Integrative Agriculture, 15(11): e60345. DOI: 10. 1016/S2095-3119(15)61320-X.

[223] YUAN C, FENG S, HUO Z,et al. 2019. Effects of deficit irrigation with saline water on soil water-salt distribution and water use efficiency of maize for seed production in arid Northwest China[J]. Agricultural Water Management, 212:424-432. DOI:10. 1016/j. agwat. 2018. 09. 019.

[224] ZAMANIAN K, PUSTOVOYTOV K, KUZYAKOV Y. 2016. Cation exchange retards shell carbonate recrystallization:Consequences for dating and paleoenvironmental reconstructions[J]. CATENA,142: 134-138. DOI:10. 1016/j. catena. 2016. 03. 012.

[225] ZHANG A, ZHENG C, LI K,et al. 2020. Responses of Soil Water-salt Variation and Cotton Growth to Drip Irrigation with Saline Water in the Low Plain Near the Bohai Sea[J]. Irrigation and Drainage,69 (3):448-459. DOI:10. 1002/ird. 2428.

[226] ZHANG J, LI K, ZHENG C,et al. 2018. Cotton Responses to Saline Water Irrigation in the Low Plain around the Bohai Sea in China[J]. Journal of Irrigation and Drainage Engineering, 144(9):04018027. DOI:10. 1061/(ASCE)IR. 1943-4774. 0001339.

[227] ZHANG J,WANG Q,WANG W,et al. 2021. The dispersion mechanism of dispersive seasonally frozen soil in western Jilin Province[J]. Bulletin of Engineering Geology and the Environment, 80(7):5493-5503. DOI:10. 1007/s10064-021-02221-6.

[228] ZHANG P, ZHAO D, LIU Y,et al. 2019. Cadmium phytoextraction from contaminated paddy soil as influenced by EDTA and Si fertilizer[J]. Environmental Science and Pollution Research,26(23):23638-23644. DOI: 10. 1007/s11356-019-05654-5.

[229] ZHAO D, ZHANG P, BOCHARNIKOVA E A, et al. 2019. Estimated Carbon Sequestration by Rice Roots as Affected by Silicon Fertilizers[J]. Moscow University Soil Science Bulletin,74(3):105-110. DOI:10. 3103/S0147687419030025.